本研究受教育部人文社科基金（21YJC850001）
北京市教委科技计划一般项目（KM202210016013）资助

北京寺院建筑

陈 未
———
著

中国建筑工业出版社

图书在版编目（CIP）数据

北京寺院建筑／陈未著. —北京：中国建筑工业
出版社，2023.8
ISBN 978-7-112-28851-9

Ⅰ.①北… Ⅱ.①陈… Ⅲ.①寺庙—宗教建筑—建筑
艺术—北京 Ⅳ.①TU-885

中国国家版本馆CIP数据核字（2023）第112469号

责任编辑：易　娜
书籍设计：锋尚设计
责任校对：王　烨

北京寺院建筑
陈　未　著

＊

中国建筑工业出版社出版、发行（北京海淀三里河路9号）
各地新华书店、建筑书店经销
北京锋尚制版有限公司制版
北京中科印刷有限公司印刷

＊

开本：787毫米×1092毫米　1/16　印张：14¼　字数：337千字
2023年8月第一版　　2023年8月第一次印刷
定价：**58.00**元
ISBN 978-7-112-28851-9
（41128）

序

　　地处华北平原北端的北京是一个拥有超过 2100 万人口的大都会。在过去 1100 年的大部分时间里，它一直是中国的首都。这座城市有如此绚丽多彩的文明，自周代开始，其拥有跨越四千年的城市历史。佛教作为影响中国最大的宗教之一，在北京境内留下了大量珍贵的遗迹。尽管之后的战争和火灾，大量的建筑都难逃被毁坏的命运，但是北京依然保持了诸多自 5 世纪以来的宗教建筑和遗址。值得注意的是，直到现在，这座城市关于佛教寺院建筑的历史还没有被完全和系统地整理。

　　在本书中，陈未博士对此作了详尽透彻的分析，他以时间为脉络，梳理了从唐到清 12 个世纪中北京及周边地区建筑的发展脉络和历史，并用大量的平面和分析图阐述了许多早期寺院可能变化的模式。例如对于银山塔林寺院的发展变化推测就很有创意：这是一个典型结合建筑结构、现场考古以及文献记述综合而成的推断。此外，陈未博士还使用了大量的一手调研资料和多语言的文献，其中除汉语外还包含了日语和很多欧洲语言。例如西黄寺的方楼的变化就包含了日语、法语以及英语的多语言文献，这本书将这些碎片化的信息结合起来，分析出了西黄寺方楼在被毁前的形式。又与作者在博士时蒙古国考察的诸多寺院建筑进行比较，最后推理出清代曼陀罗式建筑的发展脉络。最重要的是，本书还有许多陈未博士自己绘制的图纸，作为一本建筑学的专业书籍，图纸是帮助读者最快了解建筑全貌的方式，使得读者可以在阅读时穿越建筑物和遗址迅速了解建筑的结构特征和空间特性。令我印象深刻的是这本书中包含了白塔寺、法源寺在内诸多寺院的发展演变图，读者能够对寺院的变迁历史一目了然。

此外，在本书的最后一章，还包含了寺院发展史和中国其他地域寺院建筑的纵向比较，这里包括了诸多重要的建筑或者文物遗存，从甘肃的莫高窟到河南的少林寺、从日本的法隆寺再到大同的辽金建筑，都交织在本书的讨论中。

北京的寺院建筑讲述了中国最重要城市的建筑发展史，读者将通过北京的寺院建筑了解中国建筑的面貌。相对于宫殿、城市公共建筑，佛教建筑分布更为广泛，既有如隆福寺那种宏大的官造建筑，也有如重兴寺等小型的民居庵堂。无论是时间跨度还是建筑种类的跨度，寺院建筑都是首屈一指，也是最为丰富的实例，陈未博士的《北京寺院建筑》一书定是对中国建筑相关研究的一个难得的补充。

Nancy S. Steinhardt 夏南悉
宾夕法尼亚大学教授
宾大考古与人类学博物馆中国艺术部策展人

前言

位于华北平原北端的北京，不仅是我国重要的经济和政治中心，也是一座拥有丰富历史文化资源的古都。北京拥有三千余年建城史、近九百年建都史，是我国北方重要的经济和文化中心和交流枢纽。

北京作为城市可以追溯到西周初年，周武王封召公奭于燕国，都城蓟即今北京西南的房山区。公元前222年，秦国灭燕后，设北京为蓟县，为广阳郡的郡治。两汉时为幽州管辖。北朝时，幽州驻所为蓟县，而北京为燕郡。隋朝改幽州为涿郡。唐朝武德年间，涿郡复称为幽州。936年，后晋高祖石敬瑭将以北京为中心的燕云十六州割让给契丹，之后辽朝在北京建立辽南京幽都府，改为析津府。1153年，海陵王完颜亮正式迁都北京，开启了北京的都城史。1260年元世祖忽必烈在北京建立大都，作为元朝的首都。明朝初年，明太祖朱元璋定都南京，将北京降为北平。"靖难之役"之后，1421年明成祖朱棣正式迁都北京。1644年，清世祖福临入关后即定都北京，称为顺天府。自辽金以来，北京一直作为我国重要的政治中心和文化中心，各民族文化在此交汇融合、蓬勃发展。

作为世界三大宗教之一的佛教，自东汉传入中国后，便与中国本土文化交流融合逐渐形成了带有中国特色的佛教体系。佛教中的三大分支：汉语系、藏语系、巴利语系佛教在我国均有传播。寺院建筑作为佛教徒供奉佛像、举办宗教活动及居住的重要场所，成为佛教建筑的标志。中国历史上各个朝代均建立了大量的寺院建筑。这些寺院原型取自于印度和中亚地区的佛寺形式，与中国传统建筑融合，逐渐形成了独具特色的佛寺建筑形式，并东传影响到了日本、韩国和越南等地区。此外，发迹于我国西藏地区的藏传佛教在传入汉地后，与汉式的木构建筑融合。尤其是在清朝，与官式建筑做法组合和再创新，形成了多样的藏传佛寺建筑形式，也是我国各民族融合的重要实物见证。但是由于中国传统木构建筑不易留存之特征，以及人为和自然的破坏，我国保存下来的早期木构实物并不多。中国现存最早的木构建筑也仅可追溯到唐中晚期的南禅寺大殿（782年）。基于宗教建筑的特殊性，相对于宫殿、住宅，寺院建筑更容易逃过历史战乱的波及以及和平年代的翻建。唐到金现仍留存的木构建筑几乎全部为宗教建筑，这其中佛教建筑又占据了主导。例如，唐代四座建筑中，有三座为佛教建筑（南禅寺、佛光寺、开元寺钟楼）；辽代的八座建筑均为佛教建筑；宋金的建筑也有一半以上为佛教建筑。[①] 由于大部分佛寺建筑是官方出资建造的，相对于民居，其建筑展现了更多的官造建筑特点，也更多地体现了当时最具代表性的营造技术。例如应县佛宫寺释迦木塔代表了辽代以叉柱造建楼阁的技术巅峰；运城永乐宫三清殿出现了元代新出现的假昂；北京智化寺的如来殿楼阁则使用了通柱做法。此外，砖石建筑中，尤其以佛教的塔、幢、石窟等为多。它们通常以仿木构的形式摹写木结构建筑。例如云冈石窟窟檐及佛塔均是研究北魏建筑的珍贵一手资料。所以佛教寺院建筑不但为中国建筑史的发展提供了宝贵的一手资料，也为了解佛教的佛殿空间与中国建筑结构发展史的关系提供了可能，而寺院的壁画、塑像更为我国美术发展史提供了重要的资料和研究依据。

作为历史文化名城的北京地区也保留了一大批从辽金到明清珍贵的佛教建筑及遗址，无论是规模还是单体建筑的等级上在国内宗教建筑中均首屈一指。北京地区的寺院建筑不仅是辽以来官式建筑的代表，也是研究明清两代建筑结构和工艺做法的重要实例。更重要的是寺院建筑不仅作为宗教文化的重要表现，更是我国建筑艺术、园林、彩绘雕塑等诸多艺术形式的重要载体。例如法海寺壁画、雍和宫的佛像、隆福寺的藻井，均是我国不可多得的珍贵艺术遗产。

关于北京地区的寺院建筑最早的研究性记述开始于明代中后期的文人，比如明崇祯刘侗、于奕正所著的《帝京景物略》、清乾隆

---

① 根据笔者不完全统计，北宋不到 50 座木构建筑遗存，其中有 30 座为佛教建筑。金代有 80 座左右的遗存，超过一半为佛教建筑。因为部分建筑断代存在争议，故数据仅是粗估。

于敏中的《日下旧闻考》、清末震钧（唐晏）的《天咫偶闻》、完颜麟庆《鸿雪因缘图记》。这些记述是北京寺院还在原始使用语境下难得的一手文献。其中《天咫偶闻》和《日下旧闻考》两书除了记述外，还有较多对于寺院建筑及历史的考证。但是这些记述整体而言重史料而轻实物，论证资料基本以碑文和历史文献作为基础，很少引用寺院布局或建筑形式等建筑学意义的一手资料。

对于图像的重视则来自西方的传教士和旅行者。费利斯·比托（Felice Beato）很可能是最早为北京建筑拍摄的摄影师，其 1860 年前后拍摄的照片是研究圆明园等园林被毁前珍贵的图像资料。之后的西什库主教樊国良（Alphonse Favier-Duperron）的《北京——历史和描述》就描绘大量北京的风土人情，并带有手绘插图。虽然不算学术著作，但是涉及了五塔寺、燃灯塔等建筑。此外，很多外国人在 20 世纪初拍摄了大量的寺院照片，例如西德尼·甘博（Sidney Gamble）、怀特兄弟（Herbert & James White）、赫达·莫里逊（Hedda Morrison）、恩斯特·柏石曼（Ernst Boerschmann）、小川一真等，成为研究北京市佛教建筑的早期图像资料。

在民国时期，北平市政府共对北京地区的庙宇进行过三次大规模普查，其中 1930—1932 年为了编纂《北平志》而由专家学者直接参与的文物普查最为珍贵，共整理北京城内和西郊的佛道寺观共 931 份资料。更为可贵的是还有照片 3000 余张，平面图近 500 份。由于多数寺院在之后均有不同程度的损坏，这次的调研成果是为现在研究北京佛教建筑不可多得的珍贵一手资料。1950 年将其汇编为《北京庙宇调查资料集览》，近年中华文化遗产研究院正在逐步整理出版。北京市文物局出版的《北京文物地图集》也对现存北京寺院有详细测绘和调研。近年天津大学《中国古建筑测绘大系》也对部分北京和承德寺院作了专业的系统测绘，成为研究的重要一手资料。

在建筑史研究方面，日本建筑史学者伊东忠太在 1900—1902 年两次对于北京地区建筑进行调研，其中不乏从建筑学者角度绘制的手绘和分析图。此后关野贞、常盘大定等学者相继来华考察。关野贞更是在北京周边的蓟县发现了辽代著名寺院独乐寺。

中国学者的研究开始于 20 世纪 30 年代初的营造学社。在朱启钤先生的支持下，以梁思成、刘敦桢先生为代表的营造学社会员对中国建筑开启了漫长的调研过程，并刊载于《中国营造学社汇刊》。梁、刘二位先生的研究即是从北京地区开始的，涉及智化寺、护国寺、天宁寺等一系列建筑，开启了我国建筑史研究的序幕。

中华人民共和国成立后对于北京寺院建筑的研究总体偏向于文史方向，并未在建筑学上太多深入。例如何孝荣老师《明代北京佛教寺院修建研究》是从文史的角度系统梳理北京寺院在明代的建设及使用情况，与其《明代南京寺院研究》呼应。陈庆英老师《北京藏传佛教寺院》一书也是从文史角度详细分析了元、明、清三朝现存和被毁的藏传佛教寺院，其中不乏建筑学的观察和描述。传印长老主编的《北京佛教寺院》和永芸法师的《北京伽蓝记》则是从佛教的角度介绍北京寺院建筑，是从使用人（即僧人）视角反映寺院建筑的著作。外国学者中，夏南悉（Nancy Steinhardt）教授对于元大都寺院建筑的研究，以及劳伦斯·刘（Laurence G. Liu）对于中国建筑的描述中多有涉及北京的寺院建筑。

在单体建筑上，研究处于并不均衡的状态。很多单位占用的寺院，例如摩诃庵、柏林寺、定慧寺等建筑由于进入困难，缺乏一手资料，故少有建筑学的论述。而博物馆、宗教和园林系统管理的寺院资料的开放程度较强，故而研究也较多，例如万寿寺、大觉寺、碧云寺、大钟寺等管理所皆刊发了相应寺院的专著，虽然大多偏重文史，但是也有独立章节对建筑进行描述。例如《法源寺》一书中收录了傅熹年先生《北京法源寺建筑》一文，其中包含对于唐悯忠寺的复原研究。《碧云寺建筑艺术》中有大量的测绘图，但可惜没有对建筑特点进行进一步论述。此外，还有许多建筑和考古学的专业学者在梁思成等先生之后进行的进一步研究，宿白先生对于居庸关云台和妙应寺塔的研究、王世仁先生对于天宁寺塔的研究、雷德侯（Lothar Ledderose）先生对于云居寺雷音洞的研究等。

在近 20 年建筑学学者的研究中，智化寺得到了最多的关注，例如《智化寺古建保护与研究》是从建筑学角度对于明代早中期木构、彩画进行描述的专著。杨志国、李路珂、陈捷、林伟正等诸位中外学者均对智化寺的木构特征、藏殿轮藏的设计、如来殿天花、种子智等图像宗教含义等进行过深入研究，这些研究分析了智化寺作为明早期建筑"上承唐宋，下启明清"的结构做法及特点；同时还解读了建筑空间、佛像家具、彩绘共同构建佛殿空间中的宗教序列性和神圣性。许政老师的团队及学生对于北京潭柘寺下塔林、戒台寺、银山塔林等多处早期佛塔有过细致探究，讨论了北京地区辽金佛塔和经幢的形式、比例和特点。王其亨老师团队对于北京园林中的藏传佛教遗产，如清漪园须弥灵境、北海阐福寺等遗址的研究，厘清了这些建筑的历史脉络，并通过对现有建筑及遗址的测绘，归纳和总结了北京清代官造藏传佛教建筑的基本结构特征，对已毁建筑进行了复原研究。此外，还有沙怡然（Isabelle Charleux）老师对于西黄寺"回廊式"都纲的研究、张昕老师对于真觉寺塔的研究、刘畅老师对于西黄寺的研究、刘梦璇老师对于福佑寺彩绘的研究、张帆老师对于嵩祝寺布局的研究等。

整体而言，上述研究主要为建筑史和艺术史两种方法的结合。建筑史方法主要是延续于营造学社的先驱，与日本学者的研究方式相似，研究主要关注现存建筑与历史文献对位，缕清建筑发展脉络。同时关注建筑为核心的技术发展史，例如梁架结构的演变、斗栱各部件尺寸的变化等。这也是当代中国建筑史界最为常用的研究方法。相较于宫殿，民居寺院建筑是建筑中较易保存的一类，所以对于佛教寺院建筑的研究即是对于整个建筑史脉络搭建最为重要的部分。例如智化寺木结构是研究明初建筑的重要实例，西黄寺塔则是研究清代佛塔及经幢的标准样本。

艺术史为核心的研究则是综合了壁画、雕塑等美术史范畴的研究，将建筑作为使用器物进行的研究。其中既包括图像学研究，例如依据真觉寺塔上梵文、藏文雕刻和佛像的手印从而判断金刚座塔的设计意图，从颐和园须弥灵境的佛塔和四大部洲布置去研究佛教中宇宙空间（即曼陀罗）的构建过程。此外，以设计者或者使用者的视角带入建筑研究，即从"人"的角度去研究"物"，也是建筑史学方法从艺术学研究中的借鉴。例如，从设计师的角度分析工匠利用光线明暗来塑造宗教空间的神圣性，从使用者即僧众诵经的仪轨需求去分析大雄宝殿内的佛像布局。上述艺术史的研究方法早年流行于西方，但是近年已经被国内青年学者广为采用，例如李路珂、陈捷老师等的研究均是基于艺术史的研究。

在清代由于大量寺院与园林有关，故对于寺院建筑的研究还与园林学科产生了交集。关于传统园林研究中景观对视、山石造景、植物配置等的分析也被应用到了北京的寺院研究当中。例如贾珺老师的研究即涉及了众多西郊寺院与园林的关系。杨菁对北京地区藏传佛教建筑与皇家园林进行了清点和对位分析，厘清了历史事件中藏传佛教建筑和园林的关系。伊琳娜对藏传佛教建筑建造中植物造景、自然山势和建筑的关系等的研究，均是对佛寺建筑研究的重要补充。此外，在单体建筑研究方面，潭柘寺、卧佛寺等园林寺院获得很多关注。

最后，由于北京地区诸多寺院皆为皇家建造，故也有部分外国学者将历史学的方法引入建筑史研究中，通过建筑的形式去分析其背后的营造意图。例如通过昭庙、月地云居等回廊式建筑的空间联系去探讨乾隆帝设计皇家藏传佛教建筑的政治意图。菲利普·佛雷（Philippe Forêt）教授关于承德和北京"姊妹寺院"的建筑研究以及奥利里亚·坎贝尔（Aurelia Campbell）教授对于明代官式建筑和青海瞿昙寺的关系的研究均是此类。

本书以传统的建筑史研究方法为基础，采用大量的历史和碑刻文献作为研究依据，并辅以建筑结构和特征的分析，厘清北京地区寺院建筑的发展脉络、布局特点和结构特征。在此基础上，综合艺术史、历史学等其他学科的研究手法，对于寺院建筑的形成原因、形象特点进行深入分析，力图在融合建筑史和艺术史学手法后进行更深刻的分析。在研究对象上，本书以北京寺院建筑及遗址为主要分析样本，通过分析各个时期寺院的布局形态和建筑形制，挖掘佛教建筑在北京乃至华北地区的演化规律。本书章节以时间为顺序，解析北京现存寺院的重点实例，并结合文献进行分析，对寺院的布局以及佛殿发展脉络进行梳理归纳。

目录

第 **1** 章 　 北京地区早期寺院及建筑遗存

1．两汉南北朝时期

对于佛教何时传入北京地区现在学术界仍有争议，巨赞法师认为两汉时期佛教即进入北京，如《日下旧闻考》等记载房山天开寺、昌平香水寺均始建于东汉。十六国时，佛图澄曾在后赵石勒、石虎叔侄支持下"所历州郡兴立佛寺八百九十三所"，这其中应有大量寺院建于北京地区，但可惜并无遗迹存留。自北魏孝文帝以来在幽州地区建立多座寺院，《魏书·释老传》中提到了幽州城内有奉福寺、光林寺、智泉寺（城内）等大寺；在城外上方山有百咏指南禅师茅棚、盘山法兴寺（北少林寺）等一众寺院，但是由于时移世易，大部分寺院位置已不可考，其布局就更缺乏史料证实。其中很多所谓的北朝寺院大多来源于晚期文人的臆测，例如潭柘寺建于西晋永嘉年间之说一直存疑，天宁寺为北魏光林寺之说也已被梁思成先生证伪[1]，再如通州运河畔的燃灯塔相传创建于北周，但是佛塔形式更接近辽塔，碑刻则记载现存佛塔为清康熙时期重修后的遗存。

就考古遗址而言，北京地区没有北朝及以前的寺院遗址或者地上遗迹留存。现在北京地区较为大型的北朝佛教遗迹仅存北魏太和十三年（489 年）造像一躯，佛像外部有一四门方亭，但为民国时期重建，故佛像原始的供奉形制和位置不甚明了。[2] 除此之外，尚存东魏赵俊兴碑（536 年）、北齐光林寺尼静妃石造像碑座（569 年）、北齐张聪碑（559 年）等十余处造像碑。[3]

此外，在北朝时同属幽州范阳郡的河北省定兴县，还矗立着北齐所建的标异乡义慈惠石

---

① 《析津记》载天宁寺"寺在元魏为光林，在隋为弘业"。故清代以来均认为天宁寺为北朝光林寺的前身。梁思成通过文献考证和实物对比认为天宁寺塔当为辽所建，寺院可能始建于唐。1992 年于塔顶上发现了"大辽燕京天王寺建舍利塔记"石碑，再次印证了梁思成的猜测。

② 北魏的太和造像正面为立佛造像，两侧有二菩萨。背光上有护法以及多座小佛，背后有 100 余尊小佛，是北京市境内年代最久具有明确题记的石质佛造像。石像背面题记"太和十三年（489 年）三月十五日阎惠端为皇帝太皇太后造像"。1998 年曾失窃，找回修补后先后在石刻博物馆（五塔寺）及首都博物馆收藏。

③ 从北京地区现存的北朝佛造像碑来看，其与响堂山石窟和青州造像面部特征以及衣着服饰基本一致，可以推想北京地区在北朝时期与邺城应有紧密的联系。

柱。石柱通高 7 米，石灰岩材质。下半部分为柱身，平面呈八角形，刻有铭文，柱顶部正面刻有"标异乡义慈惠石柱颂"铭文，底有覆莲柱础。上半部分为一石屋，面阔三间，进深两间，单檐庑殿顶。明间正中雕刻佛像，两稍间为窗。殿身以仿木构雕刻出椽子、单斗只替的斗栱、梭柱等构件，是研究北朝幽州地区建筑的珍贵实物。

2. 隋唐时期

隋唐时期，幽州为重要的北方门户。幽州尽管不在隋唐帝国的核心区域，但是由于位于去往渤海国、扶余等地的要冲之上，唐代的北京地区经济和文化发展迅速，幽州的佛教也在北朝基础上得到了进一步的发展，并建有数座大型的佛教寺院。例如隋代僧人静婉在白带山中雕刻石经，唐范阳郡僧人义净西行求法，都说明了隋唐时期佛教的兴盛。

由于隋代二帝的支持，佛教在北周灭佛后再次兴盛起来。隋唐时期幽州佛寺的数量远远超过前朝。例如隋代建立了卢师寺、兴国寺、兜率寺（上方山）等寺院。而唐代继承了隋代的佛教政策，在幽州城内建了包括悯忠寺、崇效寺、归义寺等规模宏大的寺院。唐武宗会昌灭佛时，由于幽州远离唐朝政治中心，且幽州节度使保护佛教，所以寺院并没有被完全破坏。此外，作为唐晚期的军事重镇，以及安史之乱的始发地，云居寺及法源寺还留有多处与突厥人有关的遗迹。唐代幽州城的很多寺院在辽金得到了重建和继续使用，如天王寺在辽被改为天宁寺；崇效寺一直延续到了清朝，为城内重要的牡丹观赏地；城外的兜率寺（卧佛寺）、聚慧寺（戒台寺）等寺院，虽然唐时的建筑和布局已经无从考证，但是寺院的寺址和名称一直延续到了明清。但是可惜的是，北京地区并无可追溯完整形制的唐代寺院建筑（遗址），只有云居寺附近的几座小型佛塔，以及房山的一些造像碑、万佛堂内的"万佛法会图"等零散的佛教遗迹，可供后人一窥隋唐时期幽州城的佛教建筑。

雷音洞

雷音洞位于石经山，石经山本名"白带山"，据《白带山志》记载："北齐沙门慧思净住莎题，誓宣鸿愿普镌见籍，镜幽穹岩。弟子静婉，密承法付，于大业末递于贞观，疲毫琢版，叠窟盈堪。"故可知白带山本名莎题，改名石经山即因为隋代高僧静婉法师在此刻藏经。静婉法师从隋大业到唐贞观年间在石经山上凿岩壁为石室，磨光四壁镌刻佛经。石经山上共有 9 间石室，雷音洞是其中最早也是最大的一座，面积 83.8 平方米。其平面为四边略不等长的四边形，进深大于宽度，越往内部越窄。雷音洞最早可能是北朝时期遗留的石窟，静婉将其改造为藏经所用的佛殿（图 1-1）。洞外正立面为规整的方石砌成，正中原来有石制板门，两侧雕刻破子棂窗。门板在中，两侧窗户对称并一垂到底。洞内的高度不一，四壁嵌有 146 块经板，除北墙为横排两行外，其余为三行。洞内正中有四根千佛柱做立柱，但这四根内柱是从山下运上山后放置在洞内的，并无结构作用，仅是装饰和模仿木构的室内空间。四根千佛柱环绕的正中原有一佛坛，上有多尊小型佛像，现在仅余一尊大肚弥勒像。从老照片上看佛坛为后世所筑，

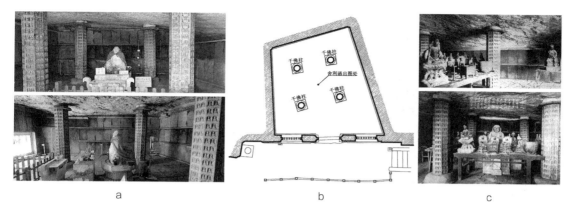

图 1-1　雷音洞

（a 为雷音洞现状；b 为雷音洞平面图；c 为雷音洞老照片）

非隋代遗物。宿白先生指出雷音洞的尺寸是经过精细设计的，其四根柱子的交点之处在 20 世纪 80 年代曾出土隋代舍利石函。舍利石函为 5 重内原供隋大业十二年（616 年）安放的佛舍利三枚，其很可能来源于隋文帝敕令建造的范阳郡智泉寺的舍利塔。[①] 雷音洞门额上原镶嵌有静婉的题记，说明其刻经的目的：

> 静婉敬白：未来之世，一切道俗，法幢将没，六趣昏冥，人无慧眼，出离难期。每寻斯事，悲恨伤心。今于此山，镌凿《华严经》一部，永留石室，劫火不焚。使千载之下，慧灯常照，万代之后，法炬恒明，咸闻正道。□□□□，乃至金刚，更□□□。此经为未来佛□难时拟充经本。世若有经，愿勿辄开。贞观八年岁次甲午六月乙卯十五日已。

　　雷音洞与一般的佛殿石窟并不同。学术界普遍认为石窟建筑是对寺院的模仿。例如麦积山 43 窟的北朝窟檐、云冈 11 窟的仿木构前廊、莫高窟的隋代 419 窟均是对同时代佛殿的模仿。因此云居寺雷音洞被部分学者赞誉为中国现存最早的佛殿。德国著名艺术史学者雷德侯（Lothar Ledderose）教授指出雷音洞的外立面是对一座三开间佛殿的模仿，而室内四根千佛柱所划定的区域为神圣空间，与同一时代日本法隆寺塔、醍醐寺塔相近。但是与上述佛塔石窟不同的是，雷音洞在隋代并无佛坛。雷德侯教授的解释是，这是静婉对于早期佛教不设偶像的模仿，但是这种说法多少有些牵强。诚然，洞窟的布局、四壁的经板均经过精心的设计，但是洞内没有佛坛则表明了雷音洞的使用与莫高窟等佛殿窟并不一致，而且雷音洞是唯一在洞中而非塔中安放舍利的实例。故静婉设计的雷音洞并不是一个供宗教活动的佛殿，佛像的设立需要信众的日常供养，但

[①] 1981 年发现舍利时，函内仅有舍利 2 枚及珍珠 2 颗，而非隋代舍利函上记载的 3 枚。由于云居寺的舍利曾在明代万历年间被发现，并请入宫中供奉。此后至发现时未再开启，故怀疑为明代入宫供奉时丢失。

a   b   c   d

e

图 1-2　云居寺及石经山唐代佛塔（佛塔名称详见表 1-1）

是这与静婉建藏经洞的初衷有背，如其所言，"世若有经，愿勿辄开"。所以雷音洞应该为一种极特殊的藏经洞[1]，而非供后人读经的"图书馆"。笔者认为雷音洞的形式虽然借鉴了佛殿，但是其宗教原型更像是藏经的佛塔[2]。

在石经山的周围以及山下的云居寺还保留有数座小型的唐代佛塔（图 1-2，表 1-1）。其中云居寺北塔西北侧建于景云二年（711 年）的六层密檐小方塔是北京地区现存最早的、有明确题记的地上建筑。金仙公主塔则是其中最高也是规模最大的，塔身通高 3.5 米，通体为汉白玉，基座由块石砌垒。石经山上原在五座山峰上建有五座佛塔，现在仅南台金仙公主塔和北台塔存。

除了梦堂庵和北台塔为单檐塔外，其余的小塔形式相近，建筑形制与同一时期的唐代小型佛塔一致。小塔均为正方形平面，大多没有基座。塔身为正方形，四面用 4 块厚板石组成方形佛龛，正面设券门，外出火焰门券，门券两侧通常用浮雕雕刻二金刚力士形象，身穿盔甲。龛内有佛像，多为一佛二菩萨。开元十年塔内两侧还雕有两排回鹘供养人，似乎在起舞，这座佛塔的供

---

① 相似的藏经、藏佛像的洞窟在各朝均有，其中最为著名的是离雷音洞不足 50 千米的易县佛洼沟睒子洞，藏有 16 尊辽代三彩罗汉。

② 云居寺的刻经活动并未因为静婉圆寂而停滞。其之后的四代弟子，玄导、僧仪、惠暹、玄法相继主持云居寺，共刻经百余部，分藏在石经山上的 9 个洞中。

时间	佛塔形制	地点	建造人／题记	图
景云二年（711 年）	方形密檐	云居寺北塔西北	幽州石浮图塔铭	c
太极元年（712 年）	方形密檐	云居寺北塔东南	田义起石浮图颂	d
开元九年（721 年）	方形密檐	石经山南台	石经山顶石浮屠记（金仙公主塔）	b
开元十年（722 年）	方形密檐	云居寺北塔东北	李文安石浮图颂	
开元十五年（727 年）	方形密檐	云居寺北塔西南	云居寺石浮屠铭并序	e
乾宁五年（898 年）	方形单层	石经山东台	无	a
风格为唐（塔刹丢失）	方形单层	水头村梦堂庵	无	
风格为唐（多次被盗）	方形密檐	下寺村北	无	
风格为唐（塔身新建）	方形密檐	石经山施茶亭	无	

养人很可能是一位客居幽州的突厥人，也从侧面说明了唐中期北京地区佛教建筑多民族文化交融的特点（图 1-2e）。小塔的塔檐均为密檐，大多为七层，每层塔檐均做三层叠涩，但无仿木构件，细看可以看到不同纹路精细的雕工。开元十年塔还有飞象等一系列浅浮雕。塔刹部多有山花蕉叶，上有摩尼宝珠的塔顶。这些唐塔形制与做工基本一致，在佛像以及花纹上仅有略微区别，但根据题记，这些塔似乎并不是一波工人在一次工期下雕刻完成的。每一座基本都有明确的纪年和供养人的题记，说明这些佛塔应当是当时寺院的一种祈福用建筑：由供养人出资，寺院统一建造后由供养人请人题写题记。这样由民间供养、寺院雕刻的佛塔的形式很可能与北朝的造像碑使用方式相似，并在辽金以后逐渐演化为经幢。云居寺和石经山的唐塔是研究唐代幽州地区佛教建筑演化的重要实例，而其内部的佛像和题记也是研究唐代社会及其人文风俗的重要一手资料。

悯忠寺（法源寺）

除了在幽州城外的云居寺，在唐幽州城内还有大量的寺院，如隋唐交替之际建立的龙兴寺（延寿寺）、大云寺及悯忠寺等，只是这些寺院几乎全部消失在历史长河中。唯有悯忠寺经过多次的重建依然保留了部分遗迹，即今天的法源寺。悯忠寺最初是太宗为超度阵亡将士所建，但是寺院直到武周时期才正式完工，并赐名悯忠寺。根据《大元大一统志》记载："则天万岁通天元年（696 年），追感二帝先志，起是道场，以悯忠为额"。唐玄宗天宝十四年（755 年），安禄山在寺东南隅建塔。两年后，肃宗至德二载（757 年），史思明又在西南隅建塔，名无垢净光塔，两塔在寺前东西对立，史思明的《无垢净光塔铭》收藏在现在的法源寺悯忠阁内（图 1-3a）。但是历史上双塔在唐中和二年（882 年）即遭到焚毁，这次火灾还殃及了整座寺院，使得"楼台俱焚"。一年以后，幽州留后李匡舍己俸禄，重建寺院，兴建了观音高阁。据说此观音阁面阔七间，高达三层，中置大悲观音立像，"三层始见其首"。大阁于景福二年（893 年）建成，名为悯忠阁。《春明梦余录》载唐谚："悯忠高阁，去天一握"，可见其何等雄伟。虽然唐代的悯忠高阁早已消失在历史中，但是从现在辽代的多层建筑做法推测，唐代的楼

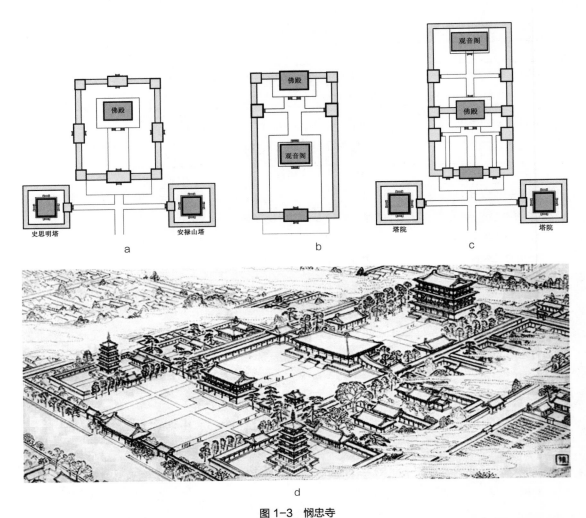

图 1-3　悯忠寺

（a 为 882 年前双塔对峙推测图；b 为 892 年后重建布局推测图；c 为根据傅熹年先生所绘复原图绘制的平面图；
d 为傅熹年先生所绘复原图）

阁很大可能也是以叉柱造来实现。建筑柱网为金厢斗底槽：外槽为檐柱而内槽为室内的金柱，内槽内部则为通高空间，竖立着巨大的观音立像。这座高阁很可能是"明三暗五"的布局方式，即从外部看为三层，但是算上夹层实际有五层（图 1-4）。

史料并未提到这次重建包含寺前的二塔，且寺僧将原藏于多宝佛塔内的舍利重新奉于观音阁中，说明佛塔极可能并未一并重建。推测此时悯忠阁应该位于寺中心部分，阁后为大雄宝殿（图 1-3b）。布局与辽圣宗统和二年（984 年）的独乐寺布局相似。独乐寺位于蓟县，与唐辽幽州关系密切，虽建于辽初，但是其建筑形制保留了很多唐代做法。观音阁为外观 2 层中间夹 1 暗层的格局，面阔五间。而唐末的悯忠阁应该为 5 层的大阁，体量要大于独乐寺观音阁。傅熹年先生在《北京法源寺建筑》一文中，对于唐代的悯忠寺做过意向性的复原性设计，将高阁与双阁绘制于同一图中（图 1-3c）。傅熹年先生的复原可能只是意向复原，所以没有着意区别双塔和大阁并未同时存在的历史记载（图 1-3d）。但是对于唐代寺院的论述可以帮助后人

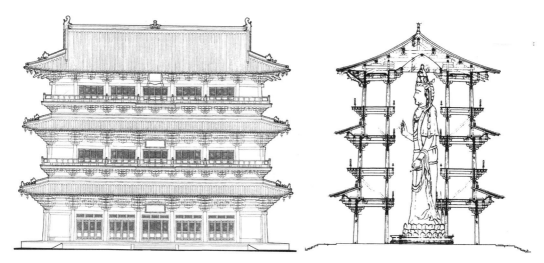

图 1-4　悯忠阁复原示意图

更好地了解唐代寺院的基本构成和双塔可能的组合形式：

　　　悯忠寺可分为三路，中路是正殿，可能有三门、回廊及讲堂。东西两路各有几个院，最前二院内建有东西塔。这是唐代较常见的大型佛寺布局，《长安寺》所载唐长安佛寺中就有几个是前列东西塔的。唐时日本所建的奈良东大寺的原状也是这样的。

　　双塔在前的寺院布局是隋唐以来改变了北魏以塔为中心的布局形式，逐渐提高佛殿作用的一种演变。从现存金石文献来看，幽州的唐代寺院基本与长安的寺院相似，即寺院以高塔或高阁为中心展开。例如王贵祥老师复原的大兴善寺即在大殿前有双塔，并且有各自独立的塔院。再如日本奈良 7 世纪的药师寺、东大寺也是相似的做法。唐代寺院并不以强调中心轴线的长度为重点，而是突出廊庑围绕的院落布局。廊庑制度为唐代佛寺非常典型的特征，在下文中将对此进行详述。故一大型寺院可能有多个独立廊庑的院落，悯忠寺的双塔很可能也有其独立的塔院。幽州城内有诸多寺院带有佛塔。例如龙兴寺本为北魏的尉使君寺，隋代改为智泉寺，武周时一度更名大云寺，玄宗改名龙兴寺。幽州卢龙节度使张允伸"奏立精舍，并东西二浮屠，日殊胜，日永昌"。推测其布局应该与悯忠寺相似，均为大殿前立有两座佛塔。

　　唐晚期高阁居中的寺院形式是唐末另一种以阁为中心的寺院布局形制，此时的阁很可能是由佛塔演变而来，形成佛塔居中而佛殿在塔后的布局形式。幽州地区如唐天王寺（今天宁寺）也曾在寺院中心建有天王阁，供奉多闻天王。唐以后悯忠寺在辽天禄四年（950 年）又遭灾，重建时的悯忠阁改为两层，这时的观音阁很可能和独乐寺的观音阁形制接近，但可惜的是悯忠寺在辽末再次毁于战火，明代虽然再次重建，但是规模越来越小，直到在清代重建的法源寺内，悯忠阁完全消失。

　　现在的法源寺完全是清代重建后的产物，寺院中部第四进有 1 米高的台基，上有一座三开间小型歇山顶佛殿，在清代作为戒台使用，今称悯忠阁。① 但是从形制和功能上与唐悯忠寺的大阁已经完全没有关联。现在的法源寺大雄宝殿和藏经阁内各有 2 个大型的莲花柱础，与明清时柱础的素平鼓镜做法相差甚大，很可能为唐辽时的遗存。在清代佛教一节还会对明清的法源寺进行详细叙述。

3. 辽代

938 年，石敬瑭将幽州、云州等燕云十六州割让给辽，北京开始了 400 余年的少数民族统治时期。辽代升幽州为五都之一的陪都南京，其政治地位显著提升。由于辽代皇室推崇佛教，持续对辽南京的佛教寺院进行护持和兴建。辽代的寺院建筑以规模宏大著称，国内现存八座辽构全部为佛教建筑。辽南京新建寺院 30 余座，包括仰山寺、传法院、真如寺等大寺。可惜的是，在今天的北京地区并无辽代的木构建筑存世，但是诸多寺院保留了辽代以来的格局形式，是我们研究辽代建筑的重要依据。辽中后期，契丹文《大藏经》即在辽南京刊刻。如今的房山云居寺、大觉寺等都有集资刊印《契丹藏》的碑文存世。自唐以来，华严宗和律宗均在北京传播，其宗教活动甚至影响到了北宋。辽代幽州的佛教活动尤以法均大师的开坛传戒最负盛名，戒台寺今依然存在法均大师遗行碑和舍利塔。

戒台寺

辽代的寺院中，京西的戒台寺保留辽代的遗迹最多。戒台寺，又名戒坛寺，位于与潭柘寺相距约为 5 千米的北京门头沟马鞍山麓。戒台寺的历史可以追溯到唐。寺内高拱撰文的嘉靖三十五年（1556 年）御碑有言：

> "马鞍山有万寿禅寺者，旧名慧聚，盖唐武德五年建也。时，有智周禅师隐迹于此，以戒行称。辽清宁间有僧法均，同马鸣龙树。咸称普贤大士。则建戒坛一座。俾四方僧众，登以受戒，至今因之。"

戒台寺的历史可以追溯到武德五年（622 年），时有智周禅师最初建寺。《续高僧传》中也曾提到智周禅师"晦迹于马鞍山慧聚寺"，并记载智周禅师于同年圆寂，其葬于"寺之西岭"。但是如今寺内也没有任何可以追溯到唐代的文物。至辽代时戒台寺有法均法师建戒坛传戒，在《故崇禄大夫守司空传菩萨戒坛主大师遗行碑》（下文简称"法均大师碑"）中有对法均法师生平的详细介绍，现在寺内尚存法均大师舍利塔及其衣钵塔两座。此外，戒台寺内还存有数座辽金时的遗物：戒台大殿院前的两个陀罗尼经幢，为其弟子——第二代传戒大师裕窥以及门人裕鼎等所建。寺内还存有金初第三代传戒大师悟敏的遗行碑，可见辽末金初戒台寺兴盛的佛事活

---

① 悯忠阁一称为 20 世纪 80 年代后命名，与清代法源寺并无关系。

动。现在的戒台寺坐西朝东，这或许是因为辽代的选址遵循了契丹人拜日信仰的坐西朝东布局，亦或许是由于山势影响。[①]有学者认为辽代寺院面西是受到净土宗十六观中"日观"的影响，因此寺院佛殿大多面东。以大同华严寺为代表的契丹寺院大多坐西朝东，面向日出之处。在北京地区，除戒台寺外，云居寺和大觉寺也是东西布局。

根据法均大师碑记载，可一窥戒台寺辽代时的建筑布局。"咸雍五年（1069年）冬……因顺山上下众心之愿。始于此地。肇辟戒坛，来者如云。"故知戒台在辽代时已有。法均大师碑文最后叙述了法均法师荼毗火化之后，建塔及经幢的位置：

> 即以其月二十八日，具礼荼毗于北峪。火灭后。竞收灵骨。以当年五月十二日。起坟塔于方丈之右。官给外又创影堂。左右以石建尊胜陀罗尼幢各一。皆众愿所成。聊为追荐，恩深报重，其道□然。门人上足裕窥等，咸以凤承法乳，难忘戒香，大惧其美之弗传，有时与化而皆尽。

根据碑文和现有建筑的对照，虽未言明辽代的戒台位于何处，但据寺内的千年白皮松（也称九龙松）和法均大师塔位置推断，现在的戒台大殿的位置在辽代也是极为重要的活动场所，有极大可能明代时在辽代戒台原址进行了扩建。此外，碑文中还提及了两座陀罗尼经幢，即裕窥、裕鼎所建的佛顶尊胜陀罗尼和大悲陀罗尼经幢。但可惜的是它们已经不在原址了，清代重修时把其放入了罗汉堂中，后放在了今明王殿的前侧。由于明王殿在明代传戒时也悬挂着知幻大师的画像，不排除明王殿位置即辽代的影堂。而辽代的"官给"[②]位置无考，所以此处布局不详。现在的陀罗尼经幢和戒台大殿所处正位于一个台地的上端，台地下则为法均大师的舍利塔及衣钵塔（图1-5）。舍利塔的建立在法均大师碑中有明确的提及，其上原有两棵千年的抱塔松[③]，故推测松树是在建塔同时寺僧有意为之创立的寺院景观。

法均大师舍利塔立在戒台大殿院落前的台地下方的北侧，坐北朝南。现在的法均大师舍利塔为明代知幻大师重修，其南侧塔额依然保留有题记：

图1-5 法均大师塔

① 寺院建在马鞍山中，东侧远眺为永定河。寺院后侧（西侧）为千灵山，前侧（东侧）原为一条深沟。乾隆皇帝曾赞戒台寺"两峰豁开户，一水宛垂襟"。戒台寺整体寺院选址极佳，四周群峰环抱，又可东望永定河及北京城区，是风水绝佳之地。
② 法均大师碑文中的"官给"具体的形制和用途不详。推测意为僧录司等僧官的办事机构。
③ 其中一棵因影响佛塔安全，后在20世纪80年代被砍。

大辽故崇禄大夫、守司空、传菩萨戒坛主、普贤大师之灵塔。

大明正统十三年中秋日筑坛，知幻道孚重建。

　　舍利塔为七级，由塔座、塔基和塔檐三部分组成，虽然历经明代的重修，但是基本保留了辽金佛塔的形制，与潭柘寺广慧通理禅师塔塔型基本相似，斗栱出两跳为五铺作，台基斗栱横向用砖，依然具有辽金特征。但是细节处的福云纹、转角的莲花柱，塔身的砖雕假门使用直门框等也说明了这座佛塔应当是在明代进行了大举重修。旁边的衣钵塔没有能判定年代的题记或文献，其形制与舍利塔基本相似，只是塔身转角处有象征释迦佛一生的释迦八塔[①]。八塔由五级密檐的经幢代替，与银山塔林佛觉塔做法相似，也具辽金风格。

　　从舍利塔和其南侧的法均大师碑的朝向可以看出，其塔的朝向应该是坐北朝南，而非与高台上的戒台大殿在同一院落。再根据"起坟塔于方丈之右"来看，似乎台地下部的轴线是坐北朝南的，方丈的位置应该是位于戒台大殿院落的东北处。法均大师碑中并未提及衣钵塔，说明此塔非大师圆寂时立即建造。从衣钵塔风格分析应为金代早期作品，但是也在明代进行了重修。故很有可能是在金代重修时为延长戒台大殿院落的轴线，借用双塔的形式，在舍利塔另一侧对称修建了衣钵塔。双塔的布局很可能受到10世纪以来宋代寺院建筑双塔的影响。但是衣钵塔的修建改变了原来舍利塔坐北朝南的方向。双塔变为了与戒坛建筑群相同的东西朝向，是北京地区早期寺院布局的一个珍贵实例。清代所建的牡丹院原来应该也是辽代戒台寺的一部分，牡丹院内曾挖出过裕窥的塔铭、经幢以及不少辽代石刻残迹。此外，牡丹院后即为第三代传戒大师悟敏的遗行碑，碑文最后提到"塔尔藏之，乃第三祖。刊名兹碑，以观千古"。故可知遗行碑旁（现真武殿处）原有其舍利塔，但是可能舍利塔在明代以前就已毁坏。故戒台大殿以南的部分，即今牡丹院上下应当是辽代重要僧人的墓地。

　　此外，戒台寺内还存有数棵千年古树，可以帮助我们了解辽代寺院的布局和位置。除了上文提及的九龙松和抱塔松外。还有卧龙、自在、活动松和山门前的国槐等千年古树。其中几株树龄较大的松树都集中在上述戒台寺的上下高台之间，推测辽代的戒台寺应该不仅仅局限于现在北部的院落，似乎在南侧也有建筑。在明初《敕赐万寿禅寺》碑中，提及了辽代法均大师"遂建兹寺，又于寺左作戒坛。升坛演戒，四时不息"。虽然明距辽已经过了数百年，但是明正统重建时，辽代的寺院仍有遗迹，故其碑文亦可作为参考。如"寺左作戒坛"则说明辽代的寺院部分在戒坛的南侧，很可能就是今千佛阁的位置是辽代慧聚寺的主要佛殿所在。现在南侧的千佛阁建筑虽为嘉靖年间建造，但其建筑形制带有早期做法，颇具辽风，例如楼阁使用叉柱造和保留平座暗层，且屋顶正脊极短，不推山，故不排除在辽代此处就有佛阁，明时仅是在原址重建。当然由于缺乏文献记载，这点也仅为推测（图1-6）。

[①] 释迦八塔一般认为代表着释迦牟尼佛"八相成道"，即其一生重要的八个阶段。汉传和藏传佛教略有不同，汉传佛教为降生、托胎、出生、出家、降魔、成道、转法轮、入涅槃八个过程。辽金佛塔中多将其简化为密檐小塔或者经幢形式，刻在塔身或者转角处作为装饰。

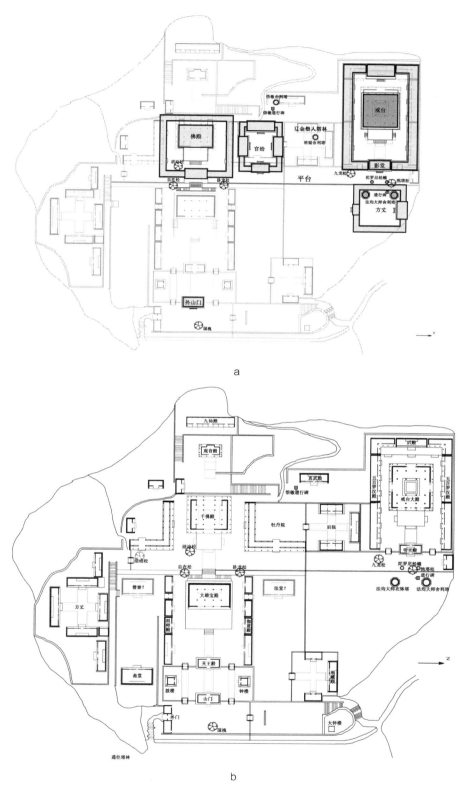

图 1-6　戒台寺

（a 为辽代布局推测图；b 为现状图）

从上述辽代建筑的位置来看，它们较为分散地分布在台地上下，且无统一朝向。这显示出辽代寺院依然继承了唐以来寺院以院落为单位的形制，并不以轴线的长短来突出寺院的尊卑。反之到了金及明清的寺院，则加强了纵向轴线和殿堂序列的关系。故戒台寺布局的变化印证了寺院布局的发展特点。

天王寺（天宁寺）

戒台寺的法均大师塔并非北京规模最为宏大的辽塔。由于幽州为宋辽边境的重镇也是交通枢纽，北京地区的辽塔无论在种类还是数量上均最为丰富。辽塔主要分为密檐塔和楼阁式塔。其中密檐塔占据绝大多数，北京地区的天宁寺塔则是密檐塔中最具代表性的佳作，被梁思成先生赞为辽代密檐式塔的标准样本，称为"天宁式"佛塔。在辽代，南京城内延庆坊的天宁寺（辽称天王寺）是辽代除了悯忠寺外，辽南京城内另一地标性建筑。

根据《析津志》记载，天王寺建于唐，辽代继承天王寺之名。辽末天王阁塌毁，在原址上建十三级密檐佛塔。在 1992 年大修时，塔刹中发现《大辽燕京天王寺建舍利塔记》：

> 皇叔、判留守诸路兵马都元帅府事、秦晋国王，天庆九年五月二十三日奉圣旨起建天王寺砖塔一坐，举高二百三尺，相计共一十个月了毕。

根据王世仁先生考证，主持建塔的皇叔即耶律淳，为天祚帝四叔，辽亡后成为北辽皇帝。天庆九年（1119 年）为天祚帝第二个年号，此时距辽灭亡仅有 6 年。但是天宁寺塔的建造并未因耶律章奴和高永昌叛乱以及女真的兴起而受到影响，其无论规模还是工艺均是辽末官造佛塔的集大成之作。寺院在金末被毁，元初仅重建了山门，似乎寺院已经荒废。明朝初年，时为燕王的朱棣重建寺院，这是明代北京有记载重修的第一座寺院，说明其对于北京的地标意义。明朝宣德十年（1435 年）改称天宁寺。明朝正统乙丑年（1445 年）更名广善戒坛，后来复称天宁寺。到乾隆二十一年又重修，天宁寺现在的风貌基本上是乾隆修缮后的形制。

王世仁认为，在建筑变迁中，虽然木构建筑通常会多次重建，但是其少改变轴线位置和用地宽度。天宁寺虽然经过后世多次重建，辽代的木构建筑已无留存，但清代的天宁寺仍然保留了辽代佛塔位于寺院中心的布局。根据佛塔高大的尺度，其应当在寺庙具有核心地位。在清代，天宁寺一共有五重殿宇，佛塔前有天王殿和接引殿两重前殿，佛塔后有三大士殿和甘露戒坛两重后殿。清代天宁寺塔前、塔后各两重殿宇的范围应该就是辽代寺院的四至。故推测唐代的天宁寺即是以高阁为中心的寺院，辽代的重建则保留了塔（高阁）为中心的布局。根据同一时期辽代的庆州舍利塔、佛宫寺释迦塔的排布，皆为"塔前殿后"且以塔为中心的寺院布局形式，与北朝以来的寺院（如洛阳永宁寺）相仿。而清朝重建的天宁寺应当是由于明清的寺院重建时，木构建筑的体量和规模都缩小，所以从原来的一进建筑变为了前后各两进院落的布局形式（图 1-7）。

天宁寺塔具有极高的艺术成就。梁思成和林徽因在《由天宁寺谈到建筑年代之鉴别问题》一文中对天宁寺塔的建筑形式、结构及风格进行了分析，并将其看作辽代密檐塔的标准形式。

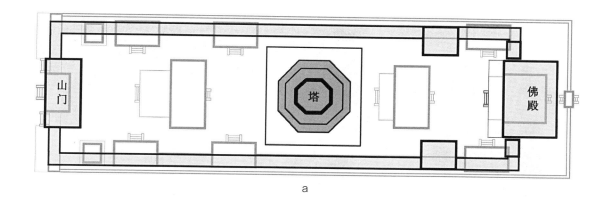

a

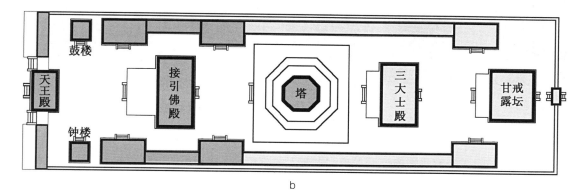

b

接引佛殿　　　　　　　　　　　塔　　　　　三大士殿　　　　　甘露戒坛

c

图 1-7　天宁寺

（a 为辽代布局推测图；b 为清代天宁寺（浅色部分为已毁建筑）；c 为 20 世纪初天宁寺老照片）

图 1-8　天宁寺塔细部

自佛教传入以来，除了早期的北凉石塔外，多层高塔平面多为正方形。[①] 例如云冈石窟 39 窟的北魏方形楼阁式塔、原朔州崇福寺藏北魏曹天度造九层千佛石塔，再到唐法王寺塔、荐福寺小雁塔等大多可以登临。而天宁寺塔为实心密檐式八角砖塔，高 57.8 米，共计 13 层，为辽金密檐塔的标准样式。佛塔建在一座方形平台之上。该塔由下至上可分为塔座、塔身、塔刹三个部分（图 1-8）。塔座的下层为须弥座形式，分为上下两层，每层均有束腰，束腰上雕刻有壸门。壸门内有狮子雕塑，两侧为莲花柱，似为明代补修。须弥座上方为平座，上有砖雕的斗栱和栏杆。再之上为三层仰莲组成的莲台。莲台上为塔身，塔身为八边形。塔的正面（即正东、西、南、北）四面做半圆拱门，两侧置二金刚力士，顶部半圆形空间内有浮雕。塔的侧面（东北、西北、东南、西南）置直棂窗，塑二菩萨。部分浮雕残损严重。塔身上部有仿木构的栏额和普拍枋，再上为 13 层的塔檐，代表欲界十三天，檐下均有仿木结构的砖雕双杪五铺作。最下层的补间为一朵斗栱，切出 45° 角的斜栱，上面各层补间两朵铺作。塔檐向上逐级收分，其中塔檐、飞椽全部为木制。塔顶为两层八角仰莲座，上托塔刹。

天宁寺塔为辽代晚期佛塔的代表作，无论是在形制还是功能上都代表了辽代佛塔的最高水平，主要有以下三个重要的特点：

其一，在功能上，天宁寺塔是一座只可在塔下绕塔礼佛，不可登临的实心塔，其代表了辽代的主流佛塔样式。在唐代，无论密檐还是楼阁式塔大多可以登临，故在存放佛舍利等功能外还兼具登高远望的功能。而辽塔大多为密檐实心砖塔，从现存 100 余座辽塔来看，能够登临

[①] 位于河南登封的嵩岳寺塔一直被学界认为是现存最为古老的高层佛塔，应建于北魏正光（520—525）年间，该塔平面呈十二角形，在中国境内的密檐式塔中仅此一例。但是根据曹汛先生的分析，佛塔很可能为晚唐重建，由于嵩岳寺塔下的地宫为唐代地宫，塔砖 C14 测定也多为唐末至宋初，所以嵩岳寺塔建造时间存疑。

的阁楼式塔不超过 10 座，例如涿州的智度寺塔为楼阁式塔，可登临，主要作用为存放经书或者舍利。故辽塔的塔身门券大多建在 5 米高的台基上，显非供游人登临设计。辽代实心塔的形式，是佛塔功能转变的一个重要节点，直接影响到明清的佛塔形式。

其二，辽塔在仿木结构上要远远精细于唐塔，唐塔大多出檐只用叠涩，而辽代则忠实反映了木构楼阁的结构特征，如天宁寺塔每侧均有圆形柱，上有阑额、普拍枋等仿木构件。一层普拍枋上补间铺作为一朵，双杪五铺作，转角处还有 45° 的斜栱。二层以上补间为两朵，均为计心造。平座为五铺作偷心。在材料上，角梁和椽子为木质，其余构件皆为砖制。呼和浩特的万部华严经塔也建于辽晚期，其砖塔内部的木质骨架形成圈梁，从华栱和平座层中伸出，增加塔身的稳定性，可见辽塔做工之精妙和对木构佛塔的忠实还原。此外，辽塔多横向用砖，塔门多做拱券，这均是辽塔有别于后世佛塔的特点。

最后，辽塔的塔身上雕刻有大量的佛、菩萨像。如天宁寺塔门券两旁的力士以及菩萨像在建造时，塔身内部使用一块整砖坯，外用泥灰造型。其余的大型佛像则为木骨草筋，外部泥塑，由于岁月破坏，可以清晰地看到佛像风化后露出的木骨。这些塑像分布在塔的八面之上。塔的正面（即正东、西、南、北）四面做半圆拱门，置二天王。塔的侧面（东北、西北、东南、西南）置直棂窗，塑二菩萨。门楣上正东、南、西分别为三世佛、北面为准提佛母。窗户上东南、西南为骑狮的文殊和骑象的普贤菩萨、东北和西北则各有 5 尊菩萨立像，共 12 尊菩萨像。[①] 这应当是以《圆觉经》当中的十二圆觉菩萨为主题形成的曼陀罗。王世仁先生提到辽代佛塔有意将塔的浮雕布置为曼陀罗。由于无论胎藏界还是金刚界曼陀罗皆为 4 正 4 副，故佛塔也相应地从唐代的四面塔变为了八面。再如戒台寺戒台大殿前的法均大师衣钵塔，其转角柱处用经幢代替，象征着世尊八相成道。而应县木塔在像设上，分别可以组成东、西、南、北、中的五方佛系统；报身、法身、应身的三身佛系统；文殊、普贤和卢舍那佛的华严三圣系统，以及最上层的胎藏界曼陀罗系统。美国宾夕法尼亚大学的夏南悉（Nancy Steinhardt）教授曾经指出应县木塔实为一个立体的曼陀罗，并分析了其在辽代信众为迎接末法时期到来时的作用。很可能是出于应对佛经中"末法时期"[②]到来的原因，佛塔在辽代被赋予了更为神圣的宗教意义，而佛塔本身则成为净土世界的代表，塔面上的门窗则表示内部为佛国的净土世界，故这也是辽代以后佛塔不可登临且多为实心、门窗皆为装饰的根本原因。这或许也是为什么在唐以后佛塔的重要性虽然已经下降，但是到辽代诸多寺院中的佛塔（或者佛阁）却似乎又重回寺院中心的重要原因。所以，天宁寺无论在布局还是在其佛塔的建筑形式上，都是北京地区不可多得的辽代寺院建筑实例。

---

① 天宁寺塔的塑像在明代得到过重修，现在的诸多塑像为明代补塑，现在看来二力士的形象基本保留了辽代的风格，明代应该没有变换造像。此外，天宁寺塔作为蓝本直接影响了明代慈寿寺塔以及长椿寺的天启铜塔（现在万寿寺无量寿佛殿内）。

② 大乘佛教认为教法流传有三个时期：正法、像法和末法时期。大部分大乘经典（如《悲华经》）认为正法和像法共计 1500 年，而从佛陀涅槃时间倒推，大约是在辽代前后，进入末法时期。

云居寺

除了密檐塔外，辽代最为普遍的则是楼阁式塔。楼阁式塔继承于北朝，唐代多见于木塔。在辽以后楼阁式塔急剧减少，而宋辽边境的幽州则集中了数座楼阁式塔。现存100余座辽塔中仅有9座为楼阁式塔，其中的6座位于北京及周边地区（房山有3座），即北京附近辽早期的云居寺和智度寺塔（位于河北涿州），今北京行政区域内的房山云居寺北塔、昊天多宝佛塔、天开寺塔。除了传统的楼阁式和密檐塔外，由于幽州地区是辽代汉族人口的聚集区，聚集了辽帝国内诸多上好的工匠，又位于交通要冲，所以幽州地区演化出了新颖的佛塔形式，例如花塔和覆钵塔等。云居寺的北塔即是辽代不多见的楼阁式塔，其塔身上部还有覆钵。此外，还兼具金刚座塔特征，是辽塔中少有的孤例。

范阳郡白带山上的刻经活动始于隋代，而辽代则是刻经的第二个高潮。这时在石经山下建造下寺，即今天云居寺所在的位置。云居寺的木结构建筑尽管多次重建，但是由于山势的地形原因，之后的重建很难改变原始的寺院布局①，所以云居寺寺院的殿宇关系依然保留了辽代寺院的布局特征。首先为寺院朝向，云居寺坐西朝东，符合辽代寺院朝向。其次，云居寺的布局保留了辽代寺院以合院为单位的显著特征。由于云居寺建在山坡东侧，要布置寺院需要平整坡地，所以寺址被平整为高低五个院落。现在在主轴线上依次为毗卢殿、释迦殿、药师殿、弥陀殿和观音殿五座建筑，除第一进毗卢殿外，每一座殿宇前端都有一个小的门殿，两侧有配殿。现在五个台地各自开小门的做法很可能在辽代是五个独立的院落，每一个台地都是由门殿及主殿组成的一个小型院落，有廊庑环绕（图1-9）。在清代重建时只是将廊庑改成了配殿，但是保留了主殿的数量和院落的形制。以塔院为单位的寺院布局是典型的唐辽及更早期的寺院特征，在第7章有关廊庑的一节还有详述。

最后，云居寺的南北双塔对峙的建造格局体现了10世纪以来双塔布局的特点（图1-10b）。即寺院在中，寺的左右两侧为两座佛塔。云居寺的南塔建于辽重熙年间（1032—1055年），为十三级密檐塔，与天宁寺塔比例相近，但是塔身上并无佛像。在塔刹内发现"石经寺释迦佛舍利塔记"，因其上写明"此塔前相去一步再地宫有石经碑四千五百条"而发现了大量辽代藏经。惜南塔在抗日战争时期由于村民取砖而塌毁，近年来根据历史照片复原重建（图1-10a）。

寺院的北侧有以云居寺的北塔组成的塔群，其中主塔即为楼阁式的北塔。北塔建于辽代天庆年间（1111—1120年），高30多米，是北京地区罕见的集楼阁式和覆钵式兼具金刚座塔合一的建筑（图1-10c）。塔整体为砖雕仿木构，塔基一圈有辽代常见的妓乐图，部分毁坏比较严重，其中有反弹琵琶、三弦等乐器，是研究辽代音乐的重要实物证据。根据塔基的因缘偈砖雕上写有"法舍利塔"四字可知该塔建造的目的是为藏经。塔身八面与天宁寺的门窗布局相近，

---

① 云居寺木构毁于抗日战争时期，20世纪末依照清代的布局设计重建。

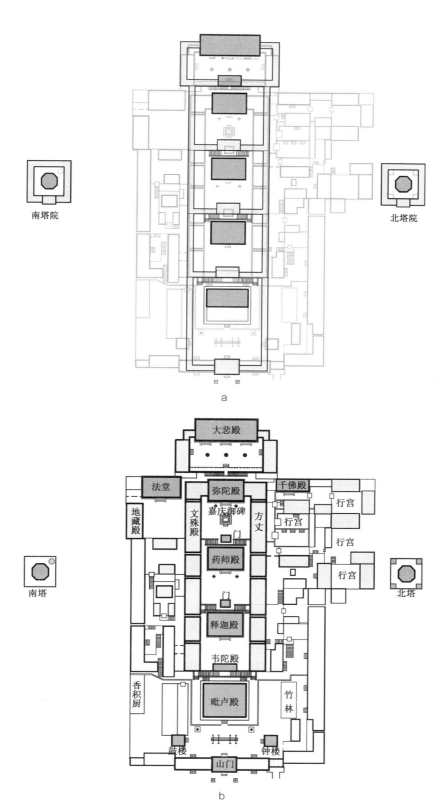

图 1-9 云居寺演化图
（a 为辽代布局推测图；b 为 20 世纪 30 年代被毁前平面）

图 1-10　云居寺
（a 为南塔；b 为南北塔与寺院布局图；c 为北塔）

正面为券门，侧面为直棂盲窗。塔身为两层，中有平座层。塔基为五铺作出 45° 斜拱，补间为 1 朵铺作。塔身一层为五铺作，补间为 2 朵铺作，角科铺作出 5 朵华拱。平座层与二层斗拱形式相近，虽为五铺作，但是二层华拱上直接撑替木或平座，补间皆为 2 朵铺作。塔身部分与常见的辽代阁式塔无异，但是，北塔的塔刹部分则是一巨型覆钵，上为密檐。北塔的覆钵相较于蓟县的白塔寺而言较为平缓，其上为八边形平台，再上为十三层的相轮及一小型覆钵。最上部华盖似乎已失。相轮较为粗壮。关于云居寺塔的覆钵建于何时并无明确文字性记载，亦未看到有北塔的修缮报告，所以并不清楚北塔是在辽代被设计成了楼阁式塔与覆钵塔的结合，亦或是覆钵部分为明代的重修。梁思成和林徽因两位先生的解释是：

> 此型之原始，或因建塔未完，经费不足，故潦草作大刹顶以了事，遂形成此式，亦极可能，但其顶部是否后世加建，尚极可疑。

此外，《白带山志》中记载：

> 今塔下二级中，木梯断折，今塔顶作螺旋状为不类，则非同时修建可知。盖辽时重建之塔五级，其上三级不知何年倾颓，而塔顶螺旋状者，则明初建耳。

就云居寺北塔而言，经过后世改造的可能性大于原始设计的可能性。但不可否认的是，辽代确实存在覆钵塔，易县双塔庵西塔、白瀑寺圆正法师塔等都能验证辽金时代存在塔刹的覆钵形式，而这种形式仅限于幽州地区，学者郎智明对此有过深入分析。传统学术界一直认为覆钵塔进入中原地区应是在元代的阿尼哥时期。关于辽代的覆钵，此前多认为是明代后修，但是在重修蓟县白塔寺白塔时，在塔顶的明代覆钵下发现的辽代原始覆钵，根据塔身砌砖方式、C14检测和天宫出土的辽代文物确定了明代只是加高了辽代原始覆钵，也证明了辽代是存在覆钵塔的。但覆钵塔的来源可能并不是传统认为的青藏高原（土蕃）而是与辽相近的西夏。从现在极少的遗存史料来看，西夏已经完全接受了藏传佛教，其建筑形式也多受其影响。例如宏佛塔、青铜峡塔群均是西夏时期的覆钵佛塔实例。此外，8—11世纪新疆地区的佛寺遗址中也见到了大量的覆钵形佛塔，所以推测辽代的覆钵塔很有可能是受到西夏乃至中亚地区的影响，与辽代的仿木构佛塔融合而形成的形式。但是由于缺乏文献资料，其脉络发展尚不明确。

图1-11 云居寺北塔及唐塔
（a为景云二年塔；b为开元十年塔；c为太极元年塔；d为开元十五年塔）

关于北塔另外一个值得探究的问题，是其与四个小塔之间的关系。现在四座方形的小唐塔与辽代北塔共享一个台基，形成金刚座形式，酷似真觉寺的金刚座塔（图1-11）。梁思成先生的《历代佛塔型类演变图》中，将云居寺北塔作为重要一例，放在了从菩提伽耶大塔到北京真觉寺塔传承的重要节点上。那么云居寺金刚座的形式是自唐代就有的吗？笔者认为可能性不大。首先四座唐塔并不是同一时期也非同一人捐造，四座小唐塔也无直接关系。从石经山的其余唐塔看来，似乎密檐小方塔是很标准的功德主施建的样式。包括石经山上所有佛塔，可能均是由功德主出资，而佛塔是寺僧（或者其雇佣的工匠）按统一标准完成的，其排布并没有看到统一的设计。其次，中部的大塔并无记载始建于唐，实际上现在的云居下寺是辽代才开始形成的，所以在唐代不存在事先设计金刚座布局而后建中心大塔的可能。此外，纵观辽代佛塔（群），并无以金刚界为母题建造金刚座塔的实例[1]，而明代真觉寺塔的设计方案则是由印度僧人室利沙带入京城，没有文献支撑其建造或者设计受到了云居寺的影响。相反，辽代云居寺南北塔可能各自存在塔院，云居寺北塔很可能是在廊庑塔院内的一座单塔，其塔院四至基本就是现在的台基，而明或者清代重建寺院时，由于辽代廊庑已毁，故将云居寺四周的四座小塔归拢而来，模仿真觉寺形成了现在看到的金刚座排布的五座塔。

此外，在宋辽的边界地区，在塔刹之上还演化出了另一种形式，即花塔。花塔通常塔身部分仍为仿木构，但是塔中上部（辽代一般为上部；而宋一般在中上部，上部仍有楼阁式仿木顶）开始变为莲花状，有的演化为层层的亭阁式佛龛，远看如花朵一般。花塔结合了亭阁式塔的顶部装饰、密檐式塔的须弥座和楼阁式塔的塔身，这种塔的造型有很强的宗教色彩，可能与

---

[1] 敦煌莫高窟217窟壁画中确实出现过一座覆钵大塔上部塔刹和山花蕉叶处有5座和大塔形式相似，但是等比例缩小的佛塔样式，造型与金刚座塔相似。但是这种佛塔并无证据证明真的有实例在唐代的华北地区出现。

《华严经》中的华严世界有关，关于花塔的成因文献较少，学术界并没有通论。一般认为应当是宋辽时期，也有认为是金代时期的改建。花塔只存在于宋辽边境的北京段附近，北京地区还尚存镇岗塔和万佛堂花塔两座花塔。花塔的设计可能和覆钵塔设计的逻辑相近，均是在辽代密檐塔的基础上，将塔檐和塔刹部分改制而形成新的样式。但是相比于辽金，北宋地区的花塔则更为随意，"花"的部分既可以在塔刹也可以在塔身，似乎受到的设计束缚更少，但由于缺少史料，尚不明确当时的设计条件以及设计意图。

北京地区还留有不少经幢（表1-2）。经幢始于唐末的五台山，在辽金时到达极盛，元以后逐渐消失。辽代的经幢虽然使用方式与佛塔有异，但整体而言，幢与塔的构成相似，可以看作是佛塔的简化形式。经幢大多为八角密檐式，部分经幢也会使用仿木构，但是较砖塔而言更简略，经幢上也会有佛像或者比丘像。唯一不同的是经幢上大多雕刻有经咒，以《佛顶尊胜陀罗尼》最为常见。经幢通常包括幢座、幢柱、幢檐以及宝顶四个部分。幢座部分和塔基相似，多为须弥座，上为仰莲承托的幢柱。幢柱和幢檐间有简单的浮雕斗栱，上为幢檐，与辽金密檐塔一样，也有明显的收分。塔檐最上为宝顶，雕刻为双层的仰莲。此外，辽代还开启了将经幢式塔作为僧人灵塔的先例，例如静琬大师塔为八角三层的经幢。幢座上设覆莲，其上束腰部分有水纹雕饰。再上为八块石板组成的幢柱。幢檐有三层，底层下有仿木斗栱，但是可能由于斗栱与最下层幢檐为一块石板雕刻，故斗栱比例被不得已"压平"。

北京地区部分辽塔及经幢[①]　　　　　　　　　　　表1-2

	名称	时间	形制	保存状况	高度／米
密檐塔	天宁寺塔	天庆九年	八角十三级密檐	天宁寺内，明大修	55.94
	招仙塔	咸雍七年（1071年）	八角十三级密檐	八大处灵光寺内，1900年毁，1964年异地重建	
	照塔（图1-12a）	辽	八角七级密檐	南尚乐镇照塔村	13.17
	法均大师塔	太康元年（1075年）	八角七级密檐塔	戒台寺内，明重修	15.4
	老虎塔（图1-12b）	辽	八角五级密檐塔	云居寺西北	8.48
	玉皇塔	辽	八角七级密檐塔	大石窝镇高庄村	9.84
	鞭塔	辽	六角七及密檐塔	青龙湖镇车营村	6.36
	刘师民塔	重熙（1032—1055年）	八角三层密檐塔	周口店娄子水村	7.28
楼阁式塔	多宝佛昊天塔（图1-12c）	辽	八角五层楼阁塔	昊天公园内	45.90
	天开塔（图1-12d）	乾统十年（1110年）	八角三层楼阁塔	天开寺内，二层以上为重修	25.61
	云居寺北塔	天庆年间	八角两层楼阁塔上有覆钵	云居寺内，明重修	31.53

① 数据来源于《数字辽塔》一书。王卓男. 数字辽塔［M］. 北京：中国建筑工业出版社，2019.

	名称	时间	形制	保存状况	高度／米
花塔	万佛堂花塔	咸雍六年（1070 年）	塔刹为花塔	万佛堂孔水洞旁	21.87
单层塔	忏悔上人塔	大安六年（1090 年）	六角两层塔	上方山塔院内	9.35
	上方山塔	辽	六角单檐塔	上方山塔院内	5.76
经幢	静婉大师塔 （图 1-12e）	大安九年（1093 年）	八角三级塔幢	现在云居寺内	6.70
	忏悔正慧大师塔	天庆六年（1116 年）	八角五级塔幢	张坊村学校内	不详
	压经塔	天庆八年（1118 年）	八角七级塔幢	云居寺内	约 5.00
	戒台寺陀罗尼经幢 2 座	大安七年（1091 年）	八角经幢	戒台寺内	2.47
	慈智陀罗尼经幢	寿昌五年（1099 年）	八角经幢	慈悲庵内	2.70

a   b   c   d   e

图 1-12　北京地区现存辽金佛塔

（a 为照塔；b 为云居寺老虎塔；c 为昊天塔；d 为天开寺塔；e 为静婉大师塔幢）

4．金代

金代海陵王完颜亮（1153 年）迁都幽州，改称中都，使得北京第一次成为王朝的首都，其政治地位再次得到提升。金代对于佛教虽然相较于辽代有更多的限制，但总体上仍然是支持的态度。金章宗建八大水院，其中不乏佛教建筑，如阳台山（旸台山）大觉寺即为清水院。金代虽然对佛教寺院的财产和僧人的数量进行严格的属地管理，但依然在北京地区建立了大量的寺院，例如天会年间的圣安寺、广济寺，大定年间的栖隐寺、庆寿寺、永安寺（香山寺）。此外还重修了前朝的诸多寺院，如万寿寺（潭柘寺）、悯忠寺。

从北京现存的金代寺院来看，金代的寺院有意识地与园林景观相结合，不仅是寺址选在风景秀美之所，在人造景观方面也颇有设计。比如在寺院中特定的位置种植柏树、松树及银杏树，形成殿前双树或者树抱塔等景观。戒台寺在法均大师塔边种植两棵松树，并有意让树干弯折形成抱塔之势。金章宗在阳台山下建清水院，将寺后泉水引出，形成飞瀑和龙潭，并将水通过沟渠穿过寺院引到寺前。再如潭柘寺和门头沟广化寺保留了辽金以来的银杏树，说明金代的寺院有意栽种树木点景，使得寺院也成为北京重要的赏景之所。

虽然北京地区没有留下完整的金代寺院和金代木构，但有大量的金代经幢和密檐塔存留。北京地区保存了多处寺院的塔林，其中银山塔林、潭柘寺下塔林、栖隐寺塔林等无论在佛塔形制还是数量上均是金代建筑中罕有的，是研究金代寺僧丧葬的重要实物，在下文中依次介绍其形制以及与寺院的关系。

潭柘寺下塔林

潭柘寺据传始建于西晋的永嘉年间，为北京最古老的寺院，这种说法最早出自明末清初刘侗的《帝京景物略》，"先有潭柘，后有幽州"，之后被《春明梦余录》引用，并增加细节："晋曰嘉福寺，唐曰龙泉寺"。但是且不说嘉福寺一称始于明代天顺年间（1457—1464 年），这样的说法在潭柘寺内明正德年间碑刻《重修嘉福寺碑记》中也未见记载。其碑文节录如下：

> 窃闻潭柘山者，距城西二舍许，当马鞍山之西。有泉汇而为梯潭。土宜柘木，因以得名。后唐时有从实禅师与其徒千人讲法于此，后遂示寂华严祖堂。皇统间改为大万寿寺。继有广慧通理者，踵实师之迹，成大道场，山灵益加显焉。其详见于大定间蔡居士、杨节度之碑可考也。我朝宣宗皇帝即位之二年（1427 年），特命高僧观宗师住持。孝诚皇后首锡内帑之储，肇造殿宇。越靖王又建延寿塔，英宗睿皇帝诏为"广善戒坛"，颁大藏经五千卷，并赐今额。迄今岁瑜一甲子矣。

碑文记述了潭柘寺名称的由来，潭是因为寺前之潭水，而柘是因为山后的柘树林。此外，还简述了潭柘寺的历史，从碑文可以看出至少在明中期时，潭柘寺的寺史最早追溯到后唐从实禅师。另一种当代学者普遍认同的说法则是唐代的华严禅师开山建造龙泉寺，有谚语"华严开山，老龙让潭"为证，而从实禅师圆寂之处"华严祖庭"即华严禅师所建的祖寺。笔者不否认华严禅师建寺的可能性。就《重修嘉福寺碑记》而言，并未提出华严禅师建寺之事，其余也仅仅为猜测。元代的《析津志》更是直言当时的寺院建于金代大定年间（1161—1189 年），很可能在元代时寺内最早的遗迹仅为金代所建。这说明了一个有趣的现象，即年代越晚的碑刻或者史料反倒认为建寺的时间越早。由于缺乏早期实物或文献支撑，始建于东晋之说更可能是始自明末的讹传。实际上从潭柘寺内留存的实物来看，潭柘寺的建造似乎只能追溯到金代（如碑文提及的明代时寺内尚存"金大定间蔡居士、杨节度"碑，可惜现已不存）。再之前的华严禅师以及后唐的从实禅师在潭柘寺的事迹多见于明清的文献，缺乏更多早期史料的支撑。

从建筑角度而言，潭柘寺金代以前的所有建筑已经完全毁坏，金代皇统元年（1141年），在金熙宗的支持下，广慧通理禅师进行了11年的大举重修和扩建，虽然金代的寺院建筑已完全消失在历史中，但是自广慧通理禅师以来的潭柘寺僧人的墓塔则较为完好地保存在寺院西南的上、下两座塔林中。其中金代到明代的僧人主要埋葬在下塔林，而清代的僧人主要在上塔林。潭柘寺的塔林为北京地区现存规模最为宏大的僧人墓塔群。

下塔林现存金、元、明三代共44座墓塔，方子琪曾对每座塔的塔铭及形制作过详细记录。从布局上看，下塔林基本可以分为两个时期的两种布局：从金到元早期的佛塔遵循了昭穆之制，以广慧通理禅师塔为核心，依次排列；而从元末到明的佛塔则是以某一高僧为核心进行环绕布置，或2~3座佛塔一组成组团排列（图1-13，表1-3）。

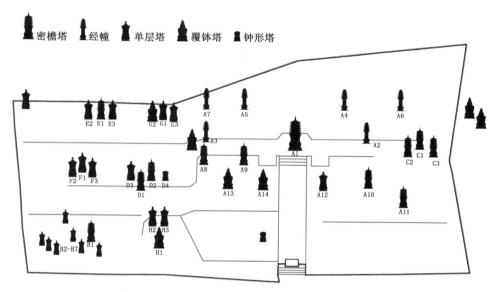

图1-13　下塔林布局图（图中佛塔标注详见表1-3）

潭柘寺下塔林佛塔一览表　　　　　　　　　　　　　　表1-3

广慧通理塔群（昭穆之制）							
密檐塔		经幢			单层塔		覆钵塔
A1 广慧通理	金（1175年）七级	A2 了奇禅师	金（1170年）	七级	A12 普同塔	明（1619年）	A13 无名 明
A8 海云宗师	金（1257年）七级	A3 证言禅师	金（1188年）	五级			A14 无名 明
A9 道源和尚	明（1458年）五级	A4 相了禅师	金（1203年）	五级			
A10 观公无相	明（1456年）五级	A5 归云禅师	元（1247年）	三级			
A11 竹泉寿公	明　　　七级	A6 宗公禅师	元（1272年）	五级			
		A7 慧公禅师	元（1292年）	三级			

妙严大师塔群（扇形环绕）					
B1 妙严大师	元	五级密檐	B2-B7 无名	推测为元	单层塔

元代"三公"密檐塔群（三角形）							
C1 瑞云蔼公	元 1300	五级密檐	C2 万泉文公	元 1354	五级密檐	C3 柘山智公	元	五级密檐

明塔群 5 组（三角形）						
D1 甘泉古涧泉	三级密檐	D2 隐峰琼	三级密檐	D3 陆公	单层塔	D4 无名	单层塔
E1 无初禅师	五级密檐	E2 海真	六角单层	E3 古亭隆公	三级密檐		
F1 桓公	六角单层	F2 林公	六角单层	F3 能公	六角单层		
G1 如公	六角单层	G2 底哇答思	六角覆钵	G3 中孚	六角单层		
H1 徐公愿力	八角覆钵	H2 无尽善公	六角单层	H3 贵公	六角单层		

从金代始建下塔林开始，其布局明显是经过精心设计的。虽然下塔林最古老的塔主人为 1170 年圆寂的了奇禅师，但是显然其地位或者辈分并没有广慧通理禅师高，所以 1175 年去世的广慧通理禅师的舍利塔则建在了中间，直对下塔院的院门。而了奇禅师塔则在其东（左）侧。广慧通理禅师之后的政言禅师塔在广慧通理塔西（右）侧。再之后的相了禅师塔则建在广慧通理塔的东北（左后）侧，以此类推，一直到 1292 年去世的慧公禅师，此时已经是元代初年。下塔林的塔一直保持了左昭右穆的制度。昭穆之制是中国古代宗庙的重要制度，自西周已存在，汉代的陵墓以及王莽所建的明堂皆以左昭右穆之制布局。其以左右反复的位置排布方式规定了祖先牌位及灵堂的顺序，即始祖在中，先世为昭在左，后世为穆在右，之后如此左右往复。金元时期的潭柘寺塔林的排布则借鉴了这样的排布顺序，也说明这些僧人有明确的师承关系，故塔林布局一如当时家族墓地的排布方式。但是唯一例外的是海云大宗师塔。海云印简禅师为金元之际的重要僧人，蒙哥汗封其领天下宗教事，忽必烈汗则尊他为国师。其涅槃后，忽必烈追赠他为佛日圆明大师，并在"燕赵间建塔六"。由于海云大师并非潭柘寺广慧通理禅师一系的僧人，其本人又有极高的地位，且潭柘寺的海云塔也不一定是舍利塔，故他的墓塔并没有按照左昭右穆的顺序在塔林中排列。

在慧公禅师之后的塔院布局形式发生了较大变化，原有的昭穆之制被破除，改为了小型组团，推测是潭柘寺原有的子孙庙形式被打破，外来的僧人进入到了潭柘寺。其中最大的一个组团即是以妙严大师塔为中心，呈扇形排列了 6 座无名单檐塔。妙严大师据说是元世祖忽必烈的女儿，但是没有任何史料可以印证，且其佛塔位置也与佛制不符，故具体身份存疑。① 但可以肯定的是他（她）一定是潭柘寺地位极高的僧人。围绕在妙严大师塔侧的6座小塔的主人不详，看其单檐塔的做法应该是元明僧人塔，但不清楚这些小塔主人与妙严大师有无师承关系。除了妙严大师塔外，还形成了诸多以3~4塔为一组的小型群组，尤以元代三公塔为代表。明代也形成了若干小型组群，由于明代的潭柘寺为十方寺院，即没有固定师徒传承控制的寺院，所以墓塔并没有再以昭穆之制建造，取而代之的是小型组团。现在下塔林内可以看到5组明代的墓塔组团。由于下塔林在清末以后部分小塔已经损坏，所以不知道其内原先是否有更多的被毁小塔形成的塔群。此外，在明朝中兴嘉福寺（潭柘寺）的几位方丈（如道源、观公）似乎有意延续金代昭穆制度的轴线，故在广慧通理禅师塔的两侧布置了自己的墓塔。

就佛塔种类而言，下塔林有密檐、经幢、单层塔、覆钵塔（包括钟形塔）等几种，从时间上看，金元塔中，只有地位极高的僧人才能使用密檐塔，其余均用经幢，这应该是延续自辽代的传统。而在元明两朝中，地位极高的僧人仍用密檐塔，其余用单层塔或者覆钵塔。到清以后，潭柘寺上塔林全部为覆钵塔。下塔林共12座密檐塔，其中7级的有3座，分别为金代开山祖师广慧通理禅师、海云大宗师和明代竹泉寿公建造。其中广慧通理禅师塔较为完好地保存了金代佛塔的形制（图1-14a）。其塔高22米，塔基直径接近6米，为砖砌八边形七级的密檐式塔。塔的形制基本继承了辽代以来的佛塔形象，塔基为须弥座，分为两层，其上为三圈仰莲承托塔身。塔身四边设有半圆形拱券门，拱券上有二飞天，正中一面刻塔铭"故

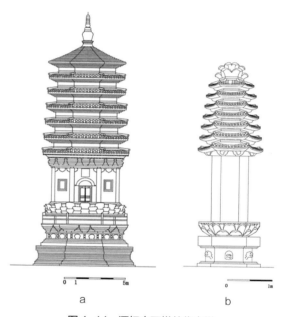

图1-14　潭柘寺下塔林代表塔
（a为广慧通理禅师塔；b为了奇禅师幢）

广慧通理禅师之塔"的匾额，侧面则为菱形格窗而非辽代常见的直棂窗，上部有如意卷云头两整两破。塔身上有普拍枋，上为仿木构五铺作。其上塔檐为7层。张云涛先生提到塔原为9层，后修为7层，但是未寻得出处。结合金代的佛塔如万松老人和海云简印均为7级，此说可能为误传。相较于金代，明代的密檐塔多为六边形，可以看到每面明显的内凹曲线，门券也从

① 依照佛教八敬法之例，身为比丘尼的妙严大师是不可能在比丘寺广为收徒的，下塔林中皆为比丘塔，而比丘尼依照佛律是不能进入的。且据《元史》记载，忽必烈的7个女儿皆有婚配，元代的正史中并无记载妙严大师的真实姓名以及师承关系。与潭柘寺寺史相似，其与妙严大师有关的史料都出自明末清初，故可信度存疑。

拱券变为直梁。在经幢中，以下塔林年代最为久远的了奇禅师幢等级最高，为七级六角的经幢（图1-14b）。其形制与云居寺静琬大师的塔幢相似，说明经幢在辽金北京地区是僧人墓塔的一个重要形式。此外下塔林还有"钟形"的无缝塔，很可能是覆钵塔的一种变形，其塔身较小且没有塔基和塔刹，覆钵如钟直接立于地面，塔面无装饰也通常无铭文。张驭寰先生称其为中国版的"窣堵波"（stupa）。很可能是集中收纳普通僧人遗骨的"普同塔"。

宝岩禅寺（银山塔林）

另一座建于金代并且布局保留基本完好的塔林则是"铁壁银山"下的银山塔林。对于银山塔林所在的宝岩禅寺（明清称法华寺）到底建于何时是有争议的，其中金大定七年（1167年）建大延圣寺的说法流传最广[①]，这种说法出自圆通塔东侧的《重建大延圣寺记》碑，碑言："都城之北，相去仅百里许，曰银山铁壁，景趣殊绝。其麓旧有寺曰大延圣，创建自昔"。但是这块碑已经多次被证实为一块伪碑。从现在的史料来看，金代的宝岩禅寺时间要早于大定，至迟在金皇统五年（1145年）银山塔林的佛觉塔已经建造完毕。根据元代《银山宝岩禅寺上下院修殿堂记》：

> 隶之北有山。曰银山，寺曰宝岩。实亡辽寿昌间满公禅师之开创，通理、通圆，寂照三继席之道场也。金天会初，佛觉徇缘始居之。故历代相仍。

宝岩禅寺建于辽代的寿昌年间（1095—1101年），由满公禅师创建，之后重兴潭柘寺的广慧通理禅师也曾主持过宝岩禅寺。在金代天会年间宝岩禅寺成了金中都大圣安寺的下院和寺僧的塔林，银山塔林现存的5座密檐塔就是建于此时。除佛觉禅师外，之后的晦堂、懿行、圆通、虚静四位禅师均兼任大圣安寺和宝岩禅寺的主持。

现有的寺院法华寺为明代正统重建的格局，但可惜寺院的木构建筑于20世纪30年代被毁，仅遗址尚存，现在寺院遗址附近只剩金到明的8座佛塔，其中5座为金塔、1座残存元塔和2座明覆钵塔（图1-15，表1-4）。

---

① 在此基础之上，缪荃孙《顺天府志》记载："在旧城，按寺记：金天会中，佛觉大师琼公、晦堂大师俊公自南应化而北，道誉日尊，学徒万指，帝后出金钱数万为营缮费，成大法席。皇统初，赐名大延圣寺。大定三年，命晦师主其事，内府出重币以赐焉。六年，新堂成，崇五仞，广十筵，轮负之美为郡城冠。八月朔，作大佛事以落成之。七年二月，诏改寺之额为大圣安。"自此明清文献中均称银山塔林建于金大安年间。

图 1-15　银山塔林金塔

银山塔林金塔

表 1-4

塔	类型	年代	位置①	形式	题记
佛觉塔	密檐	金皇统（1145年）	中	八边十三级	故佑国佛觉大禅师塔
懿行塔	密檐	金	左前	八边十三级	故懿行大师塔
晦堂塔	密檐	金	右前	八边十三级	故晦堂大师塔
虚静塔	密檐	金大安（1209年）	左后	六边七级	故虚静禅师实公灵塔 大安元年九月二十三工毕（1209年）
圆通塔	密檐	金	右后	六边七级	故圆通大禅师善公灵塔

　　佛觉塔为银山塔林的中心，也是当中最早最高的一座塔，现在的塔残高20.1米，塔底直径接近6.7米，为八边十三级的密檐塔，与潭柘寺广慧通理禅师塔的形制和比例相近，但是比其更为精细，在塔身八面雕有八个小的经幢，与戒台寺法均大师衣钵塔相近，可能代表释迦八塔。十三级的密檐塔作为僧人的墓塔极为罕见，怀疑其内部可能不仅装有僧人舍利，很可能藏有经书或者佛像，否则很难以佛塔之制来建造三座僧人墓塔。

　　包括佛觉塔在内的5座金朝密檐塔分布在现法华寺遗址内部，形成了极为罕见的七塔并列（最后两座为明代的覆钵塔）的寺院布局。关于银山塔林的布局学者胡汉生、丁莹等均有论证，有很多学者认为这是按照曼陀罗形式布局的塔阵。笔者在此提出自己的猜想，银山塔林的塔并

———————

① 此为相对中心佛觉塔而言。

非是曼陀罗形制，而是金代流行的殿前双塔的形式，即塔殿并列的形式。只是由于明代法华寺的重建破坏了原有金代的寺院布局，而现在寺内的木构建筑亦毁坏，丧失了佛殿作为对标物，因而使得塔林看起来与曼陀罗形式形似，具体理由如下：

首先，根据佛教的教义，银山塔林密檐塔与曼陀罗存在差异。银山塔林提到的 5 座塔皆为僧人墓塔，其排列形制与曼陀罗有异。曼陀罗是以佛塔来表示五方佛，但是银山塔林诸塔均有明确的题记，为僧人的墓塔而非佛塔。此外，金刚界曼陀罗的五塔分别代表五智如来，即阿閦如来、宝生如来、弥陀如来、不空成就如来和大日如来。其中除大日如来所代表的塔可以稍大，其余四塔大小、形制应该一致。主塔应在四座小塔连线的几何中心。但是圆通和虚静二塔为六边七级，无论在体量还是等级上均与晦堂和懿行塔的八边十三级有差异，且圆通和虚静二塔位置偏后，使得佛觉塔并不在四座塔的几何中心上。

更为重要的是在谈论五座塔的布局时忽视了木构建筑的作用，也就是佛殿在寺院排布中的作用。现在的银山塔林由于寺院木构建筑已毁，所以 5 座塔全部屹立在寺院遗址的台地上，可以一览无余，故很容易让人联想到曼陀罗的布置。但是如果考虑到原始佛殿以及院落，这些佛塔并不在同一院落和空间中，而是被佛殿分隔在三个区域。很难抛开佛殿的含义去单独解释被佛殿分隔开的 5 座佛塔可能形成的宗教含义。

最后，也是最为重要的，是五座佛塔并非同一时间建成的。根据题记我们知道，从佛觉塔到圆通塔，建造时间相隔 55 年，故很难说明在立寺之初就有以曼陀罗形式建寺的规划。寺内的 5 座金塔从时间上看，佛觉禅师塔建于 1145 年，这座塔毫无疑问是金代宝岩禅寺的中心。其后懿行禅师接任，并在 1163 年前后去世，他的墓塔建在了佛觉塔的左前方。懿行禅师去世后，根据丁莹分析，其后为第三代晦堂禅师。晦堂禅师塔位于佛觉塔的右前方。从此不难发现，前 3 座佛塔是按照昭穆之制布局兴建。

第四座塔的主人是虚静禅师，根据塔上的铭文，该塔建于大安元年即 1209 年，位于佛觉塔的左后方，依然符合左昭右穆之制。虚静禅师塔是唯一在塔上有明确纪年的佛塔。最后一座塔的主人圆通禅师并没有详细的生卒年。但根据金代林泉从伦禅师的记述，幼年的圆通禅师曾经与佛觉、晦堂两位禅师"堂次夜话"，这时的圆通禅师"年方十二，座右侍立"，还尚为年幼。根据耶律楚材称呼圆通禅师为三朝国师（即金世宗、章宗及卫绍王）来看，圆通禅师应该圆寂在卫绍王时期（1208—1213 年）。圆通禅师塔位于佛觉禅师的右后方，依然遵循昭穆之制。所以这两座塔在建造时很可能是一同规划的，可能圆通禅师圆寂时间稍晚，所以建在了右后方。此时寺院才出现一个系统的平面设计，形成了 5 座密檐塔。

笔者在此延续王世仁先生在研究天宁寺时的方法，尽管现在的寺院遗址是明代正统以后的遗存，但是由于法华寺地处的银山塔林为山坡上的一块平地，故其寺院四至从金到明应该不会有太大变化。从佛觉塔到大殿和山门的距离几乎可以印证当时的寺院很可能是以佛觉塔和大雄宝殿为双中心布局。辽末金初的寺院受到宋代寺院双塔的影响，在北京出现了一系列双塔分置寺院两侧的实例，如白瀑寺和戒台寺。戒台大殿前的法均大师舍利塔和衣钵塔推测就是在金初形成的双塔格局。宝岩禅寺在最初规划时应该是一座以佛觉塔为中心的"塔前殿后"的"日"

字形布局。之后随着懿行和晦堂两位禅师圆寂，这两座塔则按照左昭右穆之制度作为佛觉塔的"配塔"，设立在佛觉塔的前侧。与潭柘寺下塔林广慧通理禅师塔组群建造逻辑一致。此后圆通和虚静禅师相继圆寂，其覆钵塔则作为大雄宝殿前的两座"配塔"，此时的布局相对清晰。明代在藏经阁前新建的两座覆钵塔也是相似的逻辑，说明明人尚且明悉金人的建寺布局意图。但是在明代新建法华寺时，为了可以在有限的空地上建造更多的佛殿，增加寺院轴线上建筑的数量，所以在三座塔间增建天王殿，塔后立法堂，塔与殿之间变得更加紧凑，使得整个院落格局发生改变，再加之寺院建筑毁坏后，5座佛塔的关系则变得模糊起来。故银山塔林法华寺是以曼陀罗布置佛塔之说略显武断，需要更多的文献支撑（图1-16）。

宝岩禅寺是一个少见的塔林形寺院，即该寺作为金圣安寺下院的主要功能就是布置高僧灵塔。纵观北方的金代寺院，院内很少以塔为核心要素布置佛殿，北京现有数座带有塔林的寺院，但无一将祖师墓塔设置在寺院正中（天宁寺等是佛塔）。所以金代宝岩禅寺的布局即在设计之初就考虑了塔和殿的关系，是辽向元明寺院布局转变的重要实例。

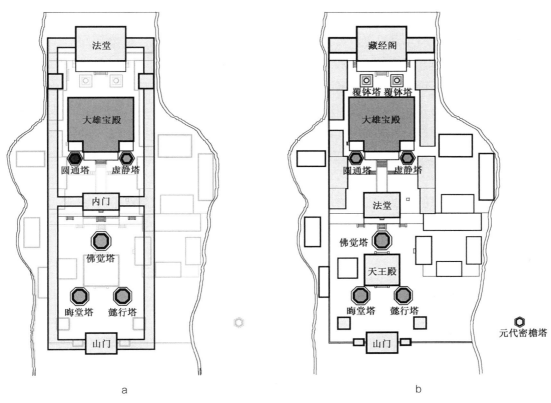

图1-16　银山塔林法华寺
（a为金代布局推测图；b为20世纪被毁前的平面）

第 2 章　元代北京寺院

　　自元代以来，关于寺院建筑和布局的历史遗迹以及文献资料开始变得多了起来，也使从建筑角度分析寺院布局和建筑形式成为可能，寺院作为除官殿以外较为重要的带有皇家礼制性质的建筑群，是研究元大都作为首都的建造蓝本以及文化交流的重要物证。本章从文献和现存建筑等多个角度分析自元代以来北京地区的主要寺院布局特点以及建筑的形式。

　　元代总体奉行宗教信仰自由政策，其境内，道教、伊斯兰教甚至基督教都有一定发展。但是相对于其他宗教，自元世祖忽必烈以来的元代帝王都更倾向于佛教。忽必烈任命萨迦派五祖八思巴为国师，统领天下释教。之后又在元大都设置释教总统所、宣政院、功德使司等机构。由于忽必烈倚重八思巴之故，使得来自西藏地区的佛教也开始在北京地区传播。尼泊尔工匠阿尼哥以及其子阿僧哥和徒弟刘元共同开创了"西天梵相"的造像风格，丰富了中国的雕塑艺术，并设计了大都的地标性建筑大圣寿万安寺塔，这种覆钵塔的形式被后世统称为白塔，并广泛应用于明清北京的佛教寺院中。元代在大都地区设立了多座寺院，如圣寿万安寺、护国仁王寺、承华普庆寺、南北崇国寺、广化寺等寺院。遗憾的是，元代的寺院建筑似乎在明初遭到过系统性破坏，今天的北京城内已无完整的元代佛寺遗存。所幸的是，元代建筑中留存了大量的砖石建筑，如居庸关的云台、圣寿万安寺的白塔等均开创了中国建筑史的新类别，是各民族建筑与文化交融的见证。

1．元大都的佛殿

　　在佛殿的建筑形制上，元大都的佛教建筑最具特点的布局即是其佛殿模仿官殿而采用工字殿，大都的几座大型寺院如大圣寿万安寺、大承天护圣寺内都有以工字殿为平面的佛殿。工字殿因为前后两座殿宇，中间有连廊相连，因平面形似汉字"工"而得名。在官殿和庙坛中，工字殿的前殿为朝殿（庙坛则为享殿），而后殿为寝殿（庙坛亦如是），构成了前朝后寝之制。

　　工字殿最早起源于居住建筑，后被广泛应用于庙坛建筑中，最早的实例陕西岐山的宗庙就是祭祀建筑。元代大都的皇宫中大量使用了工字殿建筑，最为重要的朝殿大明殿及寝殿延春阁均为工字殿建筑。根据傅熹年先生的研究，这可能源自宋代官殿。明代由于防火的考虑，在建造紫禁城三大殿时就有意将其分为了独立的三殿。但是在文华、武英二殿以及奉先殿等建筑

图 2-1　东岳庙

（a 为元代平面布局图；b 为主殿工字殿）

中，依然保留了工字殿的形制。清代在园林中偶有使用工字殿，但是在新建的官殿建筑中已经放弃工字殿的形制。纵观寺院建筑史，只有元代一朝，工字殿进入到了北京寺院的佛教建筑当中。这也使得元大都的佛寺成为北京寺院发展史上极为特殊的案例，但是可惜由于明初的破坏和后世的改建，北京地区已经无元代的工字殿实物留存。朝阳门外始建于元延祐六年（1319年）的东岳庙是北京城内唯一虽经重建，但是基本保留了元代建筑形制的工字殿殿宇的实例。东岳庙虽是道教正一的宫观，但其建筑的布局则是遵照了元代皇家寺观样本，与佛教建筑相差不多（图 2-1a）。现在的东岳庙大殿经过康熙朝的重建，基本保持了早期的布局，包括其两庑和工字殿，均保持完好。广嗣、阜财两配殿还保留了元代建筑风格。其工字殿前殿为岱宗宝殿，后殿为育德殿，两殿均为单檐庑殿顶，面阔五间，进深 10 椽，均使用减柱法，有室内斗栱。前后两殿均出三开间卷棚歇山抱厦，中间有穿堂相连，由此还可一窥工字殿在元大都宗教建筑中的形制（图 2-1b）。由于佛教当中并无道教庙坛"寝殿"这一制度，故从现存碑刻来看，大都寺院前殿多供三世佛，后殿则为五方佛，例如元代文人虞集的《大承天护圣寺碑》就曾提到："云寺之前殿真释迦、然灯、弥勒、文殊、金刚手并二大士之像。后殿真五智如来之像"。所以推测其布局形制应该与东岳庙工字殿相似，但是碑文并未提及。是否还有其他佛像，诵经和礼拜空间如何组织就不得而知了（图 2-2）。

北崇国寺（护国寺）千佛殿

到了 20 世纪初开始专业建筑史研究时，元代大都城内佛教建筑的实例可能只有元代北崇国寺（今护国寺）的三千佛殿一座。虽然今天的千佛殿已毁，但是刘敦桢先生在 20 世纪 30 年代曾经进行过较为系统的测绘，此外，其节录的碑文使得我们可以一窥北崇国寺的原貌。关于北崇国寺的创建在千佛殿西侧皇庆元年（1312 年）赵孟頫撰书《大元大崇国寺佛性圆融崇教大师演公碑》中有详细记载：

> 世祖皇帝闻而嘉之（定演），赐号佛性圆融崇教大师。至元二十四年别赐地大都，乃于门人业力兴建，化块砾为宝坊，幻蒿莱为金界，作大殿，以像三圣，树高阁以度藏经，丈室廊庑斋厨僧舍，悉皆完美，故崇国有南北寺焉。

根据刘敦桢先生《北平护国寺残迹》考证，北崇国寺是元世祖御赐用地。元大都里有南、北两座崇国寺。陈庆英老师考证，南崇国寺的历史可以追溯到唐，《顺天府志》载："崇国寺在旧城，唐为金阁寺，辽时改名崇国"。在元初时南崇国寺住持善选的门人定演法师，在今护国寺址上建崇国寺下院，即北崇国寺。根据碑文可知在元初时有两进主要殿宇，即佛殿和藏经高阁，此外配备有方丈、廊庑、斋堂、僧舍等附属建筑。

三年后的延祐二年（1315 年）元仁宗对于北崇国寺进行了一次扩建和修缮，重新修建了山门，后中书省参政速安及其子曲迷失不花在千佛殿后面施建舍利塔，这次的扩建大部分为僧众的宗教活动生活设施以及完善寺院的礼制建筑（山门），使得"寺之伦序，十完六七"。说明此时的北崇国寺规模日渐扩大，僧人人数增多，使得寺院需要更完整的宗教及附属设施。至此，北崇国寺基本完备（图 2-3a）。

北崇国寺最后一次扩建在元朝末年，很可能和《辽史》等史书的编写者——丞相脱脱[①]有关。《帝京景物略》载，"寺为元丞相托克托故宅，有托克托夫妇像，侍立殿中，在千佛殿，一幞头朱衣，一凤冠朱衣"。学者陈宗蕃认为崇国寺建寺在前而脱脱入仕在后。故很可能是脱脱

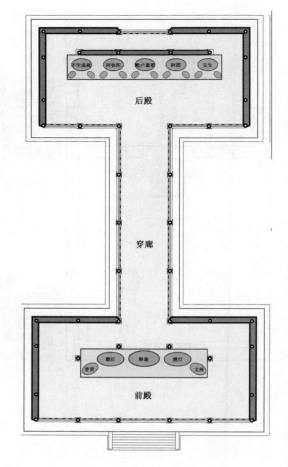

图 2-2　承天护圣寺工字殿复原图

[①] 脱脱为元朝末年重要的政治家，其名脱脱，在清朝改译为托克托。

为顺帝丞相时，曾寄住在寺内。这次修建记述在元末的至正十一年（1351 年）《皇元大都崇国寺重新修建碑》中，这通石碑俗称"透龙碑"（或者窟窿碑），如刘敦桢先生描述为"龙身镂空透雕，徒悦俗人之目耳。其前元中及其后明初，均未见他碑再作此状。"该碑因碑首镂雕的蟠龙而得名，工艺精湛，明清北京虽依然有碑首为蟠龙的实例（如历代帝王庙），但是做工之巧却不及元代，同时也可见元末北崇国寺的财力和地位。透龙碑的碑文则详细地回顾了寺院的扩建历程，现摘录其中与建筑相关的内容进行分析：

京都有寺曰崇国，前至元乙酉世祖皇帝所赐地，传戒大德沙门定演所开及。凡为佛殿、经阁、云堂、方丈、香积、僧寮、俴屋等百有余楹……

皇庆延祐间仁宗皇帝剌口室剌皇后赐钞三千余定，贸易民地，别建三门，寿元皇太后复赐钞五百定而经营焉。寺之伦序，十完六七。无何岁月变更，渐致颓弊。且钟楼廊庑等屋，尚焉阙如……

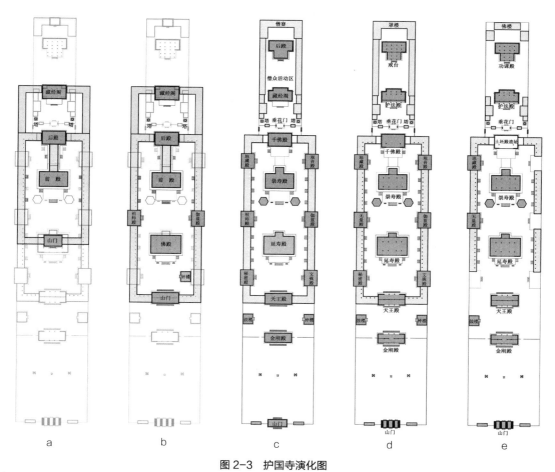

图 2-3　护国寺演化图

（a 为延祐年间重修后的护国寺布局推测图；b 为至正年间重修后的护国寺布局推测图；c 为景泰时期重建的护国寺布局推测图；d 为乾隆时期的护国寺布局推测图；e 为刘敦桢 1930 年代测绘时的护国寺）

至正乙酉……孤峰学公（建）曰法堂、云堂、祖师伽蓝二堂、厨库僧房、侍者傔赁等房，计间五十余。于新及建者，钟楼、法堂、东廊庑、南方丈等就计间亦三十余……

从碑文可以看到北崇国寺在元代的建造情况。最后一次扩建在延祐年间的基础上加建了钟楼、法堂以及廊庑和方丈等辅助用房 30 余间（图 2-3b）。那么元代的建筑是否可以与 20 世纪 30 年代刘敦桢先生的测绘图相对应呢？北崇国寺是元大都少有的未彻底毁坏的寺院，这可能是源于其在元代与政治联系较弱。故其在明初并未被完全破坏，明代重建时保留了元代的基本布局。根据这一线索我们可以和现状作基本对比。北崇国寺内明以前的建筑一共三处，即千佛殿和功课殿前的两座佛塔，另有千佛殿旁的元代碑数通。千佛殿是带有辽金风格（很可能使用辽金旧件）的元构，刘敦桢先生评价其"舍大殿外，殆难其选"。故其推测千佛殿应该是元代寺院的主殿，但是李纬文老师认为北崇国寺的元代部分应是从天王殿到千佛殿的廊庑部分，前殿应该在今延寿殿位置，而藏经阁则在今崇寿殿殿址上。故千佛殿不是正殿而应该是后殿，而两座覆钵塔则是寺后双塔。但是其推测可能并不准确。因为通过与上一章银山塔林等寺院对比，金元佛寺常在殿前建双塔，但从未见殿后建双塔之实例，所以在元代两座覆钵塔后一定有较为重要的殿宇，即覆钵塔为殿前塔。综合两位学者观点和东岳庙的工字殿以及后殿的布局，并根据台基的位置以及崇寿殿后出抱厦的形制，元代时的千佛殿很可能是北崇国寺工字殿的后殿，明代景泰重建时，将连廊拆除，并重建了前殿崇寿殿。而藏经阁很可能在千佛殿后而非殿前，与东岳庙的后楼形制相近。所以元代时正殿佛殿为工字殿而后院正中为藏经阁。延祐时期的重修在藏经阁前增加了双塔，在寺前增建了山门。

元代末至正年间的扩建，可以看到工程最为重要的建筑是新设立的法堂，从元大都的寺院到下文的隆福寺，法堂均在极为重要的中轴线上，但是崇国寺的法堂的位置又在何处呢？李纬文推测，元代北崇国寺应该是现在廊庑包围的部分，所以猜测至正年间的扩建可能将轴线南延到了今天王殿附近，这次工程包括的廊庑的增建也是轴线南延的侧面例证。所以廊庑内有两座殿宇。由于法堂并无放在佛殿之前的实例，故推测天王殿后的第一重殿宇（今延寿殿殿址）位置有很大可能是一座新建的佛殿，而原来的工字殿即变为了法堂。[①] 此外还增建了伽蓝、祖师二殿，如果明代没有改变位置，则应该还在崇寿殿两侧。明初南京天界寺、北京隆福寺法堂两侧亦为伽蓝和祖师殿。这点也印证了现在的崇寿殿位置即元代法堂的前殿。另一个值得注意的点是这次加建了钟楼，如《皇元大都崇国寺重新修建碑》所述，在延祐扩建后寺院没有钟楼变成了一个急需解决的问题，可以看出元代中晚期寺院已经出现钟楼，但是此时仅有钟楼而并无

---

① 因为没有确切的资料，所以以上均为结合历史的推测。下文将提及的大承华普庆寺的工字殿后殿亦是法堂，故元大都有将工字殿作为法堂的实例。但是因为没有文献支撑，原有建筑皆毁，工字殿法堂具体如何使用并无记载。

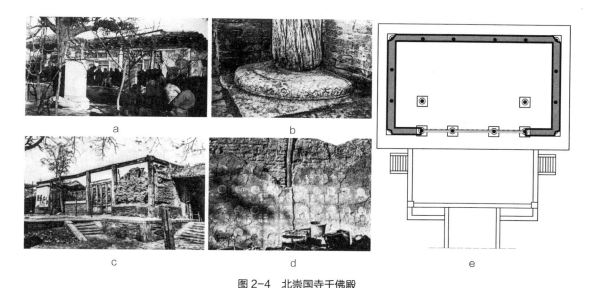

图 2-4　北崇国寺千佛殿

（a 为 1900 年前后的千佛殿；b 为千佛殿的柱础；c 为 1930 年的千佛殿；d 为土坯墙及干佛彩绘；e 为刘敦桢测绘 千佛殿平面）

鼓楼。钟鼓双楼的制度是在明代才形成，这点在下一章还会详述。[①]

　　根据 20 世纪初刘敦桢先生调研的测绘和描述可知，千佛殿为汉式抬梁结构，在其调研时屋顶已坍塌，只留有普拍枋及以下的建筑部分。其墙体为夯土，故也称土坯殿。元朝时烧砖技术尚不普及，所以这是大量建筑墙体仍用夯土的难得案例。千佛殿面阔五间，进深三间（图 2-4）。柱子略有卷杀但非梭柱。内祀三世佛，殿内三面墙上绘制有诸多小佛，故称"千佛殿"。殿内留有两个元代风格的柱础，如果柱础位置没有扰动，千佛殿应该是使用了金元代常用的减柱法，明间南侧的两根柱子确因扩大室内空间的目的而被减掉。

　　对于千佛殿的年代，刘敦桢根据阑额 1∶2 的高宽比和阑额 T 字形的断面特征而断定其具有辽代建筑特征，但是由于当时千佛殿普拍枋以上已毁，所以变为悬案。李纬文根据法国藏历史照片，可看出斗栱为单杪单昂五铺作，昂为假昂，转角铺作华栱作鸳鸯交手状，明间铺作为三朵，与元代形制相符。很可能如刘敦桢推测，"其大木架构，利用辽代旧物，而柱础墙壁为定演（元代僧人）所构"。从佛殿的空间和结构来看，其结构依然使用了常用的梁柱结构，上部梁架应该为抬梁做法，沿用了汉式佛殿的常用配置。

[①] 钟楼作为寺院的附属设施至迟在南北朝已经出现，在日本飞鸟到奈良时期的寺院大多建有独立的钟楼在法堂一侧。我国现存的唐代寺院遗址也不例外，但是元朝大都寺院碑刻题记中凡是涉及寺院布局的，除北崇国寺一例外均未提到钟楼的配置，所以猜测钟楼在元代很可能并非独立建筑，而是位于某配殿二层或者大殿内部。直至元末才开始重新独立建楼，详见第 7 章。

大崇恩福元寺

大崇恩福元寺佛殿是元大都另一个形制较为奇特的佛殿（图2-5）。大崇恩福元寺位于大都城南，由元武宗海山建于至大元年（1308年），内设武宗及二后影堂。根据《崇恩福元寺碑》文中的记载可略窥其形制：

> 门其前而殿于后，左右据为阁楼，其四隅大殿孤峙，为制五方，四出翼室，文石席下，玉石为台，黄金为趺，塑三世佛。后殿五佛皆范金为席，台及趺与前殿一。诸天之神，列塑诸庞，皆作梵像，变相诡形，怵心骇目，使人劝以趋善，惩其为恶，而不待翻诵其书，已悠然而生者矣……皆前名刹所未曾有，榜其名曰大崇恩福元寺。

崇恩福元寺的寺院布局无太多特别之处，山门过后为二阁，有可能是以延续自辽金代的双阁作为配殿的形制。但是奇特的是其佛殿的形式，即"四隅大殿孤峙，为制五方，四出翼室"。四出翼室应该是佛殿四侧皆出抱厦，至于是开间方向还是进深方向不明。结合元代建筑风格，很可能和隆兴寺的牟尼殿（开间方向外出）或者团城承光殿（进深方向外出）建筑形式相近。"四隅大殿孤峙"应当是四座小殿在大殿的四方，与大殿一同形成了"五方"之制。那么这四座小殿和主殿关系如何。陈庆英老师的解释为寺院以中央大殿为中心，在其东、西、南、北各有一座佛殿，猜想他参考的原型很可能是夏鲁寺、白居寺等的措钦大殿。例如夏鲁寺的底层为贯通的措钦大殿，上层则与四合院相近，在措钦大殿上部的正东、南、西、北建四座单檐歇山顶汉式抬梁结构的佛殿，院落围合部分则是一层经堂都纲上部的采光井。这四座佛殿是1329年夏鲁寺因地震重修时，寺主吉载彼时恰在北京，故元明宗下诏敕修。宿白先生考证夏鲁寺的

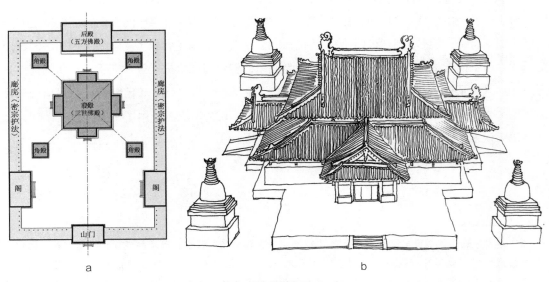

图2-5　崇恩福元寺
（a为平面复原图；b为大殿推测复原图）

修建使用了安多地区的汉族工匠，以及河湟谷地的回廊式结构（图2-6a）。故夏鲁寺措钦大殿形式与元大都的寺院无论是修建时间还是所用工匠都有一定的关联可能性。

另一个可能则是模仿自托林寺迦萨殿模型。托林寺的建筑可以追溯到阿底峡尊者上路弘传的后弘期。迦萨殿由若干个小佛殿组成，可以分为内外两圈，仿照佛教须弥山而建。与夏鲁寺建筑模型略不同的是，其中心主佛殿正东、西、南、北出四殿，转角处的折角（即东北、西北、东南、西南）形成四座小殿（图2-6b）。平面酷似"亞"，故称"亚"字形。比夏鲁寺稍微复杂的是折角上端立四座佛塔，代表佛教的四智。这种建筑模型可以追溯到7世纪印度佛教密教化后的佛塔殿群，最为典型的实例即为今孟加拉国的索玛普利大寺（Somapura Mahavihara）。18世纪以后，章嘉国师用此模型设计了颐和园的须弥灵境和承德普宁寺。由于福元寺大殿已经在四侧出抱厦，如果再在四侧建殿，似乎设计上并不协调，也与碑文中"四隅对峙"不符，所以四座角殿在四角更为合适，形式上其更可能是两种模型的混合（图2-5b）。

这种以"五方之制"设计佛殿的寺院在大都不止崇恩福元寺一例，大圣寿万安寺也有"角楼四座"的描述，但是角楼的尺度和形式不详。不可否认地是这肯定是受到了藏传佛教的影响而形成的佛殿形式。但是藏式的佛殿布局和结构是否真的进入到了元大都一直是一个谜。关于藏式结构，第6章会有详述。藏式佛殿布局的重要特点即按照前经堂后佛殿的制度来排布且佛殿带有转经廊，与大都佛殿以工字殿为主的形式相差极大，大都佛殿的朝拜空间和诵经空间均集合在佛殿中，与辽金代以来的寺院相似。在西藏地区，尤其是萨迦派盛行的后藏江孜和日喀则地区，寺院大多带有室内的转经廊道，但该特征也没有出现在北京寺院中。故佛殿建筑的空间和结构受到藏地直接影响的说法缺乏依据。诚然，佛殿内的单个殿宇的像设上应当是受到了西藏地区的影响，但是在佛殿的空间和结构上的影响则显得证据不足。

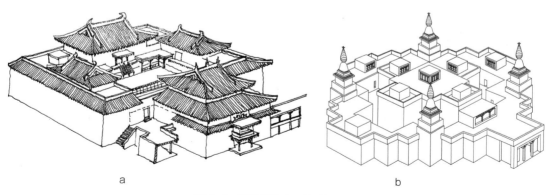

a   b

图 2-6　两种措钦大殿的建筑模型
（a为夏鲁寺措钦大殿；b为托林寺释迦殿）

灵岳寺

除了上述大都的皇家寺院外，在北京门头沟地区还有一些带有元代风格的民间建筑

（图 2-7a）。例如门头沟的灵岳寺就是一座大型民间寺院，据《重修灵岳寺记》记载，寺院始建于唐贞观，在元初至元三十年（1293年）重建，之后清代数次重修。现存建筑分为三进院落，分别为山门、天王殿及大雄宝殿。天王殿两侧有配殿和钟鼓楼（已毁）。其中天王殿和大殿上层梁架展现出元代木构特征，其余建筑当为清代重修时的扩建。

在建筑结构上，灵岳寺释迦佛殿是北京地区不可多得的早期木构建筑遗存。大殿面阔三间进深四椽，单檐庑殿顶，但是屋顶正脊极短，只有明间的长度，不做推山，显示出早期的木构风格（图 2-7b）。大殿室内砌上露明造，上部展现出元代建筑的特征①：梁架中三架梁使用弯曲的原木料、在脊檩和三架梁间使用叉手、脊檩下用铺作。但是在三架梁以下则展现出明清特点，如殿内的柱网规整，举折较高，内外柱不等高，梁架间使用童柱而非驼峰，除了顺爬梁与梁架间使用丁头栱外，其余梁柱交接均不用。从现在大殿有两层的三架梁来看，灵岳寺大殿在清代（因为碑刻没有记载明代有大规模修缮）进行过一次落架级别的大修。上层三架梁及以上的部分应该是元代至正时期的原构，但是柱子及以下部分似乎为清代抽换，可能部分节点（如丁头栱）有所保留（图 2-7c、d）。

此外，灵岳寺的天王殿也保留了部分元代做法。天王殿面阔三间，悬山顶，整体建筑古朴简洁，无室内柱，斗栱亦不出跳，五架梁外檐直接出头落于外檐底斗之上。天王殿相较于大殿

a

b

c

d

图 2-7　灵岳寺大殿
（a 为灵岳寺全景；b 为释迦佛殿；c 和 d 为室内梁架）

———————

① 为前后文统一，在此均使用明清构件叫法。

保留了更多的早期特征。从外观来看，天王殿展现了诸多早期特征：如稍间无平身科斗栱，仅明间正中有斗栱一攒；普拍枋和阑额（额枋）断面呈"T"字形；内部梁架中使用了叉手；五架梁使用原木料且梁架上有早期旋子彩绘构图；五架梁上用驼峰和斗栱而非童柱承接三架梁和其上的桁等均展现了这个建筑除了殿内中柱可能是后加、椽子有过更换外，整体梁架很可能是元代晚期遗构（图2-8）。

　　相似的梁架结构和彩绘构图，在斋堂镇的龙王观音禅林的大殿中也可以找到，龙王观音禅林大殿与灵岳寺天王殿形式相近，是面阔三间进深四椽的悬山顶，室内无柱（图2-9）。不同的是殿前檐下有三昂十一踩的斗栱，比例以及耍头形式均为元代特征。殿后檐则仅为配合梁头的小型斗栱，其前檐斗栱凸显了元代斗栱结构作用的弱化以及装饰作用增强的特点。此外，门头沟地区尚有双林寺配殿、灵岩寺大殿等几座带有早期风格的建筑，综合看来，虽然后世屡有重修，但是主体梁架还保留了元代特征，只是均为民间做法，与蔚县乃至山西北部诸多元明之际木构做法相似，可见门头沟地区木构建筑并未受到太多元大都城内寺院的影响。不过现存的数座元构也可以稍稍宽慰刘敦桢先生对于"大都作为一国之都，却无一元代之木构遗存"的遗憾吧。

图2-8　灵岳寺天王殿
（a为外观；b为室内梁架；c为童柱和其上捧节令栱）

图2-9　龙王观音禅林大殿
（a为外观；b为室内梁架；c为前檐斗栱）

2. 元大都的佛塔

在八思巴的推荐下，来自尼泊尔的工匠阿尼哥参照西藏地区的佛塔以及河西走廊地区西夏佛教遗存创造性地设计出了一种新型的佛塔——即覆钵塔，并广泛地应用在了元代以及日后明清的寺院中。北京地区有十余座覆钵形的佛塔皆是仿照此塔而建，可谓影响极为深远。

佛塔由 4 部分组成，从下至上依次为亚字形台基、覆钵塔身、十三天相轮和华盖。阿尼哥的设计最大的特点即是利用佛塔来表现藏传佛教的宇宙观，塔身四部分分别代表了佛教宇宙观当中组成世界的四种元素：地、水、火、风，也称为"四大"。清代在此四种元素之上加了"识"，即以眼光门来象征。从现存实例来看，虽然覆钵塔的形制在辽金时已经进入北京地区，但是与唐辽以来汉地的覆钵或者楼阁的仿木构塔有根本区别，元代的覆钵塔完全抛弃了北朝以来对仿木构佛塔的模仿，而以宗教仪轨来设计佛塔。元代的覆钵直接建立在亚字形的塔基之上，而辽和西夏的覆钵塔大多是以密檐塔塔型为基础，塔身及台基仍然保持仿木构做法，仅在塔檐部分改为了密檐和覆钵及相轮伞盖。元代的覆钵塔的设计原型可以追溯到上路弘传中阿里托林寺释迦殿，以及更为久远的索玛普利大寺的佛塔。

释迦舍利灵通塔（妙应寺白塔）

元大都城内最为重要的寺院莫过于元世祖忽必烈所建的大圣寿万安寺，为元代早期重要的皇家寺院。因清代重修时将元代修建的大塔涂以白灰，从外形上看似白塔，所以寺院也俗称为白塔寺。万安寺原址有辽代的永安寺，也有一座建于寿昌二年（1096 年）的佛塔。大白塔一直有辽塔和元塔两种争议[①]，一直到 1963 年宿白先生根据《圣旨特建释迦舍利灵通之塔碑》判断现有覆钵白塔为元代忽必烈至元八年（1271 年）所建，该塔由八思巴推荐的尼泊尔工匠阿尼哥设计并建造，塔名"释迦舍利灵通之塔"，表达了忽必烈"新都适就，先创斯塔，托佛力之加佑，冀宝祚之永长，保大业之隆昌，享天禄于遐载"的美好愿景。

大白塔通高 50.9 米，为砖石结构，是当时北京最高的建筑物（图 2-10）。白塔矗立在一个 2 米高的 T 字形台基上，平面酷似一朵莲花造型，为胎藏界曼陀罗的一种变化。佛塔底层为三层折角的亚字形塔基。在塔基上层的四周，围有明代添置的一组铁灯龛。佛塔台基由砖砌雕出的 24 个凸起的仰莲瓣塑饰而成。塔基上为覆钵塔身，上大下小，最大处直径 18.4 米，形似一个倒过来的佛钵，由 7 条铁箍箍紧。由于塔身部分最为明显，故通常称为覆钵塔。塔身之上又有一小型亚字形塔基，再之上为相轮，相轮为十三层寓意佛教中欲界的十三天，相轮每层缩小，呈圆锥状。相轮最上为伞盖。伞盖也称华盖，其上还有一覆钵塔刹，位于华盖顶部中央，塔刹中有木柱，将铜构件分段套接。整个塔刹高约 5 米，重约 4 吨，为空心铜鎏金覆钵

---

① 称呼元代时的万安寺塔为白塔并不准确，但由于是北京地区约定俗成的叫法，故本书中全部以白塔来
　称呼大圣寿万安寺中的释迦舍利灵通之塔。

图 2-10　释迦舍利灵通之塔

塔形状的小铜塔，铜塔内为佛塔的天宫。①

　　值得注意的是，元代阿尼哥所建的白塔并非现在看到的素面白塔。根据《圣旨特建释迦舍利通灵之塔碑》记载，国师亦怜真曾以身、语、意三皈依来为白塔进行装藏：

　　　　爰有国师益邻真者……乃依密教排布庄严安置如来。身语意业上下周匝。条贯有伦。第一身所依者。先于塔底铺设石函刻五方佛。白玉石像随立陈列。傍安八大鬼王八鬼母轮。并其形像用固。其下次于须弥石座之上。镂护法诸神主财宝天。八大天神八大梵王。四王九曜。及护十方天龙之像。后于瓶身安置。图印诸圣图像。即十方诸佛三世调御般若佛母。大白伞盖佛尊胜无垢净光摩利支天。金刚摧碎不空羂索不动尊明王。金刚手菩萨文殊亲音。甲乙环布。第二语所依陀罗尼者。即佛顶无垢秘密宝箧菩提场庄严迦啰沙拔尼幢顶严军广博楼阁三记句咒。般若心经诸法因缘生偈。如是等百余大经。一一各造百千余部。夹盛铁锢严整铺累。第三意所依事者。瓶身之外琢五方佛。表法标显。东方单杵。南方宝珠。西方莲华。北方交杵。四维间厕四大天册所执器物。

可见原来佛塔覆钵塔身应该是雕满了佛教相关浅浮雕，这些雕刻由八思巴的胞弟，第二任国师益邻真（现写作亦怜真）设计并装藏和开光。如碑文所述是按照身、语、意之法装饰的，其中身者为诸佛菩萨，包括十方诸佛、般若佛母、护法诸天等神佛；语者即为陀罗尼和诸佛经；意者是以华盖、宝珠等器物来指代某尊佛像。关于大白塔上身、语、意的布局，宿白先生曾经有过详细的叙述，并指出此作为一种定式在元代广为使用并延续到了明代。但是由于大圣寿万安寺的佛塔年代久远，塔身浮雕多有脱落，所以在后世的大修中将整个覆钵塔身涂成白色，形成了今天的白塔。

在上节北崇国寺的后院垂花门内也有两座砖砌的覆钵塔即上述覆钵形式。根据刘敦桢先生考证，东塔北墙下有元延祐二年（1315 年）碑记，为《通奉大夫湖广等处行中书省参政速安男中奉大夫曲迷失不花建塔记》，故知二塔也为元代所建。两座塔均是元代以来盛行的覆钵式塔，与大圣寿万安寺塔相近，可惜未能保存至今。覆钵塔作为一个元初的创新样式，在北京的寺院中已经普遍应用，并逐渐成为北京明清以后最为流行的佛塔样式。

大宝相永明寺过街塔（居庸关云台）

覆钵式塔除了单体大塔外，在元代还出现了另一种重要的建筑形式，即过街塔。宿白考证居庸关过街塔时曾分析"塔门或门塔形制之塔，系元时随西藏佛教萨迦教派以俱来"。大宝相永明寺过街塔为元顺帝所建的重要佛教建筑（图 2-11）。《析津志》记载，"至正二年

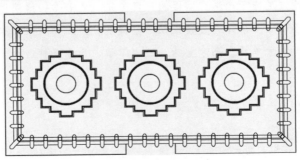

图 2-11　居庸关云台及平面

（1342年）今上始命大丞相阿鲁图、左丞相别儿怯不花创建过街塔。"又有"过街三塔，雄伟据高穹"，可知台基上为三座佛塔。元顺帝在建过街塔后又建大宝相永明寺。明初被毁，后正统时重建，因为原有塔已毁，而改建为佛殿。此殿在康熙四十一年（1702年）毁于火，之后再无重建。

现在的居庸关云台指元代过街塔的台基。台基呈城门门券形式，券内则有大量的浅浮雕佛像及经咒，据欧阳铭老师之说是按照身、语、意的佛教教义排布，推测与圣寿万安寺塔覆钵部分的雕刻布局一致。其中券顶的是5个曼陀罗浮雕，两侧墙面最上部各有5尊佛像，合为十方佛，汉文功德题记曰"资金光聚十如来"，十方佛的中间则是千尊小佛，佛像与曼陀罗共同构成了生身舍利，宿白先生认为曼陀罗和佛像皆为身、语、意中身的代表。券内中部的两面均有石刻文字，其中一侧为藏文、梵文、汉文、八思巴文、维吾尔文和西夏文拼写的《陀罗尼经咒》；另一侧为藏文、汉文、八思巴文、维吾尔文和西夏文记载的《造塔功德记》，这部分毫无疑问是代表"语"的经咒和陀罗尼。但是"意"部分没有很明确的指代，笔者倾向于广义上的四天王像（在云台的入口两侧各有两天王及力士），以及门券的浮雕六拏具均是"意"的表现，因为据《通灵之塔碑》所述，"意"即是表法之物。云台门券上的浮雕则是北京最早出现的六拏具图案（图2-12）[1]。南北券门外侧的两边雕刻有四个圆形交杆浮雕，其正中为大鹏金

图2-12　六拏具
（a为夏鲁寺壁画；b为居庸关云台）

① 六拏具常用于佛像背光和券门之上。在吐蕃时的文物中已经偶有出现。北京地区则最早在元代出现，明清则变得极为普遍，并不限于藏传佛教的寺院中。

翅鸟，象征伽嚕拏，表慈悲。左右对称雕刻有龙女那啰拏，表救度。其下是摩羯（鲸鱼）布啰拏，表保护，再下是童男骑四不像，表资福。最下是象王救啰拏，表善师。六拏具是藏传佛教中六种以动物象征组成的法相装饰。但是对比明清的六拏具，其只有五个，而缺失狮子福啰拏，可能是由于在元代时六拏具尚未完全形成定式，例如西藏夏鲁寺的六拏具也并不齐全。有学者对比其与夏鲁寺佛像背光上的六拏具，龙女和摩羯的构图和形制皆极为相似，猜测可能有直接的摹写关系，也说明了元代与藏地的紧密联系。云台顶部的四个方向均有挑出的两层石平盘，上有如意云、兽面和璎珞垂珠的浮雕。石平盘上方安装有一圈石质护栏，护栏望柱下方和台顶的四角位置均有排水用的石雕螭首。关于云台上部的三座佛塔形制，宿白先生参考了北崇国寺双塔和万安寺塔，以及云台中南方增长天王所持塔，推测其形制应为覆钵塔。因为明代加盖殿宇时曾扰动塔基，所以原始三座塔的大小不知。根据云台长宽比 2∶1 略大，三座佛塔最为可能为同样大小的三座覆钵佛塔，很可能塔身与台基一样雕刻有浮雕。

此外，曹汛先生还总结了元大都的其余几座过街塔，包括大都南城彰义门过街塔、宣文弘教寺门塔、卧佛寺门塔、南口过街塔等近 10 例，可惜已经无一留存。

万松老人塔

除了覆钵塔外，元代的僧人依然延续了辽金密檐塔和经幢作为墓塔的传统，例如现存戒台寺的月泉新公长老塔幢、潭柘寺下塔林的经幢等。在北京城内除了天宁寺塔外，遗留最古老的建筑即万松老人塔。该塔原为八角七级密檐塔，后在清朝乾隆年间被改建为九级，并对外表面做了较大的改动（图 2-13）。塔高 15.9 米，塔身四正面辟假券门，四侧面辟正方形假窗。塔檐为叠涩，檐下不设斗栱。其主人是金元高僧万松行秀，时任报恩洪济寺（即今广济寺）的方丈。塔建于 1246 年前后，此时金代被灭但是南宋尚存。虽然现在的广济寺均为民国时期的重建，但是其寺址从金代始建后并没有变动，推测原来的万松老人塔所在位置即报恩洪济寺的塔院，正好位于寺院的东南，与金代寺院建塔方位一致（图 2-14）。在元大都建成后，广济寺与塔院共同被环包在城内，由于城内人口密度的增大，寺院与塔院也逐渐被居民区所分割开，并脱离了与广济寺的附属关系，而万松老人塔旁边的砖塔胡同则是北京有记载的最早的胡同。清代在塔院处建造了多罗贝勒永恩的府邸。万松老人塔及周边的砖塔胡同是研究北京城市发展史和胡同历史重要的实物依据。

3．元大都的寺院布局

从现存的元代建筑来看，元大都佛教寺院的布置是独树一帜的，与山西、河北等华北地区的元代寺院相比，无论在殿宇设置还是在寺院布局上都有较大差别，这很可能与在元代并没有统一的建寺规范有关。关于元大都敕建佛寺的布局，学者陈高华、中村淳、熊文彬等多位老师均有研究。但可惜由于少有实物存留，所有的研究基本都是对于文献资料的解读。

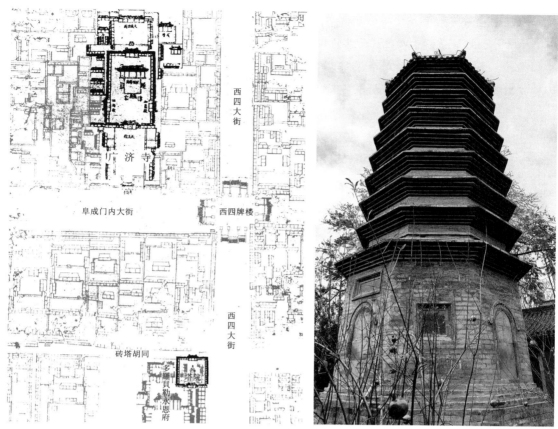

图2-13 《乾隆京城全图》中的广济寺、万松老人塔和砖塔胡同

图2-14 万松老人塔

大圣寿万安寺（妙应寺）

大圣寿万安寺的建设是先有塔而后建寺。根据《元史》记载，元世祖忽必烈在至元九年（1272年）白塔建成之后，以白塔为中心向四方各射一箭，"帝制四方，各射一箭，以为界至"，以"四箭之地"修建了寺院，故万安寺是以佛塔为中心布置的寺院。万安寺作为重要的元代皇家工程，带有极强的政治宣誓。寺内还设有忽必烈等帝王的御容殿，其作用相当于元代帝王的家庙和祖堂，在寺后为元代的社稷坛，此建筑群是元大都重要的集宗教和庙坛于一体的建筑群。万安寺还作为皇家重要的印经场所以及接待重要佛教人物的客舍。但是可惜的是元代的大圣寿万安寺在1368年的一场雷火中被毁坏殆尽，现在白塔前部的妙应寺则是在明代中期复建，由于财力有限，其建筑只覆盖了塔前的区域，即今天妙应寺所在。

历史上对于元代圣寿万安寺的布局金石文献中并无明确记述，《元代画塑记》中有些只言片语提到了万安寺的建筑：

仁宗早帝庆二年八月十六日。敕院使也讷。大圣寿万安寺内。五间殿八角楼四座。令阿僧哥提调其佛像，计并禀搠思哥、斡节儿、八哈失塑之。省部给所用物。

塑造大小佛像一百四十尊。东北角楼尊圣佛七尊。西北垜楼内山子二座,大小龛子六十一,内菩萨六十四尊。西北角楼朵儿只南砖一十一尊,各带莲花座光焰等。西南角楼,马哈哥剌等一十五尊。九曜殿,星官九尊。五方佛殿,立方佛五尊。五部陀罗尼殿,佛五尊。天王殿,九尊。东西角楼四背,马哈哥喇等一十五尊。[①]

上述记录中并未列明建筑的具体方位关系,终究是信息量不足,很难说清寺院的具体布局形式。但是据上述片段化的记载可知有几座有特点的建筑布局:

1. 五间殿和角楼的配置很可能是十字布局,在同一时期大都的大崇恩福元寺有相似的建筑形态,上文已述。

2. 寺院(也可能是塔或者佛殿)的四角建有四座角楼,不是很明确其具体形式。《元代画塑记》中的记述较为混乱,先后提到了东北、西北、西南三座角楼和西北垜楼。不清楚是没有东南角楼还是东西角楼为笔误。由于没有先例可循,角楼的形制和大小也不清楚,推测万安寺的角楼可能与白塔脚下的四角小殿形制相近。角楼内佛像的布置也看不出四座角楼有任何宗教上的联系。

3. 寺院佛殿的布置似乎依然遵照了前文所述的身、语、意来布置寺院。五方佛殿代表身、陀罗尼殿代表语、而天王殿则为意。但是天王殿内9尊天王的布置似乎并非现今语境下的天王殿,是否是密宗的护法殿(如供奉玛哈嘎拉、阎曼德迦等),还有待进一步考证。九耀殿应该是元大都寺院中特有的佛殿,但是无实例可循,这四座主要殿宇如何排列并不清楚,所以对其布局复原无从谈起。

比较清晰的部分则是白塔前部的建筑,虽然万安寺山门所在的平则门街在明代北京被改为了阜成门街,但其街道位置没有发生变化。现在塔前有五殿,分别为山门、天王殿、意珠心境殿(大雄宝殿)、七佛宝殿及具六神通殿。其中具六神通殿建在白塔的T字形台基上,为清代新建,与元代寺院无关。其他的四座殿宇很可能是根据明代重建的妙应寺改建而来[②]。

塔前的明代佛殿虽然历经清代的重修,但是整体风格尚存明制。明代时的布局在《敕赐妙应寺碑》中有详细叙述:

---

① 万安寺中部分造像设置与今天的汉传和藏传佛教均有不同。例如天王殿内九尊神像的布置为何即不甚明了。"山子两座"是指何物也不甚明了。此外有一些反映了元大都佛寺的像设特点,例如九耀殿是祭祀星君的场所,陈庆英老师认为是与蒙古族萨满教信仰的融合。所谓九耀是指,日曜(太阳)、月曜(太阴)、火曜(荧惑星)、水曜(辰星)、木曜(岁星)、金曜(太白)、土曜(镇星)、罗曜(黄幡星)、计都曜(豹尾星)。如宾大博物馆存广胜寺壁画《佛炽盛光》图就有九耀星君。佛教唱赞中药师赞回向也有"九耀保长生"之说,应当是元代信仰遗存。

② 现在的白塔寺除了具六神通殿保留了三世佛及八幅唐卡外,其余原塑皆毁。七佛宝殿内原为过去七佛,皆为坐像。中为释迦,造像最大。东侧三尊为佛像,西侧三尊带五佛冠。现在的白塔寺内释迦佛像为护国寺的楠木佛像,其余两尊为仿照中间佛像而造。两侧原为十八罗汉像,现供拈花寺二十四诸天中的18尊。后为明初千手观音铜像,疑为西天梵境移来。

都城西一舍许有寺曰妙应寺者……兴作始于天顺元年八月，□□□丑冬十月九门
口成其寺，规中为大雄殿，东西为伽蓝、祖师二殿，左右为东西二禅堂。殿□西□
钟鼓二楼，前为天王殿。大雄殿后为三大士殿，东西为地藏口口二殿，又左右为东
□□□□圣二堂，堂后东西为僧房，从二十二楹。

　　从现在的妙应寺布局结合碑文我们大致能够排布出明代的妙应寺布局。此时的万安寺早已
没有元代时候的荣耀，西北部被明代新建的朝天宫占据，御容殿也全部毁坏。故重建的妙应
寺只保留塔前的部分。与清代不同的是钟鼓楼的位置似乎在大殿两侧，有可能如瞿昙寺一样，钟
鼓楼在廊庑中二层位置。此外三大士殿在清代被改为了七佛宝殿。配殿的形制也有变化。两座
建筑均为单檐庑殿顶，室内使用减柱和移柱做法，可以肯定的是塔前的意珠心境殿（明称大雄
宝殿）和七佛宝殿（明称三大士殿）均为明代遗存。[1] 杨小琳指出，这两座佛殿共同坐落在一
个工字形台基上，故推测此两座殿应当在元代为一座工字殿，即分为前后殿，并有连廊相连。
明代的重建虽然保留了台基但是却没有复建连廊。值得注意的是三大士殿和大雄宝殿虽然均为
五开间，但是三大士殿的面积略大于大雄宝殿，由此推想可能是元代时的建筑规模也如此，至
于工字殿的前后殿的具体佛像排布就不得而知了。天王殿和九耀殿均为九尊神像，推测形式应
当相近，很可能是工字殿的配殿。此外，元代寺院一般仅有一重门，故推想工字殿前很可能只
有一重殿宇。当然，因为太多的不确定，所以只能有一个平面推想图（图2-15）。
　　此前多有学者即以此认为元代寺院多为曼陀罗布局或者以塔为中心布局，并且将元大都寺
院的代表大圣寿万安寺与西藏地区的萨迦寺比较。诚然，两座寺院的建造都与八思巴国师和萨
迦派有着深厚的渊源，但是两座寺院在建筑层面上没有太多关联。由于萨迦寺既是萨迦派的宗
教中心，也是元代萨迦王朝的政治治所，所以萨迦寺建有军事化的围墙，墙内除了主殿（措钦
大殿）外还有部分行政机构，宛如政教合一的城市（图2-16）。但是相比而言，大圣寿万安
寺虽然有皇帝的御容殿，但是其更多地是具有象征意义，而非政治机构，且万安寺已经在大都
城内了，并不需要如萨迦寺一般的围墙，因此所谓"垛楼""角楼"的具体形制如何，需要进
一步探讨，但应当不是萨迦寺般军事化的角楼。此外，萨迦寺是以措钦大殿为核心布置，但是
佛殿并不在寺院的几何中心。而白塔寺则应该是以塔为中心的寺院。二者的布局逻辑和建筑采
用的结构、空间、形式并不相同。最后，虽然同为元代建造的夏鲁寺展现出了和曼陀罗有一定
关联的布局形式，但是萨迦寺却是个例外，其建筑除了四个角楼外未看到任何可以组成曼陀罗
的布局。反而是万安寺和崇恩福元寺出现了四座角楼的形制，但是这些角楼的用途和形式不
明。以此说明万安寺整个寺院为曼陀罗布局过于牵强。整体而言，未见到西藏地区元代寺院和
大都寺院在建筑和布局上有太大的关联。

---

[1] 佛殿建筑详见第7章。

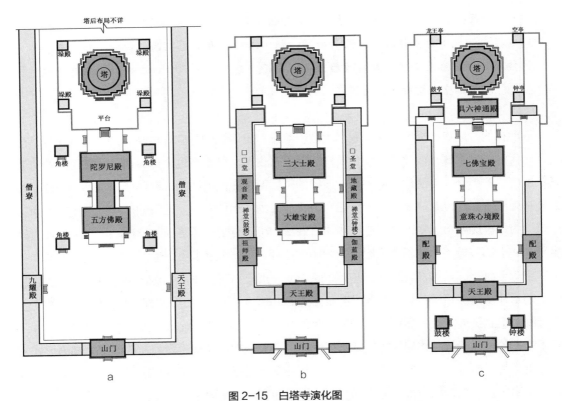

图 2-15 白塔寺演化图
（a 为元代万安寺推测图；b 为明代妙应寺推测图；c 为 1930 年代妙应寺）

图 2-16 萨迦南寺
（a 为寺院鸟瞰图；b 为寺院的垛楼入口）

大承华普庆寺（宝禅寺）

元大都佛寺的布局形式是较为多样的，另外一例文献资料稍多的例子是大承华普庆寺。元至元年（1308 年）文宗仿照大圣寿万安寺之布局建造大承华普庆寺，为裕圣太后在此建造御容殿。至治元年（1321年）二月，建仁宗神御殿。泰定元年（1323年）四月，又建昭圣皇后御容殿。可知普庆寺也是一座带有御容殿的寺院。大承华普庆寺在明代称为宝禅寺，位于宝禅胡同（宝产胡同）。姚燧《普庆寺碑》提供了普庆寺的基本情况：

> 至大元年，视昔所作图报弗称，乃市民居倍售之，占跨有数坊，直其门，为殿七楹，后为二堂，行宁属之，中是殿堂，东偏乃故殿，少西迭甓为塔，又西再为塔殿，与之角峙。自门徂堂庑以周之，为僧徒居，中建二楼，东庑通庖井，西庑通海会，市为列肆，月收僦直，寺须是资。

此外赵孟頫的《大普庆寺碑铭》提供了更为详尽的叙述：

> 其南为三门，直其北为正觉之殿，奉三圣大像于其中，殿北之西偏为最胜之殿，奉释迦金像，东偏为智严之殿，奉文殊、普贤、观音三大士，二殿之间对峙为二浮图，浮图北为堂二，属之以廊，自堂徂门庑以周之，西庑之间为总持之阁，中真宝塔经藏焉，东庑之间为圆通之阁，奉大悲弥勒金刚手菩萨，斋堂在右，庖井在左，最后又为二阁，西曰真如，东曰妙祥，门之南东西又为二殿，一以事护法之神，一以事多闻天王，合为屋六百间。

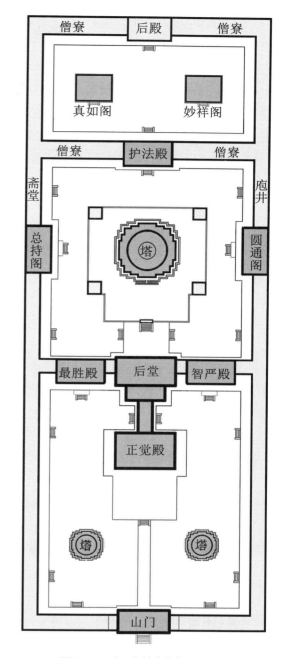

图 2-17　大承华普庆寺布局推测图

通过碑文可知大承华普庆寺也是一座以塔为核心布置的寺院，由于该寺为仿照万安寺而建，从万安寺塔的前工字殿后塔的布局中，可以略窥大承华普庆寺布局一二（图2-17）。寺院南侧为山门，进入门后为佛殿正觉殿，供奉三世佛和四菩萨像。殿后西北是最胜殿，供释迦佛像；东北为智严殿，供奉三大士。赵孟頫使用的是"西偏"和"东偏"，似乎非东西向的配殿，很可能是主殿两侧的偏殿。① 两个殿之前正对着的则为双塔，并不知道塔的形式，不过据护国寺双塔推测是覆钵塔的概率比较高，再之后的建筑为"堂二"或者"二堂"，所以此处很可能是工字殿的后殿（万安寺塔前也有工字殿），所谓"堂"极有可能是法堂。工字殿之后的一个院落似乎是以塔为中心布置，也是僧人的居所。院落正中为佛塔，如果是模仿万安寺而建应该也是覆钵塔，廊庑两侧为两个阁，东侧为圆通阁供观音、弥勒、普贤，姚燧所指的故殿应该是此，西阁为总持阁，这两个阁应该是配殿。上述建筑共同构成寺院的宗教佛殿区，它们被"自堂徂门庑以周之"，也就是从山门到最后的高阁均被环廊包围。两廊连接斋堂、庖井等僧众活动、帝王祭祀和日常供奉所用的辅助设施。

塔后又有二阁，西面名为真如阁，东面名为妙祥阁。赵孟頫并没有详细说明这二阁的具体位置及功能。如果是东西排布似乎是一左一右，但似乎又不应在廊庑之上，否则在提及廊庑之时应该一并介绍。最后两座高阁中应该有裕圣太后的御容殿，所以猜测这两座阁又在单独的院落中，院门为护法殿，一分为二，中为走廊。东侧为护法神韦驮，西侧则为北方的多闻天王。但是赵孟頫书碑为1312年，此时还未兴建仁宗皇帝的御容殿，故碑文中未提及。

大承天护圣寺（功德寺）

元大都有多座寺院内建有御容殿，承华普庆寺的御容殿情况不甚明了，位于昆明湖西北岸的大承天护圣寺则相对清晰。大承天护圣寺建于元朝天历二年（1329年），布达实哩皇后资助该寺五万两银，并将大量田产作为寺庙的香火地，寺院建成后不但作为元朝皇帝的行宫，也是元文宗皇帝及太皇太后的御容之所承天护圣寺，在明清重建后被称为功德寺，现在寺已不存（图2-18）。根据元代文人虞集《大承天护圣寺碑》可知：

> 云寺之前殿寘释迦、然灯、弥勒、文殊、金刚手并二大士之像。后殿寘五智如来之像。西殿度金书《大藏经》，皇后之所施也。东殿度墨书《大藏经》，岁庚午，上所施也。又像护法神王于西室，护世天王于东室。二阁在水中，坻东曰「圆通」，有观音大士像，西曰「寿仁」，上所御也。曰神御殿，奉太皇太后晬容于中，日有献，月有荐，时有享器，用金宝。曰寿禧殿，上斋宫也，诸宿卫之舍毕具……有东别殿、楠木别殿、丈室、讲堂、众沙门之居、会食之所，碑亭、井亭、庖湢（厨房浴室）、库庑、门垣、桥梁，咸称观美。

寺院建在昆明湖的西北岸，元吴师道《游西山玉泉遂至书山》诗："寺前对峙两飞阁，金铺射日开朱棂。"建筑师夏成钢曾引用同一时期朝鲜人和元的诗文判断，双阁是深入湖中的：

---

① 这种说法并不绝对，布局图仅是根据自身判断给出的一个最可能的方案。

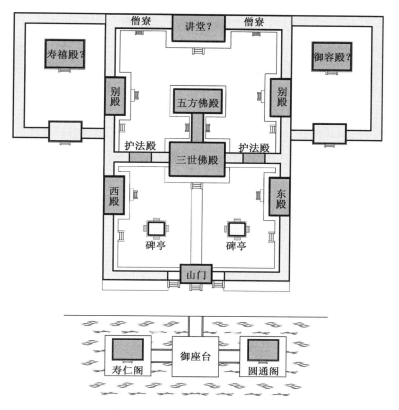

图 2-18　大承天护圣寺布局推测图

　　湖心中，有圣旨里盖来的两座琉璃阁，远望高接青霄，近看时远侵碧汉。四面盖的如铺翠，白日黑夜瑞云生，果是奇哉！那殿一划是缠金龙木香停柱，泥椒红墙壁，盖的都是龙凤凹面花头筒瓦和仰瓦。两角兽头都是青琉璃，地基地饰都是花斑石、玛瑙幔地。两阁中间有三叉石桥，栏干都是白玉石，桥上丁字街中间正面上，有官里（皇帝）坐的、地白玉石玲珑龙床，西壁间有太子坐的地石床，东壁也有石床，前面放一个玉石玲珑酒卓（桌）儿。

　　这里的二阁，即东面的为圆通阁，供观音大士像；西侧的为寿仁阁，为文宗的神御殿。两个阁之间的平台为皇上赏景的台基。正中是皇帝的白玉床，东西壁也各有石床。直至明代都穆《南濠集》中还记录水中三台仍在，但是已不知原始功能了：

　　功德寺，前有古台三，相传元主游乐更衣处，或曰此看花钓鱼台也。寺极壮丽，中立二穹碑，其一宣宗章皇帝御制建寺文，其一元旧物、番字莫能读也……功德寺前古台久废，元明碑皆无考。

三台的北侧应该就是寺院的山门。寺院正中有两重佛殿，前殿内供纵三世佛，两侧有文殊、普贤二菩萨像。后殿则供五方佛像，此处的佛殿极为可能是工字殿的前后殿。[①] 此处的东西殿应该在东西两侧，作为御赐《大藏经》的藏经殿。而东、西室是指主殿左右两侧的小殿，分别供奉护法神韦驮天和护世天王多闻天，与大承华普庆寺一致。院落中还有配殿，即虞集所提到的别殿，院落中应该有不下一个碑亭，明代时还有元碑保留。虞集并没有详叙讲堂、方丈等具体建筑的方位。此外还有文宗太皇太后的御容殿、寿禧殿和斋堂，这两座建筑方位不明，是在寺后轴线上，或是在东西两路就不得而知了。根据元人的描述，寺院东侧还有大片的空地供皇室游乐驻扎使用。由于承天护圣寺在明清多次重建且现址不存，故也很难通过现在的布局反推元代寺院形式。但是从大承天护圣寺可以看出，寺庙中掺入了大量的园林建筑，将御容殿设置在水中的小岛上，并建石桥相连，这样的布景手法继承自金代的西山寺院园林，并在清代最终达到高潮。

　　从以上两例可以略窥元大都寺院较为特殊的形制，即在寺内设置神御殿，也称影堂。御容殿的习俗可能是承袭自辽宋在寺内设置影堂的习俗，例如大同华严寺原为辽帝影堂。元代御容殿的形制多为楼阁，大多在寺院主殿的一侧，内供奉元帝后的御容神像。御容殿的外围还有诸多附属设置，例如斋官和庖厨等。但是其具体的室内排布以及元代皇帝的祭祀方式还有待进一步研究。也正可能是因为上述影堂的存在，使得寺院成为带有政治含义的建筑，继而在元末明初遭到了系统性破坏。

　　整体而言，元代寺院布局上是辽金向明清的重要转折点，无论是在佛殿形式上还是在像设布置上均为承上启下之制。首先，在佛殿的组团布局上，元代的寺院基本上延续了金代的廊庑。但是廊庑形成的院落不再是组成寺院的基本单元，寺院更加突出轴线的作用，其轴线也较金代寺院进一步延长，轴线上通常有 2~3 个由廊庑环绕的院子。但是佛殿前的序列却不似明清寺院有山门、金刚殿、天王殿等多重殿宇。相较于辽金，佛塔在寺院中的地位进一步弱化，虽然还有诸多以塔为中心的寺院，但是单一佛塔大多在佛殿的后部，即“殿前塔后”的布局。成对的佛塔则延续了金代在佛殿前的布局，这样的做法延续到了明早期。但是也出现了诸如承天护圣寺等完全没有佛塔的寺院。

　　其次，在佛殿形式上，元大都寺院除了喜好使用工字殿外，楼阁的比例远高于辽宋和清代的寺院，大都、上都皇宫中亦有大量的楼阁建筑，但是元代寺院的楼阁却不似辽金佛阁或者明清藏经阁般出现在主轴线上，而是成对出现，通常作为配殿，例如福元寺、普庆寺和护圣寺都提到了双阁。唯一的例外是元大都的城市中心——中心阁，中心阁即在大天寿万宁寺中，是整

---

① 关于承天护圣寺工字殿的平面，详见图 2-2。佛教中三世佛有横三世、纵三世之分。所谓横三世为东方净琉璃界药师佛、中方娑婆世界释迦牟尼佛、西方极乐世界阿弥陀佛；纵三世佛则为过去佛燃灯佛（也有供奉迦叶佛）、现在佛释迦牟尼佛、未来佛弥勒佛。五方佛则始自密教，东方阿閦佛、南方宝生佛、西方阿弥陀佛、北方不空成就佛、中方毗卢遮那佛。

个寺院乃至城市的中心。①

　　最后，在佛像设置上，元大都寺院的佛殿设置和明清有较大的不同。工字殿前后殿内三世佛和五方佛的布局为元代寺院所特有。此外，大都寺院似乎还未出现明清最为常见的天王殿。白塔寺天王殿像设与明清天王殿并不同。承华普庆寺和承天护圣寺中的韦驮天和多闻天均单独供奉在两座独立的小殿中。小殿很可能是作为寺院的护法殿建在寺院中后部。可能是由于蒙古人的特殊信仰，元代寺院出现了以星系崇拜衍生的九耀殿。除了元末扩建的北崇国寺出现了钟楼，大部分寺院无单独设立的钟鼓楼，猜测钟楼可能在配殿高阁中。而配殿也大多延续了辽金的佛殿，供奉观世音菩萨、弥勒等菩萨立像，明清最为常见的伽蓝、祖师等配殿则是在元中后期才出现，并在明和清演化为最常见的配殿组合。

---

① 可惜关于万宁寺布局以及建筑方面的史料较少，现在仅知寺院建于元成宗大德九年（1305 年），中心阁即是元大都的中心，同时也是成宗的神御殿。明代以来原有寺院格局被破坏，已难以复原。

第3章 明北京寺院制式的成形

明代早期元大都降为北平，而大都的佛教寺庙也被有计划地毁坏，以至于现在北京地区寺院的绝大部分是明代的重建。明永乐十九年（1421年）明成祖朱棣迁都北京，使得北京继续了元代的国家政治中心地位。虽然成祖对于佛教也持支持态度，铸造了永乐大钟并主持刊刻了《永乐北藏》。但是终永乐一朝在北京的营建着力点一直是宫殿、城墙、庙坛等皇家及祭祀建筑，北京城内并无大规模的佛教建筑营建。明代北京的第一个建寺高潮始自宣德，此时北京已经从元末的战乱中恢复，皇家的工程亦基本完工。北京城内外有大量的寺院在这一时期被恢复或者重建，包括真觉寺、潭柘寺（时称龙泉寺）、大觉寺、功德寺、大隆善寺等。由于明英宗朱祁镇信仰佛教，这一高潮在正统年间到达极盛，其亲信王振更是在北京大量建寺，开启了明代宦官建寺的风潮，例如智化寺、戒台寺、功德寺等寺院的重建或者重修均为宦官出资。正统时期新建的大量寺院有不少保存完好，是研究寺院布局和建筑结构从宋元向明清过渡的重要实例。

根据何孝荣先生考证，在北京地区，明朝一朝有名可数的寺院有 810 座左右，由皇室直接出资的寺院有 100 座。宦官参与的寺院（部分有皇室赐名）接近 250 座。其中不乏智化寺、法海寺等精美者，其规模和奢华程度甚至超过了同一时期的敕建建筑。但是由于历史的变化，直至今日，在建筑学上有迹可循的明代寺院不足 50 座，择其重要者列于表（表 3-1）：

北京地区部分明代寺院表　　　　　　　　　　　　　　表 3-1

寺名	年代	历史	现存情况
真觉寺	宣德元年（1426 年）	大能仁寺址重建	木构不详，存金刚座塔
龙泉寺（潭柘寺）	宣德二年（1427 年）	天顺嘉福寺，清岫云禅寺	金刚延寿塔为明，木构康熙重建
大觉寺	宣德三年（1428 年）	金代清水院遗址	明代木构，清代重修，造像存
大隆福寺	宣德四年（1429 年）	番汉合住寺院	明代风格，唯存藻井
天宁寺	宣德十年（1435 年）	唐天王寺	接引佛殿木构似为明，清代重修

---

① 明朝第二个建寺高潮则是在明神宗万历时期，将在下一章详述。

寺名	年代	历史	现存情况
福祥寺	正统元年（1436 年）	一说弘治十一年（1498 年）	清代重修，正殿有明代风格，其余殿宇不详
崇福寺	正统二年（1437 年）	唐悯忠寺、清法源寺	木构雍正重建
万寿禅寺（戒台寺）	正统五年（1440 年）	唐慧聚寺	木构大多出自明代，大殿清代重修
法海寺	正统八年（1443 年）		木构大多出自明代，大殿壁画存
寿安禅林（卧佛寺）	正统八年（1443 年）	唐兜率寺、清十方普觉禅寺	清代重修，部分建筑尚存明代风格，卧佛殿造像存
智化寺	正统八年（1443 年）		木构大多出自明代，万佛阁造像存
清化寺	正统九年（1444 年）	崇文门外保安寺旧址	明代风格，仅存前殿和正殿
柏林寺	正统十二年（1447 年）	元代南寺上重建	大殿有明代风格，其余建筑不详
大隆善寺	景泰三年（1452 年）		明代风格，金刚殿存
隆安寺	景泰五年（1454 年）		清代重修
慈仁寺（报国寺）	成化二年（1466 年）		清末重建，部分建筑尚存明代风格
妙应寺	成化四年（1468 年）	万安寺遗址重建	部分明代木构，部分清代重增建
双寺（西广济寺）	成化十六年（1480 年）	刘嘉林舍宅建寺	寺院后部存，现为酒店
广济寺	成化二十年（1484 年）	金西刘村寺元洪济寺	成化重建，现为 1932 年重建，基本延续了明布局
承恩寺	正德八年（1513 年）		木构大多出自明代
大慧寺	正德八年（1513 年）		木构大多出自明代，大悲殿造像存
摩诃庵	嘉靖二十五年（1546年）		木构大多为明代
慈寿寺	万历四年（1576 年）	仿天宁寺	唯存玲珑塔
万寿寺	万历五年（1577 年）		部分明代木构、部分清代重建
拈花寺	万历九年（1581 年）		部分明代木构、部分清代重建、诸天等造像存
长椿寺	万历二十年（1592 年）		清代重修、铜塔移至万寿寺
广仁寺	万历二十八年（1600 年）		建筑多有拆改，药师殿、释迦殿存
圣祚隆长寺	万历四十五年（1617 年）		木构大多为明代，毗卢佛移至法源寺
碧云寺	天启三年（1623 年）	清代扩建	中路殿宇大多为明始建，部分清代重增建，尚存明代风格
大西天经厂	明中期	清代扩建，易名西天梵境	大慈真如宝殿及山门为明代，其余清扩建，佛像移至戒台寺
崇兴寺（花市卧佛寺）	明中期		唯存卧佛造像（移至法源寺）及地藏十殿阎王壁画（移至智化寺）
法兴寺	明晚期	传为刘瑾家庙	唯存大殿，2002 年异地重建，明代彩绘

1. 从明南京到北京的过渡

从石敬瑭割让幽云十六州以来，中国的南北方经历了长达 4 个世纪的分治，使得中国的建筑形成了比较明显的南北差异。中国虽然在元代统一，但是由于元代没有以行政手段推广统一的建筑法式，所以南北地区的差异并没有被弥合。值得注意的是元大都的寺院建筑几乎没有影响到北京以外。但是在明代的靖难之役和明成祖迁都北京后，朱棣将南京地区的诸多传统，包括建筑结构、绘画、塑像等标准均带到了北方。故明代北京的寺院深受明南京以及南方宋代以来的寺院布局影响，同时在布局上融合了辽金元等大都寺院的布局，形成了较为稳定且有异于辽金元三朝的寺院排布形态。本节将以时间为顺序，通过分析京内外明早期新建的寺院，复原明初建寺时在元大都和明南京寺院双重影响下的北京地区早期寺院建筑布局特征。

北京早期的明代寺院显示出了与南京寺院极强的联系。但是南京的明代寺院大多在太平天国之乱中毁坏殆尽，现存的建筑均是清末后的重建，所以关于南京寺院的布局特点和形态，我们也仅能通过文献以及近年的考古来断定。其中尤以明初太祖朱元璋敕建的灵谷寺规模最大也最为典型。

灵谷寺

灵谷寺位于南京市东郊紫金山，始建于南朝梁武帝时期，在洪武九年由于明太祖在灵谷寺上修建孝陵，使得灵谷寺不得不异地重建，所以明代新建的灵谷寺体现明初大寺的特点及形制，尽管后世灵谷寺也几经重建，已非明太祖时的布局。但明人徐一夔所撰的《敕赐灵谷寺碑》一文对明初的灵谷寺的布局有详细的记载：

> 中作大殿，殿之前东为大悲殿，西为藏经殿。食堂在东，库院附焉；禅堂在西，方丈近焉。而大殿之后，则为演法之堂，志公之塔则树于法堂之阴，其崇五级，复作殿附塔以备礼诵，左右为屋，以栖僧之奉灯者。翼以两庑，其壁则绘佛出世、住世、涅槃及三大士、十六应真、华梵禅师示现之迹屏，以重门僚以周垣，而养老病与待云水之暂到者亦各有其所，至于井庖湢庚之类，凡禅林所宜者，无一不备。

根据《敕赐灵谷寺碑》的记述以及《金陵梵刹志》中灵谷寺的附图，可以大致一窥明初灵谷寺的布局（图 3-1）。

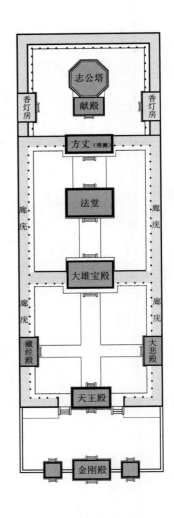

图 3-1　明代灵谷寺复原图

灵谷寺作为洪武年间的金陵第一大寺，可以看出其布局还延续了宋代以来禅寺以院落为核心的布局形式。但是寺院的轴线有所加长，并且注重佛殿前的序列和秩序。例如灵谷寺最远处的大山门与寺院相距近 1 公里，之后是两重门殿，推测很可能是金刚和天王二殿。再之后是大雄宝殿，大雄宝殿两端的配殿为大悲殿和藏经殿，这是明代早期寺院最为常见的配殿组合，但却不曾见于元大都寺院，院落最北是法堂和方丈。这几座建筑被包围在廊庑之中，廊庑延续了金代以来作为半开敞佛殿的做法，即廊庑不但用作绕佛和连通的环廊，墙面也绘制壁画。通过碑文可知灵谷寺廊庑并未安置塑像，而是绘制了佛陀的本生故事以及十六罗汉。这样的形制在青海的瞿昙寺中依然可以看到，瞿昙寺的三座主殿瞿昙殿、宝光殿及隆国殿均被包裹在闭合的廊庑中，廊庑并不封闭而是绘有壁画。主殿隆国殿即模仿紫禁城奉天殿而建，大殿两侧还保留有珍贵的抄手游廊，说明明初的寺院形制的直接摹本即为宫殿，或许灵谷寺的大殿亦曾存在抄手游廊。灵谷寺最北侧则为五级的志公塔，其形制不明，推测是和大报恩寺塔相近的八边九级或十三级琉璃塔。内层应有砖石的塔心柱，上层嵌琉璃砖，而下层与木构结合形成一圈绕塔的环廊，前部与献殿相连。塔为楼阁式，可以攀登。塔面皆装饰以琉璃砖。明代以来佛塔的位置延续了元代"殿前塔后"的形制，大报恩寺塔也是建于大雄宝殿后。而灵谷寺志公塔则移出寺院主轴线外，在寺后单独成院，这说明了塔的重要性在佛寺中进一步降低。

灵谷寺的东西两侧为僧众的活动区，东侧为食堂和厨库等生活区，西侧为方丈、禅堂等修行区。上述碑文并没有提到钟鼓楼的形制，很有可能洪武年间还未有此双楼亦或如瞿昙寺般建在廊庑的二层。根据《金陵梵刹志》记载，灵谷寺在万历年间加建钟楼，但是还无鼓楼。关于钟鼓楼的出现时间和形成背景将在第 7 章内详述。[①]

《金陵梵刹志》中对南京的大报恩寺和天界寺也有较为明确的记载。天界寺的布局与灵谷寺相近，而大报恩寺设置了南北两座佛塔，均为"殿前塔后"的布局形式，只是佛塔尚在院内。北塔为琉璃塔，而南塔为纪念玄奘法师而建的覆钵形三藏塔。报恩寺的主体部分也是廊庑环绕，出现了伽蓝和祖师殿。但是寺院如灵谷寺般并无钟鼓楼，而是两座碑亭。此外，大报恩寺南侧的院落轴线还延续了宋代寺院院落为单位的布局，寺院在规模上并不执着于轴线的长度，从现存考古看，在其南侧还有大量的佛殿以及僧人活动的附属院落。

大觉寺

北京的第一个建寺高潮是在仁宗和宣宗之时。由于仁宗朱高炽在位不足一年即去世，寺院工程大都到宣宗时才完工。因宣宗母亲张太后崇佛，有大量的寺院在这一时期被恢复或者

---

① 现在的灵谷寺经过多次重建早已不是明代的布局，明代寺院的原址在民国一度被改为阵亡将士的公墓。唯存一座明代的砖券无梁殿。该无梁殿从外观上看为筒瓦重檐歇山建筑，但内部却为拱券结构，并无木构承重，是明代砖石技术发展而新创的形式。无梁殿建筑因为供奉西方三圣（无量寿佛、观世音、大势至菩萨）故其原名为无量殿。但是在《敕赐灵谷寺碑》中并无无量殿的记载，根据刘敦桢先生的研究，这座殿宇可能不是建于洪武年间，而是嘉靖年间的新增，但仍是现存最古老的无梁殿砖券建筑。

重建，尚存有明代遗迹的有宣德一到四年
（1426—1429年）建在元大能仁寺上的真觉
寺、重建的潭柘寺（时称龙泉寺）、在元灵
泉寺遗址上建的西山大觉寺，在大承天护圣
寺遗址上建的功德寺，整修北崇国寺为大隆
善寺。明初寺院中保存相对完好的仅有大觉
寺一例。[①]

　　大觉寺为辽代古刹，寺内现存的《阳台
山清水院创造藏经记》是北京地区仅存的两
座带有碑趺的辽代碑刻。[②]大觉寺金代为金
章宗清水院，现在寺内还留有龙潭，其栏板
和狮子等石雕仍为金代遗存。大觉寺在明代
早期完全重建，用以安奉明初重要的汉藏
交流学者智光大师。但由于明代宣德三年
的《御制大觉寺碑记》只有对于寺院模糊的
描述，并没有详细记载寺院布局信息，所以
很难区分宣德朝始建以及后期加建的建筑
（图3-2）。

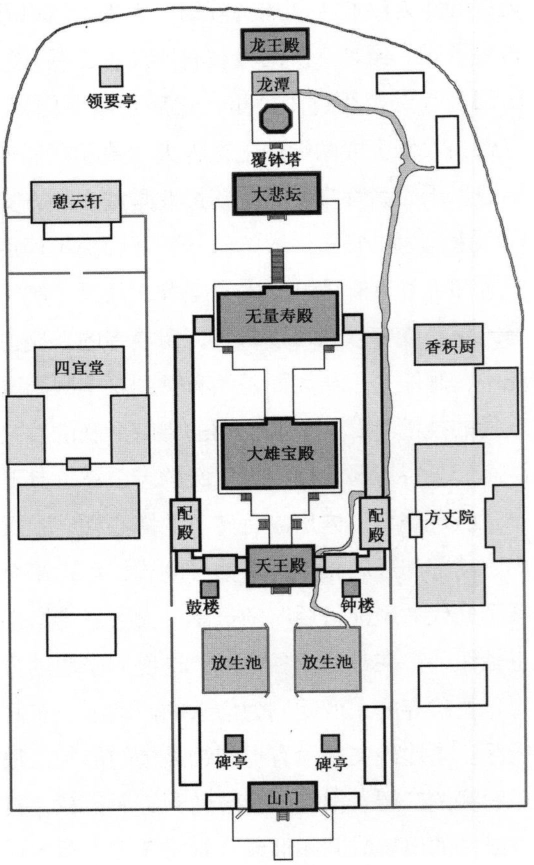

图3-2　大觉寺平面图

　　北京旸台山，故有灵泉佛寺，岁久
敝甚，而灵应屡彰，间承慈旨，撤而新
之，木石一切之费，悉自内帑，不烦外朝，工匠杂用之人，计日给佣，不以役下。落
成之日，殿堂门庑岿焉奂焉。像设俨然，世尊在中，三宝以序，诸天参列，鹿苑鹫山
如睹，西土万众仰瞻，欢喜赞叹，遂名曰大觉寺。

　　现在的大觉寺分为三路，两边为行宫和僧人住房，中路为佛殿。佛殿区域以山门开始，山
门之后是左右两座碑亭，碑亭后有一方形的放生池，池正中搭建石桥。放生池两边有兽头，原
寺后溪水从此汇入放生池中。池北侧还有乾隆御诗一首[③]。池后为钟鼓二楼，再之后为一合院。
合院由廊庑环绕，入口处为天王殿。天王殿两侧为伽蓝、祖师二殿，合院的中心为一工字形的

---

① 真觉寺毁于20世纪初，唯有金刚宝座塔存。潭柘寺在清代被大举重建，寺内仅有金刚延寿塔是明代
　建筑。隆善寺金刚殿及后部功课殿罩楼等部分建筑尚存，但建筑布局已失。功德寺不存。
② 另一通为《法均大师遗行碑》，见第1章戒台寺部分。
③ "言至招提境，遂过功德池。石桥亘其中，缓步虹梁跻。一水无分别，莲开两色奇。右白而左红，是谁
　与分移。"通过乾隆御诗可以推测大觉寺放生池两侧原来还有红白两色的莲花，当为一奇景。

台基，台基上有整块石板雕刻的栏寻，有宋辽建筑的特征，颇具古意，但是图案却是三幅云及净瓶，望柱头为石榴头等明清常见的栏板图案，很可能是明早期有意模仿宋辽做法的仿古之作。

　　台基上有两座殿宇，前为大雄宝殿，后为无量寿殿。大雄宝殿后有一间抱厦，抱厦后接甬道直通后殿。这很可能是元代从工字殿向独立的前后殿转变的一个重要实例。前后殿的柱子均用整棵松木，且彩绘直接绘于建筑上，未用地仗，在明代建筑中甚为少见。大雄宝殿面阔五间，单檐歇山顶（图3-3）。明间平身科8攒斗栱，稍间为4攒，皆为5踩。与元以来木构不同的是，大殿内部使用了大量的室内斗栱，将元代已经基本弃用的室内斗栱重新布置在金柱上层，形成一圈内槽斗栱，并在内槽正中的明间置一八边形盘龙藻井，藻井内为一木雕团龙 [①]。可以看出大觉寺的建筑形式有意模仿宋代以来寺院空间的内外槽。但是与唐宋建筑不同的是，室内金柱要高于檐柱，所以内檐斗栱的跳并不比外檐斗栱多。且建筑有明显的推山，整体梁架依然是按照明早期做法建造。但是从大小额枋的使用以及后殿的天花来看，两座建筑在明晚期

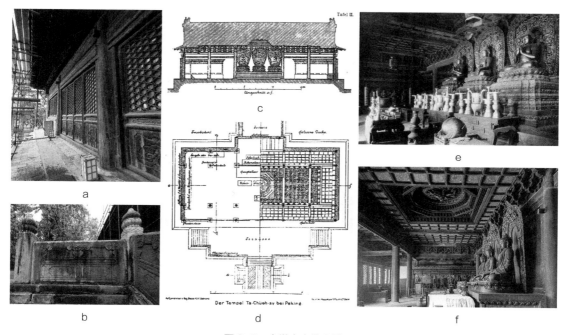

图 3-3　大觉寺大雄宝殿
（ a 为大殿门板及檐柱；b 为栏寻栏板；c 为 20 世纪初大殿剖面图；d 为 20 世纪初大殿平面图；e 为 20 世纪初大殿内景；f 为今大殿内景）

---

① 与明代北京寺院最为常见的正方形嵌套的藻井（如智化寺、白塔寺、碧云寺）不同，大觉寺的藻井与戒台寺相似，为八边形抹角。此外大部分寺院天花是梵文真言，而大觉寺大殿的天花为八叶莲花：中为金刚杵，八个花瓣内设佛教八宝图案。推测大觉寺大殿的藻井和天花应当是明初始建时的原物。

或者清代也一定经过大幅度修缮，室内佛坛也可能经过改造。[①]

大觉寺内难得地保留了两堂完整的明代塑像。大雄宝殿供奉三世佛，北壁为三大士的塑像，上方为一大型斗八藻井。两侧为二十诸天（疑似原为二十四诸天），北壁则为十地菩萨。但是大觉寺大殿内槽的位置既不与柱网对应，也不与佛坛对应，与结构不符且对功能无益。显然应该是佛坛经过后期改动，推测早期殿内可能是一个中央佛坛与内槽对应，而两侧并无诸天塑像。如早期寺院佛像布置：中央的佛坛除了佛像可能还有菩萨、天王及供养人等。且移至广济寺的三世佛像体量相较佛坛为小，开脸也似明中后期风格，故推测大殿内明初始建时的佛像已经不存。大觉寺后殿无量寿佛殿为单檐歇山顶，面阔亦为五间，但是室内外均无斗栱。比较有特点的是其在檩下垫板上绘制一斗三升的斗栱彩绘。这样的彩绘在明清并不常见，猜测是在明早期完全取消斗栱后的一种尝试。无量寿殿内部似乎也经过较大的改动。室内虽然没有藻井，但是也如大雄宝殿有明显的内外槽之分，内槽天花要高于外槽。但是内槽部分也不与柱网或现在的佛坛对应，推测佛坛也经过改动，很可能原始有藻井，而非天花通铺。现在室内主供西方三圣，两侧原供十八罗汉，后有海岛观音及善财和龙女的悬塑。可以看到诸天和罗汉、三世佛和西方三圣等在造像上的互补。但是不排除是嘉靖万历朝重修后重置的像设。

从无量寿殿出来后地势开始迅速上升，为二层楼阁大悲坛，上层为藏经阁，通过正统十年（1445年）的《颁大藏经敕谕碑》推测，大悲坛可能建于正统时期，用以存放御赐的《大藏经》。大悲坛后地势再次升高，后院正中则为一覆钵白塔[②]。塔后为龙潭，龙潭内有两股清泉注入，寺内通过理水设置沟渠，将泉水引入厨房前的碧韵清池中，最后进入寺前的功德池。另一股泉水通过寺南的领要亭在山势险要处形成瀑布，绕过憩云轩而同汇入寺前功德池中。清代文人完颜麟庆在《鸿雪因缘图记》中对这一盛景有过详细描述：

> 垣外双泉，穴墙址入，环楼左右汇于塘，沉碧泠然，于牣鱼跃。其高者东泉，经蔬圃入香积厨而下，西泉经领要亭，因山势重叠作飞瀑，随风锵堕，由憩云轩双渠绕溜而下，同汇寺门前方池中。……余乃拂竹床，设藤枕，卧听泉声，淙淙琤琤，愈喧愈寂，梦游华胥，翛然世外。少醒，觉蝉噪愈静，鸟鸣亦幽，辗转间又入黑甜乡。梦回啜香茗，思十余年来值伏秋汛，每闻水声，心怦怦动，安得如今日听水酣卧耶。寺名大觉，吾觉矣。

完颜麟庆的文字描绘出了一幅绝美的寺院和山水融合的景色。其在寮房内"听水酣卧"，

---

① 大觉寺造像基本保存完好。天王殿内弥勒像移至法源寺外，大雄宝殿和无量寿殿佛像基本保持了明代中早期的布局，关于大觉寺造像在第7章还有详述。

② 大觉寺的白塔被讹传为迦陵禅师塔。迦陵性音为雍正时期大觉寺主持，但是其塔在大觉寺南的塔林中（20世纪70年代被毁），且覆钵塔形及相轮比例不似清代佛塔，很可能是明早期形式。详细内容请见第6章藏式佛塔。

"愈喧愈寂"，并写出了极富诗意的"寺名大觉，吾觉矣"的感悟。大觉寺后的自然山泉与人工叠制的假山石完美融合，并与寺院佛塔和殿宇巧妙融合，将自然景观引入寺院，但又不失寺院本应的清净和庄严，实是寺院园林的佳作。北京地区包括潭柘寺、碧云寺等诸多西山寺院利用天然的山泉与寺院景观融合，形成寺院园林，但可惜北京因为地下水位下降已经难见当年的景色。

从大觉寺的布局大致可以看出明代北京的寺院在一定程度上受到了南京寺院的影响，比如佛殿建筑完全放弃了工字殿，而改为了前后殿。但依旧可以看出台基以及殿宇布置上工字殿的影响。山门后正对的是两碑亭而非钟鼓楼，与明朝报恩寺和瞿昙寺一致。钟鼓楼的位置则离中轴线较远，有可能是之后加建，这也很可能是钟鼓楼开始出现的一个过渡案例。现在的大觉寺钟楼尚存一口宣德五年建寺时的铜钟，但是由于缺乏资料而不知道大觉寺的铜钟在宣宗时期是否与南京寺院一样悬挂在廊庑上而非单独建楼。与元代寺院不同，大觉寺的佛塔在寺院廊庑外的最后端而非在寺院内部，与灵谷寺一致。

从大觉寺可以看出明代早期的寺院不但受到了南京寺院的影响，也继承了元代寺院的特点。很多明早期的寺院在重建时顺势利用了元代寺院的遗址，例如明正统四年（1439 年）重建的寿安禅林（卧佛寺），即是在元代昭孝寺的遗址上重建而来的。

卧佛寺

卧佛寺现称十方普觉禅寺，是唐代古刹，唐名兜率寺，明代称寿安禅林，明代正统八年建成（1443 年）。虽然清代雍正时期及以后屡有重修，现在的建筑更多的是清代建筑风格，但在布局上依然保持了元明的形式。[1] 梁思成先生在《平郊建筑杂录》中记录过卧佛寺的布局形制及院落特点：

> 顺着两行古柏的马道上去，骤然间到了上边，才看见另外的鲜明的一座琉璃牌楼在眼前。汉白玉的须弥座，三个汉白玉的圆门洞，黄绿琉璃的柱子，横额，斗栱，檐瓦。如果你相信一个建筑师的自言自语，"那是乾嘉间的作法"。至于《日下旧闻考》所记寺前为门的如来宝塔，却已不知去向了。
>
> 琉璃牌楼之内，有一道白石桥，由半月形的小池上过去。据说是"放生池"……山门之外，左右两旁，是钟鼓楼……山门平时是不开的，走路的人都从山门旁边的门道出入。入门之后，迎面是一座天王殿，里面供的是四天王——就是四大金刚——东西梢间各两位对面侍立，明间面南的是光肚笑嘻嘻的阿弥陀佛[2]，面北合十站着的

---

[1] 卧佛寺原有造像除卧佛殿内保存尚可外，其余皆不存。卧佛殿内供奉一尊元代铜制卧佛，为青铜实心，周身彩绘则为鎏金工艺，极为难得。背后的十二圆觉菩萨为泥塑，其中西、北的 5 尊为原塑。其余佛像皆近代补塑。卧佛寺也因此得名。

[2] 应为弥勒，原文即为此，疑为笔误。

是韦驮……再进去是正殿，前面是月台……正殿五间，供三位喇嘛式的佛像。据说正殿本来也有卧佛一躯，雍正还看见过，是旃檀佛像，唐太宗贞观年间的东西……

将林徽因先生的叙述与现卧佛寺建筑相对照（图 3-4），可知卧佛寺第一进院落原为过街塔，应当是元代的遗物，曹汛先生也曾有过复原论述。但是可惜在清代已经不存，而改建为两座牌楼，一为木质牌楼，一为琉璃牌楼①。牌楼的尽端是一泮池，为放生池。放生池两端是钟鼓二楼。其再往北则是以廊庑环绕而形成的四座殿宇，第一座为金刚殿，其后为天王殿，再后为大雄宝殿（三世佛殿），最后为卧佛殿。大殿两侧为伽蓝殿和祖师殿。这一环廊院落的后面为藏经阁。在谈到卧佛寺的布局时，林徽因先生敏锐地捕捉到了如下特点：

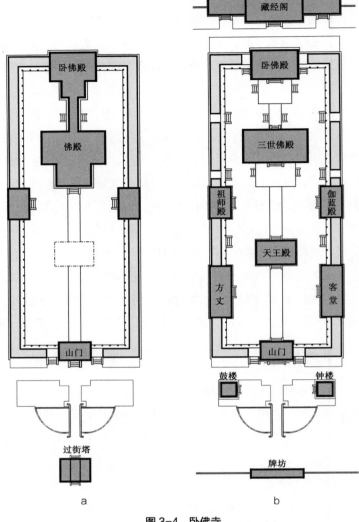

图 3-4　卧佛寺
（a 为元代布局推测图；b 为现状图）

从前面牌楼一直到后殿，都是建立在一条中线上的。这个在寺院的平面上并不算稀奇，罕异的却是由山门之左右，有游廊向东西，再折而向北，其间虽有方丈客室和正殿的东西配殿，但是一气连接，直到最后面又折而东西，回到后殿左右。这一周的廊，东西十九间，南北四十间，成一个大长方形。中间虽立着天王殿和正殿，却不像

① 从琉璃牌楼的尺度和形式分析，与北海小西天、香山昭庙及国子监辟雍等的琉璃牌楼形式一致，故极有可能为乾隆年间添置。

普通的庙殿，将全寺用"四合头"式前后分成几进……现在卧佛寺中院，除去最后的后殿外，前面各堂为数适七，虽不敢说这是七堂之例，但可借此略窥制度耳。这种平面布置，在唐宋时代很是平常，敦煌画壁里的伽蓝都是如此布置，在日本各地也有飞鸟平安时代这种的遗例。在北平一带（别处如何未得详究），却只剩这一处唐式平面了。所以人人熟识的卧佛寺，经过许多人用帆布床"卧"过的卧佛寺游廊，是还有一点新的理由，值得游人将来重加注意的。

须知《平郊建筑杂录》写作时间在20世纪30年代，对于寺院形制的研究刚处于起步阶段，梁思成和林徽因先生的判断是非常敏锐的，虽然卧佛寺的建筑布局从牌楼到后殿布置在一条轴线上"并不算稀奇"，但是寺院整个在一环形的廊庑环绕之中。轴线上有主殿四座，分别为金刚、天王、大殿和卧佛殿。其轴线长度较唐辽建筑为长，但又保留了完整的廊庑，这样的布局特点正是从唐辽的廊庑合院布局往明清四合院轴线布局的重要转折。所以卧佛寺的建筑虽然是明清所重建，但是其寺院中间部分的布局基本保留了元代特征，即元英宗1321年重建时的情况。明代新建的寺院（如上文提及的大觉寺，下文的法海寺等）金刚殿均在廊庑之外，只有卧佛寺中金刚殿为廊庑的正门，推测明代卧佛寺的重修并没有改变元代以来的寺院布局，只是重新安排了殿宇名称。故元代的廊庑内即应有四座殿宇，很可能与北崇国寺布局相近，明清均只是在原址重建，并重置了殿宇的功能。

除了廊庑的正门金刚殿外，院内还应有两重殿宇。即前殿在明代被改建为天王殿。而后殿从现在的三世佛殿和卧佛殿两处的台基和连接的廊庑位置判断，其在元代极为可能是工字殿布置，形式和东岳庙的前后殿相近。只是明代的重建并没有延续元代的工字殿平面，而改为了单独的前后两殿，并在卧佛殿后加建了藏经阁。值得注意的是卧佛寺的钟鼓楼在金刚殿外，而北京地区的明代寺院无一例外将钟鼓楼放置在金刚殿内，即天王殿的两侧，说明元代的卧佛寺廊庑内并无钟鼓楼，所以在明代的重建中，不得已将钟鼓楼安置在廊庑外。此外，元代的过街塔应该在清代坍塌，后被改建为琉璃牌楼以增加轴线序列长度。

从以上大觉寺和卧佛寺的例子不难看出，北京明代地区的寺院在建设时更多地受到了南京寺院布局的影响，形成一套固定的排布模式。即金刚殿作为寺院山门，后有独立的钟鼓楼。再后为天王殿，两侧的配殿常为伽蓝和祖师殿，之后则为大雄宝殿。但是由于很多北京寺院是在元代基础上重建的，所以仍可看到元代寺院遗址的影响。

平武报恩寺

四川平武县的报恩寺是明初寺院往正统时期寺院转折的重要过渡实例（图3-5）。报恩寺始建于明英宗正统五年（1440年），由明代龙州宣抚司世袭土官金事王玺、王鉴父子修建，虽然地处西南，但是其建筑布局取材于正统时期的官制寺院布局，建筑规模宏大且均为楠木建造。在报恩寺中轴线上一共四进殿宇，第一进为山门，其后为天王殿，与明代南京和北京寺院均做法一致。然而天王殿前仅有钟楼而无鼓楼，是现存少见的钟鼓楼从无到有的过渡实例，可

图 3-5　平武报恩寺

见从元代晚期到明代初期经历了短暂的有钟楼而无鼓楼的时期（如前文提到的北崇国寺在元末的扩建）。此外，天王殿后的大雄宝殿两侧配殿为大悲殿和华藏殿（经藏），与明南京寺院配殿一致。大雄宝殿后为万佛阁，上供毗卢佛下为释迦佛，在下节北京的智化寺和戒台寺内均能看到。尽管平武报恩寺位于四川，但是王玺父子在建报恩寺时完全是模仿南京寺院而建，其布局与明官造寺院无异，由于南京寺院在太平天国中大部分被毁坏，报恩寺是难得反映明正统时期南京寺院的样本的实例，为后文研究正统以来北京寺院成型提供了一个转折时期的重要参考。报恩寺的做法可谓承上启下，其布局特点与正统八年（1443 年）北京的智化寺颇为相似，开启了明清北京寺院的固定模式。

2. 正统时期寺院的定型

智化寺

根据寺内碑记《敕赐智化禅寺之记》记载，智化寺为英宗朝司礼监掌印太监王振所建。此处原是王振家宅。由于"盖始于正统九年正月初九日，而落成于是年三月初一日"工程仅仅在两个月内就完工，后世学者例如震钧就认为王振应该是舍宅为寺。朱启钤先生认为王振"借建寺之名，另营新宅，记中所云，乃故弄虚玄，为避免言官弹举耳"。刘敦桢先生认为碑文中的起始日期未必真实。李路珂老师的研究显示智化殿、藏殿、大智殿等建筑的形制和模数相近，存在着工程在两个月内快速建成的可能。故很可能是王振在建寺之时拆毁了部分原有建筑，并进行了翻建且部分殿宇存在二次装修的痕迹。智化寺中路有六重殿宇，前半部分为佛殿区，后半部分为僧众的生活区，中间有小门区分（图3-6）。

前半部分有四进殿宇，自南至北依次为山门、智化门、智化殿、万佛阁（下层为如来殿，上层为万佛阁），这部分建筑保存完好。智化寺的山门非金刚殿而仅是仿木砖石结构的拱券门。而智华门部分则是兼具金刚殿和天王殿，将二金刚和四天王布置在一座殿宇。根据刘敦桢先生记述：

> 前置弥勒，后置韦驮，与常制同。其左右二厢以木栏区隔，约高五尺。前部置金刚二躯，分列东西，后部塑四天王像，按前二者多属之山门，后者纳之天王殿，或因规模狭小，何并一处，然辽独乐寺山门亦复如是，其来由盖已久。[①]

关于智化寺的山门为何如此布置并没有一个合理的解释，其确为北京寺院天王殿的孤例。按照王振在英宗朝的权势，资金不足等应当不是理由，那么地域狭小或是理由，因为智化寺原是王振舍宅建私庙，可能智化门为原王振宅门改建、宅院正殿改智化殿，殿前空间只能容下一殿一门，故不得已将金刚和天王挤在一室。这也可能是智化寺第二

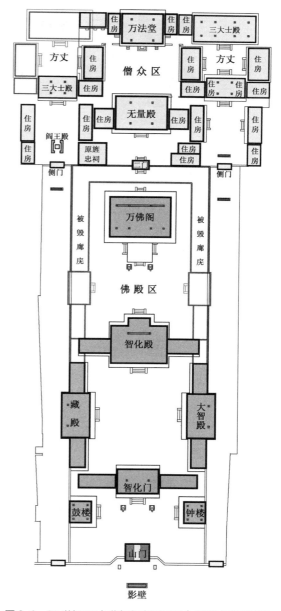

图3-6　20世纪30年代智化寺平面图（虚线为已毁建筑）

---

① 刘敦桢先生关于独乐寺山门布置的解释可能是由于在20世纪初样本还不足时作的推断，其实并不准确。独乐寺山门为分心槽，前间供奉二金刚，后槽现为四大天王的壁画，但是壁画为光绪绘制，工艺不佳，似乎为新作而非重绘。无论是现今发现的唐辽寺院还是同时期的日本寺院，四天王大多出现在佛坛四角，而非单独供奉于寺前的殿宇（山门或天王殿）中，天王殿的出现应当是在元明之际形成并推广的（例如少林寺天王殿）。就唐辽时期寺院而言，前槽供奉二金刚，而后槽部分大概率为空置，也可能与两侧廊庑相接。

图3-7　藏殿
（a为外观；b为藻井和经藏关系；c为经藏及六挐具；d为藻井）

层殿宇既不为金刚殿又不是天王殿，而只名智华门的原因。

　　智华门后为大雄宝殿即智化殿院落。两侧的配殿为藏殿和大智殿。两座殿宇形制完全一样，皆为单檐歇山顶，面阔三间进深六椽，使用减柱法减少了前侧的两根金柱。藏殿内正中置一座塔形经橱，虽然经书已不存，但是经藏柜保存完好，是明代早期难得的小木作（图3-7）。林伟正、李路珂、陈捷等诸位老师均对藏殿有过研究。

　　智化寺经藏的须弥座为石质，底层为吉祥草和覆莲，其束腰处琢二龙戏珠纹饰，转角处有力士支撑，最上雕刻佛教中的八宝。经橱为木质八角形，高约4米，每面横九竖五设置共45个抽屉，每个抽屉的外面上皆浮雕一尊触地印的释迦佛像。由于八边形的经幢每面的截面为三角形，导致每个抽屉不等长，故抽屉依照位置有1、2、3格之分。佛像上侧也有相应的不同数量的文字。这些文字出自《千字文》，是大藏经的目录。八个角柱为金丝楠木质，角柱上贴金雕琢以梵文真言和佛八宝，但是已经漫漶不清。角柱与经橱间则有六挐具图案。即顶上正中的迦楼罗，鸟喙双翼，蹲足挥手；两侧为龙女；斜角处有"口吐莲花"的摩羯；摩羯下方则为二金刚或者二菩萨，此非六挐具；菩萨下为四不像，明代的四不像上无童子。四不像下为仰覆莲和八边形须弥座；再下为狮子，狮子下为覆莲和圆形宝瓶；最下为象，之下为海水江崖和正方形须弥座。经橱上端端坐一尊毗卢遮那佛，结跏趺坐于蓝色的莲花台上，总高71厘米，与盘坐之人体尺度一致。

　　毗卢佛的上方是一座与其相对应的藻井。藻井最内侧绘制曼陀罗坛城，坛城开四门。坛城内正中为毗卢遮那佛的种子智。上下左右则分别为东方阿閦佛、南方宝生佛、西方阿弥陀佛、北方不空成就佛的种子智，斜角处为四佛母种子智。圆环外侧为四天王种子智。城外为环形三圈，由内到外依次绘制莲瓣、金刚杵和西番莲纹。再外侧则为 5 跳 11 踩斗栱，斗栱下为正方形，四角为如意云纹饰。再下为红、蓝、绿、黄四色莲瓣代表地水火风四种元素[1]。再下为卷云纹，最下的垫板上绘制佛像 9 尊，1 上 8 下。四侧共计 36 尊，结跏趺坐，但手印略有不同，应当是代表他方世界的诸佛赴会，在法海寺等壁画中也曾见过类似主题。

智化寺的经藏与传统的转轮藏不同的是，其经藏每面固定而不能转动。故美国学者傅路德（L. Carrington Goodrich）称之为"一座不能转动的转轮藏"。李路珂老师解释智化寺的经藏并非一个"因之以获利"的佛教机关，而是以塔为原型，使用经藏的再创作。故其设计之初即是不可旋转的经藏，其本意也非建造一个藏经的书橱，而是借用"千佛绕毗卢"的理念，建造了一座新式佛塔即藻井下的毗卢佛映射出诸释迦牟尼佛，与智化寺如来殿的宗教思想一致。以李老师的研究为基础，笔者认为，智化寺经藏应该是与白塔寺相近，使用身、语、意装置的塔形经橱。与白塔寺塔和云台相近，毗卢佛和经橱上的释迦佛代表身；经藏内的《大藏经》代表语；佛教八宝、金刚菩萨、六拏具等代表意。智化寺经藏是利用藏传佛教仪轨，以汉式经橱为元素进行的再设计[2]。

藏殿的对面为大智殿，大智殿原供奉三大士（观世音、文殊、普贤三菩萨），造像现已不存。大智殿的规模、柱网与藏殿完全一致，在此不再赘述。智化寺两座配殿的配置与上文南京灵谷寺、平武报恩寺一致。

寺院的主殿为智化殿，面阔三间，单檐歇山顶，进深六椽，也使用了减柱，现在前侧的金柱在梁下，疑为后世添加。形制与智华门及两侧配殿相差不大。智化殿内原明代佛像在 20 世纪 30 年代时已不存，就其面积和大小推断应该不是三世佛，更可能如碧云寺般为一佛二菩萨。[3] 智化殿现存佛像为原无量殿（大悲堂）内的清代造像。关于智化殿建筑特征和像设布置会在下一节详述。

智化殿后为二层的高阁，上名万佛阁、下名如来殿。如来殿内供奉释迦坐佛，通高 4 米有余，左手持禅定印，右手为触地印。佛像面容丰腴，为典型明代造像。两侧为梵天和帝释立

---

[1] 地、水、火、风四种元素也被称为大种（Mahābhūta），始于印度教（也有认为来源于祆教），佛教吸收。被认为是组成山川、大地、植物以及一切有情众生的四种基本元素。

[2] 事实上智化寺存在两套经藏，即藏殿的经藏和如来殿内的曲尺经橱。从功能角度出发一处寺院两种藏经方式确实没有必要。相比于如来殿内的藏经，藏殿的经藏更多是用来表法的新式佛塔，藏经更多的作用是装藏，而非借阅。

[3] 1972 年本计划将智化寺内藏明代三世佛调往广济寺，但是因为佛座过大，故将智化寺佛像调往大觉寺，将大觉寺内三世佛调往广济寺。但是根据智化殿民国老照片推断，在 1929 年前大悲堂的佛像已经移至智化殿内，故现大觉寺内三世佛不可能为智化殿原装明代佛像。由于智化寺一直作为文物局库房，猜测其很可能是附近成寿寺内佛像，但是资料不足待考。

像，仅为北京地区所见，很可能是模仿自南宋佛寺[1]。两座雕像均为木质，高3.5米，采用拨金工艺，极为精致[2]。佛像后为万佛龛，龛前有一精致的曲尺经橱，用以盛放天顺朝再赐的《大藏经》。二层万佛阁内供奉三身佛，中为毗卢遮那佛。两侧为卢舍那和释迦牟尼佛。毗卢佛上原有藻井。万佛阁面阔三间，进深三间，檐下斗栱为单翘重昂七踩斗栱。上层屋檐下的环廊为一圈擎檐柱，而未作副阶。然而现存明代官式佛殿建筑均无副阶做法。万佛阁平身科斗栱明间6攒，而次间4攒，均为金线大点金旋子彩绘，构图有明早期特征。在室内柱网上，极为规整，没有使用减柱或者移柱，但是无论金柱还是檐柱均保留了侧脚，即所有柱子均向室内倾斜，有明代早期特征。楼阁采用通柱做法，即底层金柱延伸向上不作结构转换，与金代楼阁相似，已经没有了辽代的暗层（平座层），为明代阁楼的常见做法。此外，万佛阁的庑殿顶采用推山做法，推山即向山面"推"屋脊和檩条以延长正脊的做法，见于明清建筑中。

　　不只是万佛阁，在智化寺所有的建筑形制上均可看到明代中早期木构特征：屋顶以单檐居多，极少使用副阶；柱子还保留有轻微的侧角，柱头有卷杀；柱网规范，虽然还保留有减柱，但是使用较为克制。另外智化寺所有建筑皆用黑琉璃瓦，推测护国寺和大西天经厂二座明代寺院也是全寺使用黑色琉璃瓦。杨志国老师对比了智化寺各佛殿建筑的木构细节做法高度统一（表3-2）。

智化寺各殿大木数据一览表[3]　　　　　　表3-2

建筑	柱径	檐柱径合斗口数	檐柱高	檐柱高合斗口数	比值	斗口取值	屋顶形式
智华门	33	4.71	360	51.43	1/10.91	7	单檐歇山
大智殿	33	4.71	361.5	51.64	1/10.96	7	单檐歇山
藏殿	33	4.71	354.5	50.64	1/10.75	7	单檐歇山
智化殿	35	4.38	407	50.88	1/12.32	8	单檐歇山
如来殿	37	4.63	357	44.63	1/9.64	8	单檐庑殿
大悲堂	33	4.71	380.5	54.36	1/11.54	7	单檐歇山

---

① 日本多座奈良到平安时代的寺院佛坛也均以帝释、梵天为胁侍。如东大寺二月堂、东寺法堂等。从《五山十刹图》可知天界寺大殿内胁侍也为帝释和梵天。但是这样的布局应该自金元以来在中国北方已经绝迹，故智化寺是已知北京寺院内唯一以帝释和梵天为胁侍的寺院，更说明其与南方寺院紧密的联系。

② 释迦佛左侧为梵天，持浮尘。右为帝释，持宝杵。二像均矗立在木质须弥座上。根据《智化寺古建保护与研究》，二塑像的衣饰工笔手法细腻，以红色做底，以金、青、黑等色描画，绘有龙、凤、狮子、麒麟、奔马、仙鹤、喜鹊等吉祥动物纹饰，也有莲花、牡丹、果枝、花盆、花瓶、什锦瓶插等吉祥植物、器物纹饰。每一个衣纹平面都是一个完整的画面。梵王像上绘有"龙凤呈祥""喜鹊迎春"，金刚像上绘有"双凤戏牡丹""狮子滚绣球"等喜庆吉祥图案，颇有世俗化色彩。

③ 数据来源于《智化寺明代大木结构特点分析》一文。杨志国.智化寺明代大木结构特点分析（上）[J].古建园林技术，2016（3）：34-39.

整体而言，智化寺的建造上启宋元下开明清，是难得的过渡时期的建筑实例，是研究明代大木建筑向清代发展的重要实证。由于明代并没有存世的建筑法式书籍，故研究中国建筑从宋《营造法式》到清工部《工程做法则例》的变化只能依靠建筑实例。宫殿建筑在清代多有修缮和改建，而北京地区的明代寺院建筑则是研究其变化的重要一手资料，智化寺各殿殿堂基本保存了明初建造时的规制。例如，在柱子构造上，智化寺万佛阁不仅保留了宋代以来的侧脚、升起，也开始使用诸如童柱、通柱等晚期做法。在彩绘上，包括智化寺、法海寺、隆长寺等一众寺院保留了明代中早期的旋子彩绘，是研究官式建筑彩绘发展的重要实物。智化寺是难得的明初旋子实例，与清朝不同的是，明代彩绘的枋心占比要大于三分之一，枋心内大多不绘制图案，且枋心头不为直线。藻头中璇子花瓣的纹案也与晚期程式化的图像不同，智华门、智化殿、如来殿的彩绘均不相同，有较大的随意性。虽然旋子彩绘也为一整二破的基本构图，但是没有出现勾丝咬、喜相逢等清代图案，大多以凤翅瓣或者如意头来延长。例如如来殿明间额枋为一整二破加抱瓣旋花"金线大点金"旋子彩画，盒子图案为四出如意头。旋子花瓣中心为六瓣莲花，莲花沥粉贴金，用金量极大。一路圆形抱瓣，二路凤翅瓣，与清代的圆形抱瓣形态相差较大。

智化寺内原有3处藻井，寺僧于20世纪初将智化殿和万佛阁的藻井卖予美国商人史克门。智化殿内藻井流落至费城艺术馆，万佛阁内藻井则流落至堪萨斯城博物馆，仅有藏殿一处藻井保存完好。相比于藏殿的藻井更偏向宗教意向，智化殿和万佛阁藻井则更体现宫殿特征，二者构图基本一致，图案分隔皆是通过正方形旋转得来。藻井可分为3部分：外侧的方井，雕刻卷云文饰；中部由菱形和等腰三角形组成的四个大三角形。其中角部的三角形内为莲花图案，菱形内为供养飞天，内圈三角形则为佛教的八宝图案；最内侧则为八边形部分的圆井。圆井边缘的梯形板内各雕刻一条盘龙，与中心圆形的盘龙合为九龙（见图3-8d）。藻井下还有天宫楼阁，可以拆卸。这两座藻井使用了明代官式常见的藻井构图，但没有照搬"九龙十二凤"的图案，而是在宫廷做法上以佛教元素进行再创作。

智化寺另一个布局特殊之处在于其智华门、藏殿、大智殿、智化殿两侧均有耳房，刘敦桢先生提到过耳房形式怪异，应为后世重建。而后殿如来殿两侧在刘敦桢先生测绘时已无配殿。笔者也倾向于此，智化寺此处原始应该为廊庑，与卧佛寺类似，廊庑将智化殿和如来殿均包裹在同一廊庑内，根据灵谷寺和天界寺的布局，如来殿两侧大概率会有配殿，很可能是伽蓝、祖师二殿。从《乾隆京城全图》上看，智化寺的耳房已经和现在一致，那很可能廊庑北段被烧毁的时间在康熙至乾隆朝之间，自康熙以后智化寺开始走向没落，故无力修复原始廊庑而改建成此制式，也从侧面反映出廊庑制度在晚期开始走向消亡。

智化寺反映了明代中早期寺院的另一个特点，即在佛殿后建造高阁（通常为藏经阁）（图3-8）。在现存明代中早期的北京寺院，包括智化寺、戒台寺、法海寺、万寿寺等几座寺院均在大殿之后建阁，至于原因，现在的学界并无统一定论，故作推断性分析。

如今学者多认同的观点，即高阁为塔的另一种表现形式。北朝以来的寺院以佛塔为中心来布局，主要的佛事活动则在塔后的佛殿或者法堂内举行，即"塔前殿后"。但是唐代开始，塔

图 3-8　智化寺万佛阁
（a 为一层如来殿；b 为二层万佛阁；c 为外观；d 为万佛阁藻井）

的作用开始下降，佛殿变成了寺院的中心，法堂功能并入佛殿。佛塔则逐渐淡出寺院，取而代
之的是在佛殿的后面建设高阁 ①。例如敦煌 172 窟就表现了一座前为单层大殿，后为重檐楼阁
的寺院。宋代延续了这样的制度，例如著名的正定隆兴寺即是这样的布局。隆兴寺的大悲阁在
寺院轴线的最后侧，内供北宋开宝四年（971 年）铸造的 24 米高铜制千手观音造像，但是这
样的制度似乎在北京并未普及。元大都的寺院虽然尤喜重阁，但是似乎并没有发现在佛殿后建
造单一高阁的实例，高阁大部分为双阁且高阁大多不在寺院主轴线上。② 明代南京早期的寺院
似乎也并不把高阁当作主要的建筑，例如《金陵梵刹志》的记载，明代三大寺，五次大寺中，
仅有天界寺一座寺院在轴线上有高阁（毗卢阁）。但如前文所述，天界寺毗卢阁在寺院轴线的

①　至于原因，学术界尚无定论。一种可能的原因是法堂与佛殿功能融合，即宗教活动在佛殿内举行，使
　　得佛殿作用更为重要。
②　如第 2 章所述，普庆寺内佛殿后有高阁为御容殿，但是为双阁。福元寺佛殿前有双阁，应为配殿形
　　式。万宁寺内有中心阁，但是这座高阁建立是作为元大都的城市中心点，其功能更接近于哈拉和林的
　　兴元阁和上都的大安阁。其建设是为皇家的地标象征，而非佛教的宗教需求。

最后端，而非紧接在佛殿之后。所以明代大雄宝殿之后建阁的形制似乎并没有明代南京的直接传承。

故明代中早期寺院建阁很有可能是在元代大都寺院楼阁建筑的催生下，根据正统时期佛教需求而形成的。智化寺万佛阁二层供奉三身佛（即清净法身毗卢遮那佛、圆满报身卢舍那佛、千百亿化身释迦牟尼佛），陈捷老师推测除毗卢佛外，另外两尊为后期添置。下层如来殿则为释迦牟尼佛，两侧胁侍为大梵天和帝释天。佛像身后为经橱，放置英宗"夺门之变"后再赐予智化寺的《大藏经》。此外，上下层主佛像身后均有近万尊小型佛龛，故称万佛阁。万佛阁的佛像陈设基本保留了正统时期的原貌。现智化寺的万佛阁和戒台寺的千佛阁，还有平武报恩寺的万佛阁其供奉形制均是取自佛教千佛绕毗卢之制。所谓千佛绕毗卢即楼上二层为毗卢遮那佛，而下层为释迦牟尼佛及千尊或者万尊小佛。明代中期尤为兴盛千佛绕毗卢之制，如正定崇因寺的明代的八方毗卢遮那佛、圣祚隆长寺的四方毗卢遮那佛像，再到拈花寺的单层毗卢遮那佛下有莲台花瓣的毗卢遮那佛像，均是在反映千佛绕毗卢的佛教思想。千佛绕毗卢的排布是源自《梵网经卢舍那佛说菩萨心地戒品十》：

> 我今卢舍那，方坐莲花台，周匝千花上，复现千释迦。一花百亿国，一国一释迦，各坐菩提树，一时成佛道。如是千百亿，卢舍那本身，千百亿释迦，各接微尘众，俱来至我所，听我诵佛戒，甘露门则开。是时千百亿，还至本道场，各坐菩提树，诵我本师戒。

很多学者都曾研讨过千佛绕毗卢的出处始自于《梵网经》，但是大多忽视了卢舍那佛坐莲花台的作用。《梵网经》为大乘菩萨戒本的重要经典，引文阐述了毗卢遮那佛的清净和圆满之法身，幻化出千百亿释迦牟尼佛，即为持戒人与佛陀相印，其本质是在表法。如前文所述，元大都寺院还基本保留有法堂，而明代南京早期寺院法堂的功能已经开始逐渐解体，根据何孝荣先生统计，金陵三大寺、五次大寺以及三十八中寺这46座寺院中，有法堂的仅为6座。取而代之的是毗卢殿的出现。供奉法身佛的毗卢佛殿很可能是在法堂功能消失后的一个替代，以佛殿的形式代替已经失去实质功能的法堂。

如来殿还有另一个功能为藏经。如来殿内两侧有曲尺形藏经橱，是存放明英宗御赐《大藏经》之用。经橱分上、中、下三个部分，上部挑檐为毗卢帽做法，中间部分则是经橱抽屉，与藏殿一样也是按照千字文的顺序排列的。正统时期的《大藏经》即永乐北藏，明永乐十九年（1421年）在北京雕造。但是真正的刊印要到明正统五年（1440年）完成，正藏636函以千字文编次。在正统九年（1444年），英宗"颁释道大藏经典于天下寺观"，上文提及的诸多寺院，例如灵谷寺、智化寺、法海寺、大觉寺等均有获赐。李路珂老师认为智化寺快速赶制工期的一个重要原因就是希望能在正统九年第一批获赐《大藏经》。那么万佛阁和如来殿的建造就完全是按照既要满足千佛绕毗卢又要满足藏经制度所建。这也许解释了智化寺为何要将万佛阁建成两层，从万佛阁和如来殿这一座建筑上下的不同名称就可以看出，这座殿宇很可能在设计之初就打算承载两个功能，即上层为法堂的变形毗卢殿，而下层则为藏经之所如来殿。

在万佛阁后为智化寺的僧众活动区，这里曾有一垂花门与前侧佛殿区相隔。万佛阁后可能原有廊庑，并另起一座院落。以垂花门或者内院门区隔佛殿区和僧众活动区的布局形式应该是对住宅布局直接的摹写。在始自明中期的佛寺内尤为常见，清代以后逐渐解体。由于20世纪中叶以来的民居侵占，现在此处仅大悲堂存，其余建筑均毁，但是大悲堂内部梁架也多遭替换，已经不是原制。通过刘敦桢先生20世纪30年代的测绘图和《乾隆京城全图》可以看到，如来殿后有中、东、西三路共六进院落，在主轴线上有大悲堂（明称无量殿）和万法堂两座殿宇，左右两侧各有两进院落，东西院落在20世纪30年代为方丈，西院落第二进在当时已经被烧毁。僧众活动区的建筑虽然比例和尺度均较前部的佛殿为小，但是建筑结构亦为官造。如智化寺最后一进建筑万法堂即面阔三间，柱网与大悲殿形式相似，但是用材和尺度均不及。梁思成先生在调查完后评价万法堂等建筑应该均为明代正统所建：

> 万法堂柱比例短而粗，抱头梁之阔度，亦未较柱径加大二存，与清《工程工部做法规定》者异，恐系正统原物，诚不刊之论。

刘敦桢先生在勘察完方丈后发现其建筑结构与万法堂完全相同，只是规模略小，说明万佛阁后部的主要建筑也均是正统朝所建，并无太大变化。从智化寺后部的僧众活动区，可以发现其功能分区与布局是按照佛教的"三宝"排布。所谓三宝者，即佛教当中的佛、法、僧。佛的主要代表是佛殿，法则为法堂，而僧则为方丈。这样的布局特点在其他几座正统时期寺院中也能看到，将在下文详述。

戒台寺

另一座王振出资参与的寺院则是戒台寺。上文提及的辽代戒台寺在明初已经毁坏殆尽，宣德朝曾经重修，但是奠定现在建筑规模的则是在正统年间著名僧人知幻道孚主持重建（图3-9）。寺内由高拱撰文的嘉靖三十五年《万寿禅寺戒坛碑记》有言：

> 我朝宣德间司礼太监阮简，复加修葺，又建塔四、碑四。而请知幻大士名道孚者，以主其教。正统五年，司礼太监王振奏请更名于是赐额万寿禅寺。诏取无际大方等十人为传戒宗师，开坛说戒，而兹寺益为盛矣。历岁既久，复就倾圮。神栖弗怡，徒旅罔依。乃御马太监为公，等发赀重建……"

根据天王殿前的《敕赐万寿禅寺碑记载》，明代戒台寺的大规模重建"经始于宣德九年（1434年）成于正统五年（1440年）"，由阮简和王镇（振）等太监出资建造，将寺院改为万寿禅寺，并请知幻道孚住持寺院，寺内戒台殿前还留有《敕建马鞍山万寿寺大戒坛第一代开山大坛主僧录司左讲经孚公大师实行碑》一通，碑文言及知幻大师的一生，包括其传法经历和被

图 3-9　戒台寺全景

英宗重用，以及受阮简之请重建戒台寺。①。此时的戒台寺已与现在的相近。关于明代正统年间的重建，《敕赐万寿禅寺碑》中则有较为详尽的描述：

作正殿，奉三世佛。左右列十六大阿罗汉。外作四天王殿，左作伽蓝殿，右作祖师殿。东西有廊，外作演论之堂，居僧之舍。宅、庖、库、廪，糜不具备。外建三门，环以周垣，岿焉！宝坊加于旧观。

从中可以看到这次建造主要集中在南侧的轴线，有正殿即大雄宝殿，供奉三世佛及十六罗汉。正殿的左右配殿并非智化寺的藏殿和大悲殿，而是之后明北京最常见的伽蓝和祖师二殿。此处的东、西侧有廊似乎是由于作者忘记寺院为坐西朝东之制，否则很难解释两廊建在东、西两侧是何形制，大殿前为天王殿。在中路轴线之外有演论之堂（法堂）和居僧之舍（方丈和寮房）。这里应当是对于僧众活动区的叙述，和智化寺一样，僧众活动区依然是按照佛、法、僧三宝之制来布置的。可惜的是现在戒台寺两端并不存在"演论之堂"和"居僧之舍"。大雄宝殿的南北两处原来皆有建筑。即今大斋堂以北还尚存建筑遗址，故推测原来的法堂和方丈两座建筑可能分别在大雄

---

① 碑文中详细记述了阮简迎请知幻大师的细节，大师一开始推辞，后来读了《法均大师碑》后才决定重兴道场。"得京西马鞍山毁寺，捐资修建，思得至人，以振宗风。乃执贽修词，跽进礼请。大师坚辞不许，至于再三。太监公（阮简）复考诸断碑，泣且请曰，彼实名山大刹，非师不能复振！大师得文读之，始知此寺乃大辽普贤大师（即法均法师）所建四众受戒之所。喟然叹曰：释迦如来三千余年，遗教几乎泯绝，吾既为佛之徒，岂忍视其废而不兴耶？乃翻然而起，往住兹山。"

宝殿左右两侧。此外，还有如宅、庖、库、廪等僧众生活等附属设施。这些建筑均被围墙环绕在三门（山门）之内。正统年间的重建奠定了今天戒台寺的主体建筑，其上叙述大多可以与现有的建筑对应。另外，此中并未提到钟鼓楼的配置。很可能是此时寺院还如南京寺院一般尚无钟鼓楼。另外，《敕赐万寿禅寺碑》并未提及戒台大殿以及对法均大师塔的重建，但是从第1章可知此部分皆由知幻大师重建。故也说明碑文中仅提及了新建的建筑而未提重建或者整修的建筑。

戒台寺在100年后的明中期嘉靖朝还进行了一次重修，并详细记录在天王殿左侧的《万寿禅寺戒坛碑记》中：

> 发赍重建坛内五殿，暨大雄、天王殿、千佛阁、金刚、伽蓝，祖师堂。钟鼓二栖，皆撤而新之。而又创立真武殿一，禅悦堂、宗师府、浴室堂各一，廊庑若干楹，又穿井一，以利朝夕；修路五里，以利往来。

嘉靖年间的重修对部分建筑进行了重建（更可能为重修），可以看到这次重建后未改变正统年间的布局，即第一进院落为山门，两侧出现了钟鼓楼、山门后为天王殿，第二进院落为大雄宝殿，大雄宝殿两侧为伽蓝、祖师二殿。此处第一次提到了千佛阁，即现大雄宝殿后最高大的二层楼阁。然而千佛阁是在重建名录中的，而非新"创立"之殿。说明千佛阁的二层大阁可能是嘉靖重修之前（即正统时期）既有，然而正统时期的碑文中又不载。由于重修而非新建的建筑（如戒台、法均大师塔等）并未出现在正统的《敕赐万寿禅寺碑》文中，结合第1章中千佛阁院落为辽代寺院布局旧址的推论，则说明千佛阁建筑是在明代之前即有的建筑，和戒台大殿一起在正统朝重建（修），嘉靖朝再次重修。后文也将指出，毗卢阁的建筑形式在成化以后逐渐淡出寺院，故侧面印证了嘉靖朝不可能新建毗卢阁。故正统和嘉靖的新建只是台地下部的部分，而台地上部的建筑为旧有建筑重建。

无论千佛阁建造的时代是否在嘉靖年间，其在寺院中后部建造高阁的做法都与明代中后期的寺院布局转化有着极大的关联。如智化寺中所述，明中后期高阁的出现大多是法堂功能的转化，与智化寺相似，戒台寺千佛阁的像设上层为毗卢遮那佛，下层为释迦牟尼佛，也是取自"千佛绕毗卢"。

此外，嘉靖年间的重修还建立了真武殿，宗师府等非传统佛教建筑，这应当是因为嘉靖皇帝崇信道教，而取悦于皇帝之故。在寺院的附属建筑上，我们可以看到其功能更加完备，禅悦堂和浴室的建立也说明在明代中叶戒台寺僧人数量增多，对于宗教及生活需求的满足更加完备。

在建筑形式上，戒台寺建筑显示了明早期的建筑特点，更说明了嘉靖一朝仅为重修而非重建。戒台寺的山门和天王殿形式相近，皆为面阔三间，进深四椽。灰瓦，单檐庑殿顶。殿身为包砖墙体，前后门为券面门窗，正中开半圆形券门。山门殿内原有二金刚，天王殿内旧塑弥勒韦驮，两侧为四天王，塑像均已无存（图3-10）。

殿内梁架也展现了明代早期特点。以天王殿为例，殿内正中虽有两方柱，但是架在五架梁下，非承重结构，可能只为装饰四天王所设。殿内梁架为砌上露明造，梁架上为北方常见的抬

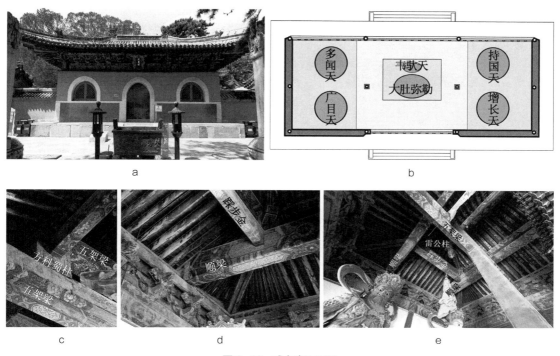

图 3-10　戒台寺天王殿
（a 为外观；b 为平面图；c、d、e 为内部架梁）

梁做法。正脊有推山，但可能是由于推山较少，其推山后并未使用太平梁支撑脊桁两端，而是仅使用雷公柱，且雷公柱做法为悬垂的莲花头形式，较为少见（图 3-10e）。殿身采用单额枋，为明代早期特点。天王殿的斗栱均为出一跳的单昂三踩斗栱，耍头为蚂蚱头，内部为重栱单翘交麻叶。明间平身科斗栱四攒，次间及山面均为三攒。天王殿中的斗栱在山面完全不承担结构作用，爬梁落在正心桁上而非山面斗栱上，更为甚者斗栱与山面的爬梁并不在同一轴线上，梁头则被椽子削为三角形（图 3-10d）。这是明代早期完全放弃斗栱的一个尝试。整体而言，该殿应该为明代中早期建筑，但是现在梁架上的旋子彩绘则全部为清式做法，疑在清代重修。

　　戒台寺的大雄宝殿为面阔五间进深三间单檐大式硬山顶建筑，覆绿色琉璃瓦（图 3-11）。大雄宝殿室内八根金柱。在山墙处并未使用中柱，而是五根檐柱，中间两根未与金柱对应。殿身外部明间和两次间为槅扇门，稍间为槛墙其上有窗。大殿上部有天花，梁架不可见，天花为金刚界曼陀罗的五方佛种子智，有明代风格。明间和两次间有团龙藻井（图 3-11c）。藻井为三层，正方形倒八角倒圆，正中为团龙，外有木雕五彩云。斗栱为三层，分别出 3、4、3 跳。藻井风格与大觉寺大雄宝殿藻井略像，应同为明代遗物。大殿外檐各间平身科皆施斗栱四攒，斗栱为不出跳一斗两升交麻叶。大殿内部五架梁下均有随梁枋，随梁枋与柱子相接处使用雀替和丁头栱，为典型明代梁柱过渡时期的做法（图 3-11e）。同样，殿身使用单额枋。据殿内的藻井以及丁头栱而言，殿内的主体梁架应为明代遗留。

　　但是为何在中轴线上明代建筑仅有大雄宝殿使用了等级最低的硬山顶？大雄宝殿是否并非

图 3-11　戒台寺大雄宝殿

（a 为外观；b 为平面图；c 为南稍间藻井；d 为今内部陈设；e 为金柱与五架梁）

明代所建？现有文献中仅有大雄宝殿始建于正统年间的叙述，并无清代重建的记录。但是从现有建筑来看，推测大雄宝殿在明正统始建时没有必要使用硬山顶，极可能与天王殿相似，同为庑殿顶。而在清朝的重修中，大雄宝殿曾落架维修，重建时将梁架简化，其山墙内柱子与金柱不对应亦可证明。根据莫里逊老照片来看，大殿内原塑三世佛但是并无罗汉，事实上大殿也并无罗汉的位置，明显与正统碑文"作正殿，奉三世佛，左右列十六大阿罗汉"的记述不符，所以很可能是在重修改为硬山顶时将大殿的面阔也进行了缩减。[①] 大殿南北两侧台基也有后世改动痕迹。此外，明代寺院的琉璃瓦多为黑色，猜测绿色的琉璃瓦极可能是清代重装。其整体的重修应与天宁寺接引佛殿相似。

　　整体而言，如今的戒台寺基本保留了辽和明两个时代的鲜明特征，是北京地区研究寺院由辽金往明清过渡的重要实证。[②]

---

① 现在的大雄宝殿中的三尊明代铜佛出自北海大慈真如宝殿移来的明代三世佛。此三尊造像 20 世纪 60 年代移至有色金属厂仓库，后移至戒台寺，但是背光已失。文殊、普贤二菩萨为新塑。

② 清代的戒台寺虽然乾隆帝曾多次到访，但是从文献记载上未见清代对此寺有重大修葺记录，仅在光绪十七年（1891 年），恭亲王奕訢曾在戒台寺避居 10 年，由恭亲王出资将罗汉堂、千佛阁及北宫（牡丹院）略事修葺。所以戒台寺的南侧建筑较为完整地保留了明代时期的特征。

法海寺

正统朝另一座著名寺院则是翠微山的法海寺，为御用监太监李童集资建造。李童的势力不如王振，所以法海寺只有大雄宝殿为黑色琉璃瓦，规模也略小。由于法海寺亦为新建寺院，其平面也是正统时期大型禅寺的蓝本的重要参照。法海寺始建于明正统四年（1439年）至正统八年（1443年）竣工，由于地处城郊，且在清代地位远不及明代，所以清代几乎没有大规模的重建或者重修，寺内的建筑、壁画、塑像基本保存了明代初建时的形制。大雄宝殿前的胡濙撰《敕赐法海禅寺碑记》详细记述了正统年间法海寺的布局：

> 中为大雄宝殿，左右列以伽蓝、祖师二堂，环翼两庑。后殿之前，左为方丈之所，右为选佛之场。四天王殿居大殿之前，钟、鼓二楼附焉。护法金刚之殿又居其前。像设庄严，悉涂金碧，光彩炳耀，与夫云堂厨库旦过僧寮，供佛之仪，饭僧之器，制之宜有者，罔不精备。外则缭以穹垣，远门复挟于山口。

另一通《法海禅寺记》碑记述：

> 先作正殿，药师殿、天王殿次之，翼以钟、鼓二楼，伽蓝、祖师二堂。□之方丈、僧房、廊庑、厨库诸室，次弟皆成，环作修垣，前启三门开广余以通来者。

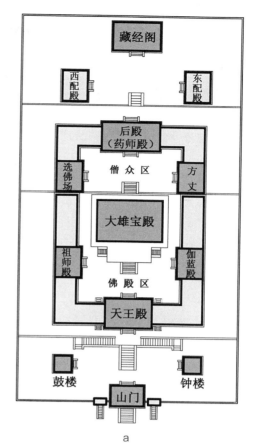

a

b

图3-12　法海寺平面图
（a为法海寺平面图；b为法海寺远景）

法海寺的殿堂与碑文记述基本一致，说明其较为完整地保存了明初始建时的形制，其寺院布局在北京的明代寺院中极具代表性（图3-12）。现在的法海寺一共为五进建筑四层院落。第一进院落的起点为山门，山门兼做金刚殿；院落内两侧置钟鼓楼；院北为天王殿，天王殿内除了塑像外还有壁画，可惜不存。第二进院落正中为大雄宝殿，也是寺院主殿，为单檐庑殿顶面阔五间的建筑。有明显的正统时期特征：屋顶正脊有推山，使用单层额枋，室内有斗栱。大

图 3-13　法海寺后殿
（a 为选佛场；b 为药师殿；c 为方丈）

殿内完整地保存了明代官式壁画以及藻井，尤为难得。大雄宝殿两侧为配殿，左为伽蓝殿，右为祖师殿，与戒台寺相似。

大雄宝殿后为第三进院落。中间的建筑在胡濙碑中被称为后殿，供奉药师三尊，所以现在也俗称药师殿[①]，两边的建筑分别为选佛场和方丈（图 3-13）。推测前院仍有小门但 20 世纪初已毁。选佛场为佛教中戒坛的特有名称，意喻新戒僧人的受戒仪式就如"选"佛一样。右侧的方丈则为一寺之长的居室。三座殿宇分别代表了佛、法、僧的佛教三个重要元素。但法海寺选佛场殿的规模极小，仅为一三开间的悬山小殿，并不是传统意义上的戒坛，不足以支持一场正规的传戒活动。且在碑刻中并未单独提到，仅是归于"方丈、僧房、廊庑、厨库诸室"之中。故其象征性远大于功能，很可能是类似于小型讲坛的功能，法海寺虽然没有法堂，传戒之所即代表法堂，与智化寺万法堂的功能和形式相似，而方丈建在药师殿的另一侧，说明法海寺的后殿是寺僧的主要活动场所。戒台寺、智化寺的后部均有以三宝为功能分区的僧众活动区。再如正统二年的崇福寺（法源寺）中如来宝殿即观音阁，其后为法堂和方丈，推测布局和智化寺和法海寺相近，应为当时寺院的定制。[②]

以佛教的三宝为功能分区布置寺院来源于禅宗寺院。禅宗自六祖慧能开始广为传播，逐渐形成了自己独特的寺院体系。如释悟凡所述，道安禅师设置下禅寺制度：一是远离闹市，依居山林；二是不立佛殿，立法堂以传灯，立僧堂以保养。逐渐形成了禅寺以"佛、法、僧"为核心的格局模式。自百丈禅师设立《百丈清规》以来，禅寺形制正式确立。可以看到在早期的寺院中，法堂通常占据极为重要的位置。宋代的禅寺多将此三座建筑设置在寺院的主要轴线上，成为最为重要的三个功能区，即以佛殿为核心的宗教礼拜区、以法堂为中心的佛事活动区，以及以方丈为核心的僧众生活区。如少林寺、天童寺等禅宗大寺，依然可以看到三宝的功能布局对寺院布局分区的影响[③]。这样的三宝为核心的布局有多大程度地影响到北方的辽金的寺院

① 药师殿原建筑已毁，现在的药师殿为近年复建，用以展示大殿的临摹壁画。

② 崇福寺清代重建后改名法源寺。故关于崇福寺内容详见第 4 章。

③ 以三宝为功能分区的寺院布局对日本寺院产生了更为深远影响，详见第 7 章。

还是一个有待研究的课题。故元大都的寺院大多没有明确的分区界限和以三宝为区分依据的寺院。

　　明代北京的寺院以禅寺居多，如上述法海禅寺、智化禅寺、寿安禅林。但无论是智化寺还是法海寺的法堂以及方丈，其建筑大多"徒有其名"，法堂的功能、规模远不如佛殿。明代禅寺的所谓佛殿、法堂、方丈三座建筑其实与前部的佛殿区域是分开的。智化寺前部是从山门到如来殿的朝拜区。而后部过一小门才是以三宝布置的僧人的活动区。法海寺的布局亦如是。明代的寺院建筑逐渐降低了僧人在寺院布局中的作用，而更加突出拜佛的空间。即带有佛像的殿宇比例更为突出，造像规模也更大，这应当是通过建造更为高大的佛像来吸引香客，逐渐抛弃了百丈禅师制定的禅寺应该"不塑佛像，唯立法堂以传灯"的思想，而法堂也逐渐被毗卢阁——佛殿高阁的形式替代。这应该是明代佛教的僧团组织性和学识性相较于唐辽进一步下降的体现。由于寺院维持主要靠供养人，所以更为高大的佛像则意味着更容易吸引捐献。

　　法海寺内最后一进为二层的藏经阁。法海寺藏经阁并未出现在《敕赐法海禅寺碑记》中，且藏经阁与主轴线偏离了 4 米，说明藏经阁为正统十年御赐《大藏经》后的加建。北京地区诸多寺院都曾专建二层经阁收藏正统朝的《大藏经》。例如位于冰窖胡同的弘庆寺，与法海寺同时建成。同为胡濙撰写的《敕赐弘庆禅寺之记》提到了"□公（应为某比丘，碑文不清）请印施大藏经一藏，于内供奉。正统八年奏请。"请赐《大藏经》应该是当时北京大型寺院的普遍现象。故在中轴线上出现了独立的藏经阁，并深深影响了后世佛寺布局。

　　如果说宣宗一朝还是南京到北京的过渡时期，那么到正统时期北京的寺院建筑则基本定型，之后的 500 年虽然寺院的具体殿堂布局还有调整，但是与上述正统时期的寺院没有产生太大变化。更重要的是正统时期的寺院成为清代乃至现在寺院布局的模板，逐渐影响到华北乃至中国各地的寺院布局。

3．景泰到成化的延续

法华寺

　　正统朝之后的景泰、天顺再到成化时期，延续了英宗时期对于佛教的支持，在京寺院也多有建设。尤其是在明宪宗成化一朝，对于北京地区寺院的庙产范围多有明晰，今大觉寺、戒台寺等多座寺院内都保留有成化年间的庙产碑。北京最大的两座寺院隆福寺和护国寺均是在这一时期完成的。[①] 但是可惜由于近代城市的发展，北京城内已无此三朝建立的大型寺院，所幸的是通过民国时期的《北平庙宇调查》，我们还可以一窥成化年间大型寺院的布局形式。

　　位于东城报房胡同的法华寺是东城大寺，该寺原为景泰年间太监刘通之弟舍宅为寺，成化年间，宝峰聚禅师驻锡，故大修扩建，成为"东城诸刹冠"。根据寺内成化十年（1474 年）《敕

---

① 由于隆福寺和护国寺带有藏传佛教影响，故关于二寺内容详见第 5 章。

赐法华禅寺碑记》载：

　　于是前作山门、次作天王殿、中作三世佛殿、后作毗卢殿、殿东支千佛龛，又其后作方丈大殿，之东为伽蓝殿次为□□□，之西为祖师殿，次为禅堂。山门内为钟鼓殿，两腋作诸僧寮……

　　从碑文和国立北平研究所的测绘图不难看出，寺院的前半部分基本保存了明代成化时期的原状，只是将天王殿两侧的廊庑改造成了带有更强民居信仰的娘娘殿和药王殿。自山门以内为钟鼓楼、天王殿及大雄宝殿，配殿为伽蓝和祖师二殿，与戒台寺、法海寺等无异。大雄宝殿后为毗卢殿，与明初南京寺院和上文提及的正统寺院相似（图3-14）。

　　大雄宝殿如法海寺等明代大多寺院一般使用了单檐庑殿顶。庑殿顶正脊有推山，殿

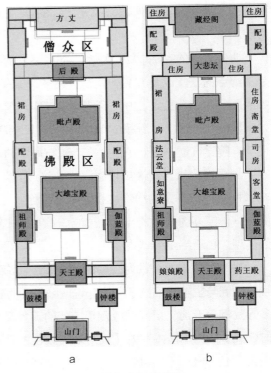

图3-14　法华寺
（a为明代布局推测图；b为20世纪30年代测绘图）

内使用了丁头栱等构件，与戒台寺大殿做法相似。布局则与法海寺大殿相似，殿内供奉3米余高的三世佛，但是看照片可能是清代重塑，两侧为十八罗汉及左右各4尊菩萨像，后侧则为1佛2菩萨（图3-15a）。

　　后殿毗卢殿面阔五间，重檐庑殿顶（图3-15b）。正统时期的寺院虽然常用庑殿顶，但是极少使用重檐，从现存建筑来看，明代北京的寺院建筑中仅有隆福寺、法华寺、西天梵境等几座寺院得此"殊荣"，且均建于明代中期，而非建寺最多的正统朝。[1]同时，法华寺的其他建筑，如伽蓝、祖师殿等均为三开间的硬山殿宇，与主殿等级和规模均形成鲜明对比，一改戒台寺等明初寺院所有建筑无明显等级区分的前状。毗卢殿虽然不似智化寺等是二层楼阁，但是也保留了"千佛绕毗卢"的布局形制，根据《北平庙宇调查》，毗卢殿内中央主供丈余高的毗卢遮那铜佛，后面两墙和东西墙均有小型佛龛，故毗卢殿也称为"万佛阁"，在同时期的成寿寺[2]、隆福寺，稍早的弘庆寺也是相似布局。从此描述可知法华寺毗卢殿虽为一层，但是在像设的宗教布局上与智化寺和戒台寺所要表达的宗教含义一致，只是将二层的殿宇精简为一层。毗卢殿

―――――――

① 上文提及的青海瞿昙寺隆国殿为重檐庑殿顶，为宣德二年（1427年）建造，但因不在北京，故不计入。

② 为椿树胡同成寿寺，与朝阳区成寿寺同名不同寺。

的设置延续自明代的南京，但是自成化以后则逐渐淡出北京寺院，被三大士殿或菩萨殿代替。

寺院的后半部分在清代遭到了较大的改建，根据碑文应该为僧众活动区的核心方丈大殿。现为大悲坛和藏经阁。其藏经阁虽为二层楼阁，但是底层不出檐，与明代楼阁做法相差较大，应该是清代新建（图3-15c）。猜测此处原为僧众的活动区，在清代时将后院改建。大悲坛和两侧住房很有可能是原先廊庑的北段，改造成了功能性更强的佛殿，并在寺后原方丈大殿的位置新增建了二层的藏经阁。

法华寺还是明清观赏海棠花的最佳处所，《天咫偶闻·卷三》记载，"寺之西偏有海棠院。海棠高大逾常，再入则竹影萧骚，一庭净绿。桐风松籁，畅人襟怀，地最幽静。"此外，由于戊戌变法前后袁世凯和徐世昌都曾在法华寺居住，其也是重要历史变迁的见证，可惜现在寺院已无踪迹可循。

图3-15　法华寺主要殿宇
（a为大雄宝殿；b为毗卢殿；c为藏经阁）

宝禅寺（广善寺[①]）

宝禅寺是明代中期在元代的大承华普庆寺的寺址上建造的。元朝覆亡后，大承华普庆寺遭到破坏，寺院荒废。宝禅寺的兴建已经在元朝灭亡一个世纪以后，此时的寺僧已经不知道此处原为元代大寺，直到成化建寺时挖出赵孟頫《大普庆寺碑铭》后才知此处为元武宗时的普庆寺。如《敕赐宝禅寺新建记》碑记载：

> 寺本元大普庆寺，在都城西北隅。武宗朝，仁宗以母弟居春宫时创建。后毁废为民居。入国朝迄今百余年，竟莫知为梵刹地也。成化庚寅岁，供用库奉御□□淳化麻俊赎为私弟，方兴作新土得旧碑，其文翰林赵承旨孟頫撰，始知为普庆旧址也。俊喜不自胜。

---

① 清朝光绪三十三年（1907年），宝禅寺的僧众将位于宝禅寺胡同的宝禅寺寺产卖给了自万牲园迁出的广善寺的僧众。宝禅寺的僧众将宝禅寺迁到了武王侯胡同的长寿庵。此处的宝禅寺指的仍是在宝禅寺胡同（宝产胡同）的寺院。

如第 2 章所述，大承华普庆寺内应该有一座大型覆钵塔，因木结构建筑的毁坏很可能基址已无，但是覆钵塔的完全毁坏说明了普庆寺应当是在明初被有计划地毁坏，而不是因为年久失修而废弃。由于普庆寺完全被毁，因此宝禅寺的兴建与普庆寺的布局并无直接联系，寺内也未再建塔。关于明代宝禅寺的布局，碑文中也有详细记载：

> 以是岁冬十一月兴工，首建佛殿，左右为伽蓝、祖师堂。次建天王殿，左右为钟
> 鼓楼。又次建山门，佛殿之后为栖僧所及香积厨、选佛场，凡廊庑库湢以及像设供
> 具，无乎不完。

同样，结合宝禅寺的布局我们可以看出宝禅寺是一座中等面积的寺院，其规模和殿宇的配置可以对标法海寺（图 3-16）。前半部分是比较明确的佛殿区，包括了山门、天王殿、大雄宝殿三部分。而后半部分有垂花门区隔，内为"栖僧之所"，包括了选佛场、香积厨、讲堂等建筑。选佛场等建筑推测其规模和形制与法海寺相似，更多的是象征意义而非实用受戒功能。香积厨是寺院的食堂和厨房，也是寺僧重要的活动区。

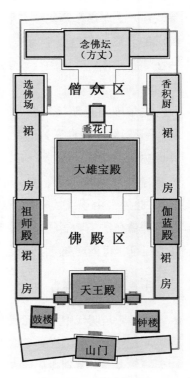

图 3-16　宝禅寺布局图

从以上的正统前后的寺院不难看出，北京地区的寺院至迟在正统朝已经形成了较为稳定的布局形式，成化时期延续并逐渐确定，整体而言有如下几个特点：

其一，相较于元代的寺院，无论是明代南京还是北京的寺院，塔在寺院中已经完全变为可有可无的建筑。从上文叙述我们可知自辽金以来佛殿的作用逐步上升，而佛塔逐渐变为配合佛殿的附属建筑。在元大都的寺院内还常可以看到双塔或者双阁，而明初寺院则将塔"驱离"出佛殿的核心区，放在了寺院轴线的最后侧。北京地区现存的明代寺院，除宣德朝寺院将佛塔设在寺院后侧外，正统及以后的寺院则完全放弃了佛塔的营建。明代北京寺院虽然少有佛塔，但是早期寺院会在大殿后建双层的毗卢殿，这很可能是替代佛塔的位置。而正统寺院的另一个转折则是寺院逐渐将佛殿后的毗卢阁改为藏经阁，用以收藏钦赐《大藏经》，使得二层的经阁成为明代北京大型建筑的标配。到了清代将这种形制保留，但是藏经阁的位置逐渐后移到寺院最后，成为寺院的后罩楼。

其二，明代佛殿放弃了元代以来的工字殿，而改为独立的前后殿，但许多明初的寺院，如大觉寺依然保持了廊院环绕以及前后殿的形制，并在大雄宝殿前部的殿堂序列一共形成了七座殿堂，即山门、天王殿、大雄宝殿、钟鼓楼及两配殿。正统年间始建或者重建的卧佛寺、戒台寺、柏林寺，比之稍晚的摩诃庵、万寿寺、碧云寺均沿用了相似的建筑布局，并且一直沿用至

清代的寺院，甚至包括了承德等地的藏传佛教寺院。这样的布局奠定了晚期佛教寺院的基本布局。直至今日，华北地区重建或者新建的寺院仍然以此七殿作为模板建造设计。在学术界上，很多学者将此称为"伽蓝七堂"，本书将在第7章作详细分析①。在大雄宝殿后则延续了南京寺院的惯例建设了毗卢殿（阁），而在明代中后期的寺院中则逐渐消失。

其三，明代寺院的廊庑进一步弱化，但相较于元代寺院廊庑尚且闭合，还可走通。明代新建寺院尽管廊庑制式尚存，但是已经不追求闭合，有些甚至完全封闭庑房，无室外廊道，绕佛的功能已经完全丧失。而与此同时配殿作用更为突出，出现了伽蓝、祖师殿，经藏、观音殿等一系列配殿的搭配。这应该是借鉴了明代南京寺院的形式，例如山门兼为金刚殿，佛殿前以天王殿，伽蓝殿和祖师殿作为配殿。但是明代北京寺院部分配殿的形制与元大都和明代南京的寺院均有不同。例如在钟鼓楼制度上，元大都无钟鼓楼之制度，南京寺院多数有钟楼而无鼓楼，而现存北京明代寺院大多钟鼓楼俱全。可见钟鼓楼的制度形成应该在明代的北京。此外，南京大雄宝殿的配殿多为观音和轮藏二殿，元大都寺院的配殿多为双阁。而北京除智化寺及隆福寺遵循南京旧制外，大多配殿已经不设经藏，而改为伽蓝和祖师殿，也有观音和地藏殿（如妙应寺）。

其四，正统时期以来的寺院出现了明显的功能分区，前部为佛殿朝拜区，而后部则为僧众活动区。包括智化寺、柏林寺、隆福寺在内的寺院则有垂花门区隔佛殿区和僧众区。这样的布局形式很可能借鉴了北京四合院中的布局形式：前部为对外开放的礼拜区域，而后部则为较为私密的僧众修行区。但是，从宝禅寺和法华寺也可以看出，正统时期形成的功能分区布局形式并未完全延续到清朝，清代的改扩建中佛殿区和僧众区的界限再次变得模糊。

---

① 笔者认为用伽蓝七堂一词来形容明代寺院的布局是不准确的，具体论述将在第7章展开。

第**4**章　明中期以来北京寺院的延续与改造

　　可能是由于明代中早期建立了太多的寺院，佛教的发展在英宗以后陷入了阶段性的停滞，再加上世宗等皇帝崇信道教，此时北京地区的佛教建筑少有新建。明中后期的第二个高潮期则是在神宗万历朝，由于弘治和嘉靖两朝对佛教的限制，很多寺院在万历朝已经衰败。在万历帝母亲李太后[①]的支持下，明朝中后期在北京城内重修和新建了大量的寺院，保存较为完好的有万寿寺、长椿寺和慈寿寺等寺院。

　　到了清代，清朝皇室依然支持佛教，世祖顺治帝热衷于佛教，对佛教持支持态度。其封玉林禅师为国师，禅宗得到了持续的发展。顺治帝还亲自加入到广济寺的传戒法会中。圣祖康熙帝基本继承了崇佛的国策，支持振寰律师重建潭柘寺，并大修柏林寺、大觉寺等多座明代寺院，北京地区的律宗兴起，很多明代禅寺在"革禅为律"影响下依照律宗要求重建。世宗雍正帝推崇禅宗临济宗一脉，建造了觉生寺（大钟寺），并自号"圆明居士"。到了高宗乾隆帝时，几乎北京所有的寺院在乾隆一朝都得到了或多或少的修缮，众多寺院内还建造了行宫，寺院与园林以及行宫相连，形成西山诸多园林式寺院的佳作。之后随着清朝国力衰弱，大型寺院营建就少见于记载了，慈禧寿辰时曾经重修万寿寺、真觉寺等寺院，但是大部分寺院走向破败。

　　整体而言，可能是由于寺院建设在明代已经趋于饱和。此外清朝对于佛教的重心在藏传佛教上，汉传佛教少有皇室资助。故相比于明代，清代并没有大量新敕建的汉式的佛教寺院，新建的大型寺院也仅有大钟寺、贤良寺等少数几座。更多的是重修或扩建元明时期的寺院，例如康熙朝重建潭柘寺、拈花寺；雍正朝重新卧佛寺、法源寺；乾隆朝重新及扩建碧云寺、天宁寺、万寿寺等诸多寺院。

　　在明清的北京，寺院除承担传统的宗教功能外，还兼具公园、茶社、住宿等多项功能，一些有名的寺院，如法源寺的丁香、大觉寺的玉兰、崇效寺的牡丹、法华寺的海棠，均是北京居民日常游览的必去之所。再如寺院也作为"博物馆"，例如圣祚隆长寺不仅房屋可供出租，其寺内珍藏的明清字画也可供寒门学子品鉴；寺院的另一个功能则是旅店，晚清名臣李

---

① 孝定太后（1545—1614年）李氏为明神宗万历皇帝的生母，生前尊号为慈圣皇太后。其自称为九莲菩萨，万历一朝新建的寺院多与其有关。

鸿章曾寄住于贤良寺、袁世凯曾住于法华寺，两座寺院都见证了重大的历史事件。这说明清末寺院不仅是平民百姓的旅店，也是达官显贵进京时重要的居所。大觉寺甚至被用作吴文藻和冰心夫妇的婚房；还有寺院被用作学堂：万寿寺、圆恩寺等都曾自办学校。此外，寺院也被用作商业的重要集散地，如北京的几个重要庙会，护国寺、隆福寺、白塔寺等寺院均为小商贩售卖提供场地。

本章将介绍明中晚期第二次建寺高潮以及清代重建和新建的寺院的布局特征，并对明清寺院佛殿形制和结构作归纳总结。

1. 明代中晚期的寺院

慈寿寺

在明代中晚期的神宗万历朝，由于神宗母亲慈圣皇太后（李太后）信佛，并且利用九莲菩萨化身之说巩固自己的统治地位，故在李太后的授意下，北京地区新建了很多寺院，慈寿寺、拈花寺、长椿寺都留有和九莲菩萨相关的石刻。长椿寺内还有李太后和明世宗母亲孝纯刘太后的影堂。堂内两位太后画像皆为佛装，可惜今已不存。

也许是李太后本人的喜好，万历朝的寺院多建有佛塔。慈寿寺的永安万寿塔（俗称玲珑塔）即建于万历四年（1576 年），前身为太监谷大用的墓地，李太后将其改建为神宗"祈嗣"而建的寺院。寺内最为著名的建筑即一座八角十三层的密檐式实心砖塔，仿辽天宁寺塔而建（图 4-1），高约 50 米，与同一期的明代密檐塔颇有不同。慈寿寺塔整体上与辽塔比例一致，下部为双层须弥座的塔基，塔基内有飞天、金刚力士等浮雕，壶门内有仿辽代常见的妓乐图。塔基上部有砖雕斗栱及勾栏平座，平座上为仰莲，承托塔身。塔身为八边形，正面设假券门，两侧为二金刚；侧面设假券窗，两侧为二菩萨。金刚与菩萨均为木骨泥胎，与天宁寺塔泥塑做法一致。塔身上为十三层密檐，檐下每面平身科斗栱两攒，第二层以上每面在栱眼壁上设佛龛。最上为塔刹，塔刹下端为覆莲，上为宝瓶。但慈寿寺塔的细节处却遵循了明代的特征，例如侧面的窗并未如天宁寺一般使用直棂窗而用的是拱券窗；台基上的平身科斗栱也要比天宁寺塔更为密集且栱眼壁绘制佛像；慈寿寺塔塔顶的密檐部分没有天宁寺塔的卷杀。另外长椿寺藏经阁内原还有一座铜制渗金宝塔也为仿照天宁寺塔而建，塔内因为

图 4-1　永安万寿塔

发现了"泰昌通宝"字样的铜钱，而说明佛塔为泰昌和天启年间之物^①，现移存于万寿寺的无量寿佛殿内。铜塔分为三层铸造，塔基为须弥座，上有两层仰莲。莲花瓣间雕刻有二十四诸天以及罗汉像。^②塔身与天宁寺和慈寿寺塔均相似，为八面，正面雕刻二力士，侧面则为二菩萨。门窗形式与慈寿寺塔相近。门窗上分别刻有文殊、普贤、观音以及四佛和准提菩萨，形制颇为特殊。其上为十三层密檐的塔刹，塔刹的仿木构雕刻较为粗糙，但是在斗栱间雕刻了佛像。

　　慈寿寺塔和长椿寺塔为中国少有的仿古建筑，反映了中国古人对仿古建筑的态度。^③由于慈寿寺是皇家工程且仿照天宁寺塔而建，其排除了技术以及资金两个限制变量。换言之，天宁寺和慈寿寺的不同，是明代仿建者自主选择的结果。可以看出明代的慈寿寺塔在建造时并未照搬辽代的佛塔形式，其添加了大量明代时的"流行元素"如拱券窗等，这使得塔面更符合明代人的审美。此外，除了佛塔外的佛殿设置，建筑并未仿照辽代建筑建构。

　　慈寿寺塔下的慈寿寺在光绪年间毁于祝融之灾，唯塔独存。但仍可以从张居正撰写的《敕建慈寿寺记》中知其布局：

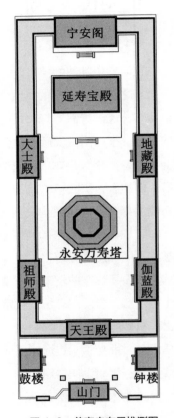

图4-2　慈寿寺布局推测图

> 以万历丙子春二月始事，越戊寅秋仲既望落成，而有司不知也^④。外为山门天王殿，左右列钟鼓楼，内为永安万寿塔，中为延寿宝殿，后为宁安阁，旁为伽蓝、祖师、大士、地藏四殿，缭以画廊百楹，禅室方丈十有三所，又赐园一区，庄田三十顷，安食其众，以老僧觉淳主之，中官王臣等典管领焉。

　　根据张居正的记载以及图片资料，可以看到慈寿寺的布局应该也和天宁寺相近，塔前为山门、天王殿，两侧有钟鼓二楼。寺院的中间为永安万寿塔，后部为一殿一阁。延寿宝殿为主佛殿，宁安阁为后阁，两旁各布置两组配殿。从殿堂设置可以看出其布局虽然以塔为中心，但是钟鼓楼的出现，阁在轴线后侧的做法都是明代的特征（图4-2）。宁安阁匾额为李太后

---

① 泰昌为光宗朱常洛的年号，因为只使用了4个月，故泰昌通宝实为天启年间铸造。

② 现万寿寺内塔基二十四诸天中四天王面北，似乎从长椿寺移到万寿寺时塔基放反了。

③ 值得一提地是，古代中国人并不热衷于仿古。中国建筑史上从未有文艺复兴运动般的对中国早期建筑进行系统认知和学习的过程。尽管中国文明从未断绝，但是在建筑史上似乎工匠对于前朝的"旧制"并不感兴趣，就如《营造法式》一书从未失传，但是在清代已经没有关于解析唐宋建筑的书籍，这也成为日后营造学社先驱们奋斗的一大动力。

④ "有司不知"强调的是建寺的行为是太后用内帑所建，并非户部出资。

所书。根据刘侗《帝京景物略》所言："后殿奉九莲菩萨，太后梦中菩萨数现授太后经，乃审厥象，范金祀之。"寺内木构建筑也无仿明以前建筑风格的痕迹。[①]

双林寺

万历朝在今紫竹院内还建有双林寺，为万历朝司礼监大太监冯宝捐造，双林寺名可能是取自佛教中佛陀在双娑罗树下入灭的典故，也有民间说法为是因为冯宝号"双林"而得名。根据《双林寺碑》记载，明时双林寺有建筑四进：寺前为山门也为金刚殿，金刚殿后为天王殿院落，两侧有钟鼓楼。第三重为大雄宝殿，大殿左为伽蓝殿，右为护法殿。最后为方丈，方丈左右是斋堂和禅堂以及厨、库、僧房等僧众附属设施。再后垒土石为山，高丈余，山前有一塔，即为上述双林寺塔。双林寺的建筑形式应当和明代中期以来寺院布局没有太多差别，前部为佛殿区而最后为僧众活动区。唯一不同的是寺院的配殿中并无祖师殿，取而代之的是护法殿。这是由于冯宝在入狱后，寺院被没收为官产。后赐给西域僧人足克戳古尔，故寺院亦称"西域双林寺"，寺院也受到了藏传佛教影响做了相应改变。但是整个寺院的大体布局仍和汉传佛教寺院一致。双林寺的藏经塔是明代中期佛塔形式的代表作（图4-3a），塔身七级8面的密檐式塔。相比永安万寿塔着意对于辽塔模仿，双林寺则与同期明代僧人墓塔更为接近，每层塔檐虽设仿木斗栱，但是却不施椽子改用叠涩，塔身上无佛像。双林寺塔在1975年拆除，2011年曾对塔基进行考古发掘，发现了八角塔基下的方形砖制地宫。

延寿寺

万历朝还在北京东南修建了十方诸佛宝塔，并在塔前修建延寿寺。延寿寺原是由嘉靖朝尚衣监薛铭出资兴建，万历朝冯宝出资大举重修扩建形成了现在的规模。其塔为八面密檐塔，是北京城东南为数不多的明代佛塔（图4-3b）。塔身除了正南开一拱形门券，其余七边皆为素面，既无仿木构门窗斗栱，也无佛像图案。但是塔身包砖厚度明显比上部的塔刹要厚，且上下两部分用砖尺寸也有差异，似乎塔身部分经过后世的改建。不排除原先塔身上有慈寿寺塔般的佛像，但是在之后的重修时采用简单包砖，使得现在的塔面完全为素面[②]。但是整体而言十方诸佛宝塔的做工远不及慈寿寺精美，塔檐部分只是使用叠涩形成塔檐，而没有用仿木构建造斗栱。塔前原有延寿寺，共四进建筑，分别为山门、天王殿、藏经殿和水陆殿。但于庚子年被毁，现在大殿的遗址依稀可以分辨，但是遗址上已无柱础等建筑信息，其原始建筑布局很难复原。仅可以根据《重修古刹延寿寺十方诸佛宝塔碑铭》碑文对于延寿寺布局作推想：

---

① 不能排除清代乾隆朝可能进行的重建或重修。

② 根据《重修古刹延寿寺十方诸佛宝塔碑》记载，塔在翠峰禅师建成后不久即因暴雨而致塔身开裂，尚衣监薛铭等众太监集资重修。

图4-3　万历朝密檐塔

（a为双林寺塔；b为十方诸佛宝塔）

山门一座，天王殿一座，钟鼓楼二座，藏经殿五间，内新印藏经。全水陆殿五间，新造水陆。全方丈房三间，禅房十间，接待僧房三间。凡供设器物靡一不具。芝房柱殿尽善尽美；宝阁琼台美仑美奂。

万寿寺

虽然北京明代寺院的佛塔大多建于万历朝，但是带有佛塔的寺院毕竟还是少数。与李太后有关的众多佛寺之中，最为重要且保存最好的当属西直门外的万寿寺了。万寿寺始建于明万历五年（1577年），长河北岸，广源闸西侧。万历皇帝亲赐"护国万寿寺"。建成后还将永乐大钟悬挂于寺内。张居正的《敕建万寿寺碑文》详述了李太后出资的过程以及明代万寿寺的布局：

今上践阼之五年，圣母慈圣宣文皇太后谕上若曰：朕一寺以藏经焚修，成先帝遗意……乃出帑储若干缗，潞王、公主暨诸宫御中贵，亦佐若干缗，命司礼监太监冯保等，卜地于西直门外七里许广源闸之西，特建梵刹，为尊藏汉经香火院……
……中为大延寿殿五楹，旁列罗汉殿各九楹。前为钟鼓楼、天王殿，后为藏经阁，高广如殿。左右为韦驮、达摩殿各三楹，修檐交属，方丈庖湢具列。又后为石山，山之上为观音像，下为禅堂、文殊、普贤殿，山前为池三，后为亭池各一。最后果园一顷，标以杂树，琪𣏈璇果，旁启外环，以护寺地四项有奇。

尽管现在万寿寺中路部分建筑为清代重建，但是结合碑文不难看出，现在的寺院中路建筑与张居正的叙述基本一致。从碑文可知万寿寺则更多地延续了正统朝的形制。现在的寺院第一进为砖券山门，山门内拱券上有慈禧重修后绘制的"洪福齐天"图，即以红色的蝙蝠形状为单位的团案，并配以祥云，较为罕见。山门后为三间歇山顶的天王殿，天王殿为中柱做法，砌上露明。天王殿后为五间的庑殿顶的大雄宝殿。明代称为大延寿殿，雍正帝题"慧日长辉"匾额，故改名沿用至今。延寿殿后为二层的万寿阁，在明代称为藏经阁，张居正并未提到殿内陈设。清末万寿阁内有千佛龛，虽然佛像为清代重塑，猜测明代时原塑像布置与智化寺如来殿相近，即为毗卢殿亦作藏经阁。之后一进为方丈及僧众的活动区，清朝为大禅堂。再后为一假山，假山上设置观音、文殊、普贤三殿。万寿寺在清朝多次重建，但从碑文和现状比较来看，万寿寺中路殿宇名称和功能虽有变化，但形制基本未变。从山门到大殿后部的万寿阁应该为佛殿空间，与智化寺布局相似。而之后的大禅堂院落形制较低，应该为僧众活动区。

与明代寺院不一致的是万寿寺的配殿设置。从碑文可知，大雄宝殿两侧各为罗汉殿九楹，应当是供奉十八罗汉，故一尊罗汉单独占据1间。但是大殿仅面阔五间，不太可能配殿为九间大殿。现在大雄宝殿两侧两廊也正好为九间。罗汉殿所指恐是大雄宝殿东西两侧的廊庑。万寿寺的廊庑作为配殿的做法正是从金代到明代寺院建筑变化中一个不可多得的实例。如前文所述，唐辽的寺院多以院落为单元布局，佛殿被廊庑包围，佛殿两侧并没有配殿。从金代开始寺院突出轴线和合院，在大殿两庑做罗汉洞是辽金时期较为常见的做法，而明以后罗汉则全部进入大雄宝殿。万寿寺的例子则尚存古制。而清代重建则将罗汉从两侧廊庑中搬出，改为在大雄宝殿内塑十八罗汉像。

而真正的配殿是藏经阁（万寿阁）两侧的韦驮、达摩殿。达摩殿则可以理解为供奉禅宗祖师的祖师殿。虽然韦驮不是传统伽蓝菩萨（多为波斯匿王或者关羽），韦驮也可以理解为一寺之护法，即伽蓝神。与明代以来最为常见的伽蓝殿和祖师殿基本吻合。但是万寿寺的韦驮供奉在配殿中，说明天王殿内可能并无韦驮，与明代北京其他寺院不同。伽蓝和祖师殿一般出现在主殿两侧，所以在万寿寺的配置中，阁的作用并未次于其前方的主殿。这种"前殿后阁"的布局形式为明中期寺院极为常见的布局，例如智化寺中的智化殿和万佛阁、戒台寺中的大殿和千佛阁、崇福寺中的大殿与观音阁，皆为殿阁并列的排布关系，在此不再赘述。

从上述多点可以看出，万寿寺无论是在佛殿功能的布置上，还是在配殿的设置上显示出诸多不太同于明晚期寺院布局的特点。这是否与慈圣皇太后好佛，并且喜模仿辽金寺院建筑（如佛塔）有关，就不得而知了。

万寿寺在顺治朝曾经发生了火灾，其中路烧毁。26年后在康熙朝获得重建，这次火灾烧毁了哪些建筑呢？大雄宝殿西北侧的西廊庑配殿南的第一间有明代旋子彩绘的特征，其采用一

图 4-4　万寿寺大殿

（a 为平面图；b 为内景）

字枋心，旋子花瓣也不似清工部《工程做法则例》图例，说明廊庑在火灾中并未完全烧毁。在中路建筑中，大雄宝殿虽然为单檐庑殿顶，且殿后带有抱厦，其建筑形式与明代同一时期的佛殿，如碧云寺大殿颇为相似。但是殿内金柱规整，并未使用减柱或者移柱，且屋顶的天花为通铺没有藻井，与明代的佛殿结构并不相同（图 4-4）。说明现在的大雄宝殿很可能是依照明代原样重建，但内部梁架显非明代原物。大殿后的万寿阁为单歇山顶的双层楼阁，由于是近年新建且并未找到其复建的依据，故很难说明万寿阁是否在清代重建，但是其内部原有佛像均为清代重塑。所以推测万寿阁亦为清代重建。但是重建时应当沿用了明代的建筑形式。[1] 中路最后一进的大禅堂则显示出了极为精巧的明代特征。大禅堂面阔 5 间进深 8 椽，硬山顶。其室内的柱网排布则极为的杂乱，使用了减柱法和移柱法（图 4-5）。大禅堂内明间的梁架最下层为中柱分开的前后两个四步梁，梁上则直接支撑七架梁的中点。为了防止变形，在七架梁和五架梁的中点上增加垫木。这样的做法似乎说明中柱为后期加建，因为如果初建时即设立中柱，可不使用大跨度的七架梁，且此七架梁木材用料巨大，应该是难得的大料，说明原始功能需要中心有一不设柱的大面积的活动空间。由于清代柱网大多规整，甚少因为室内功能而采用减柱和移柱法，由此即可看出禅堂应为明代遗构。《敕建万寿寺碑文》并没有提及大禅堂建筑在万历朝初建时的功能，根据正统以来的寺院布局，这里很可能是法堂或者僧众活动中心，为满足容纳更多僧人的需要而不得已使用减柱以增大室内空间。之后在清代时被当作禅堂使用，有别于佛殿空间，禅堂内部的佛坛只设立两个中柱间设立佛龛，北方寺院禅堂没有固定供奉，有毗卢遮那佛，也有供奉优波离尊者。寺僧坐禅则是围绕在佛坛四周，中间的大片空地则是用作跑香的场所。所以推测在此时增加了明间的两根中柱。形成了极为特殊的室内柱网空间，是结构服从于功能的一个极佳实例。大禅堂后在明代为一处人造的假山园林，假山下原有水池，上有三

---

[1] 万寿阁底层原为一佛二菩萨，各有胁侍。三尊佛像身后则为数千座小佛龛。二层布局不明，推测应为毗卢佛，佛像设置方式和智化寺相近。

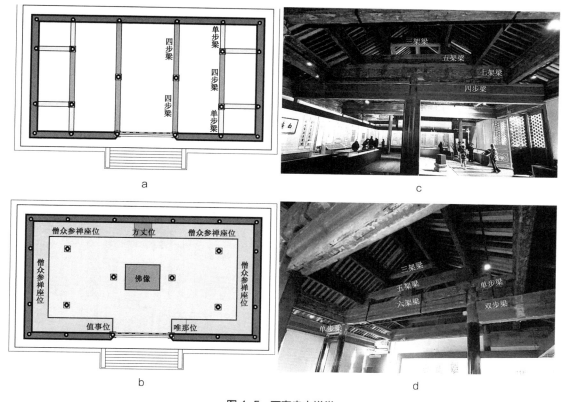

图 4-5　万寿寺大禅堂

（a 为梁架图；b 为禅堂平面图；c 为明间梁架；d 为稍间梁架）

座太湖石堆砌的小岛，分别供奉三大士像。万寿寺是京内寺庙中少有的不借自然山势或者泉水而全人为建造寺院景观的例子。由于假山在清代改建，故不清楚明代山前三个水池和山后一亭一水池是何布局。假山后原为明代为果园，现为清代增建的无量寿佛殿及后罩楼。

　　通过以上分析，笔者得出与北京艺术博物馆解释不太相同的寺院被毁过程，从中路建筑来看，大雄宝殿带有明确的清代特征、万寿阁因为重建情况未知、大禅堂则为明代建筑，而东廊庑亦带有早期特征，所以可以推断万寿寺在顺治的大火中烧毁的应当是前院的大殿和廊庑。在重建中，中路上主体建筑基本没有改变，而配殿的名称形制则发生了较大的改变。首先是大雄宝殿两廊的罗汉殿被重新建成为三开间的配殿，罗汉像则重塑并放置于大雄宝殿之中。[①] 将原方丈改为大禅堂，并在两侧增建了配殿。此外把原来两廊前侧有廊后侧为庑的形制完全改为了室内的廊庑，廊的作用丧失。从此我们可以看出廊庑制度在清朝进一步被弱化，并有意突

---

① 万寿寺的大雄宝殿因为曾被用作仓库，故殿内保存了一堂完好的造像。三世佛像及背光六拏具为典型的清代造像。两侧的十八罗汉的雕刻技法并非上佳，无论是表情还是动作均略显滞，但是佛像的制造工艺极佳。罗汉的排布沿用的是清代藏传佛教的十八罗汉，即在十六罗汉后加大肚弥勒和达摩多罗。故推断应为清朝所造而非明代遗存。

出了配殿的作用。此外，重建时修改了假山的形制，将原来以水环绕的假山中的水池填平，并因为修圆明园需要太湖石，将万寿寺假山石改为了房山的青石。之后乾隆、光绪两朝在假山后新建无量寿佛殿和双层高的万佛楼，并在两殿间建造了两座御碑。与法源寺相似，清代的重修延长了轴线，并将双层高阁放置在寺院的最后当作罩楼（图4-6）。

清代的万寿寺西院还有完整的行宫。故万寿寺是一座难得保存基本完好的集行宫、佛殿和园林为一体的寺院。

圣祚隆长寺

万寿寺大雄宝殿三世佛前有一尊毗卢佛像，推测是其东院毗卢殿内造像后移入正殿保存。毗卢佛像为铜制，是明代中晚期风格。其下部的莲花座每片莲叶上都有小佛像，其做法亦取自"千佛绕毗卢"之意。从明代中期开始，大型寺院内逐渐取消了正统以来的毗卢殿，取而代之的是将毗卢佛移入大雄宝殿内布置。例如拈花寺、小觉檀寺、隆长寺的毗卢佛乃至正定崇因寺的毗卢佛。其中隆长寺和正定崇因寺的毗卢佛像最为精美，其将"千佛绕毗卢"的宗教概念立体化。

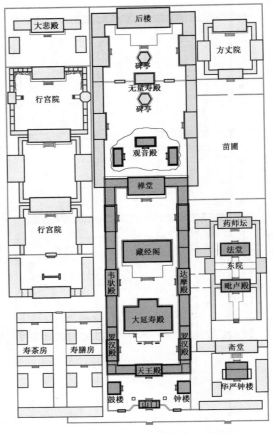

图4-6　万寿寺布局变迁（浅色为清代增建）

圣祚隆长寺位于广济寺南，建于万历四十五年（1617年），因供奉毗卢佛铜像而闻名京城。其毗卢佛高及屋顶4.58米，共三层，下层为千叶莲瓣巨座，每一瓣上镂一佛像；中层为四方佛向东、西、南、北；最上层为毗卢佛。[1]崇因寺毗卢佛则为4层，更加高大。李路珂老师认为智化寺藏殿的经藏即为佛塔形象的模型，那么万历朝形成的这种佛像累叠应该是在智化寺经藏基础上的雕塑化再创作，是汉传佛教对于立体曼陀罗造像的诠释。

隆长寺供奉毗卢佛的大千佛殿为寺院中殿，毗卢佛两侧则有罗汉及二十诸天像，可谓是一座完整的佛教系统，毗卢佛、华严三圣、罗汉、诸天四套神祇体系将其严饰成为华严世界，这与佛塔的作法极为相似。后殿现为大悲坛，推测在明代可能是寺僧日常活动的中心。小觉檀寺的布局与隆长寺相近，大雄宝殿内为毗卢殿及罗汉，后殿供三世佛。这种布

---

[1] 隆长寺毗卢佛现供奉于法源寺毗卢殿。佛前还有铜制的一佛二菩萨的华严三圣像，大小与五方佛一致，当为一同建造，可惜现在已失。

图 4-7　圣祚隆长寺
（a 为平面图；b 为山门；c 为大千佛殿；d 为毗卢佛）

局即将中殿布局佛塔化，与慈寿寺"塔前殿后"布局其实同出一源，即以塔为中心的布置，只是塔的宗教含义被立体化的毗卢佛大千佛殿取代，而作为举行宗教活动的后殿，实际功能兼具了佛殿和法堂。

　　隆长寺虽然被民居占用，但是寺内建筑基本保存完好，主要殿宇除了钟鼓楼外皆存。寺内建筑除了山门及钟鼓楼外皆为大式硬山顶（图 4-7）。主殿大千佛殿面阔和进深皆为三间。明间和稍间斗栱皆为 5 攒，一斗三升不出跳。殿内柱网规整，梁架还保留有明代风格的旋子彩绘。可能是为了容纳毗卢佛巨像，其室内为砌上露明造并无天花或藻井。其余殿宇如伽蓝、祖师殿为面阔三间，大悲坛为五间，但均无斗栱。这也反映了明代中后期中小型寺院建筑形式开始统一，结构简化，这一趋势逐渐影响到清代。

碧云寺

　　明代北京寺院的一大特点即是宦官出资兴建佛寺，甚至舍宅为寺，例如王振所建智化寺、刘嘉林所建西广济寺皆是舍宅为寺。北京城内很多大寺皆为宦官出资，戒台寺是阮简出资修建、崇福寺（法源寺）为宋文毅等出资兴建、承恩寺为武宗朝司礼监温详所建、大慧寺为万历朝御用监张维所建等。宦官为明朝中期以来极为重要的政治势力，明代早期对于宦官还是有多重限制的，但是从永乐朝成祖重用三宝太监郑和后，明代宦官势力开始崛起，出现了王振、冯宝乃至魏忠贤等能左右政局的太监。宦官建寺的原因表面上为报恩，其实也是为自己建祠乃至建墓的考虑。当时的宦官刘若愚称"中官最信因果，好佛者众，其坟必僧寺也。"由于太监没有后人，死后通常不回原宗族祠堂，所以墓室和祠堂大多选择设立在佛堂由僧人照料。明代时，宦官建寺已经是通例，所有京内明代寺院均或多或少得到过宦官资助。在寺内设坟者也不在少数。智化寺内有王振的旌忠词、法海寺大殿内有李童的塑像。学者王中旭提到李童去世后埋在了法海寺西侧，而王振因为土木堡之变尸骨无存，英宗复辟后，"赐振祭，招魂以葬，祀之智化寺"。智化寺也是兼具坟寺功能的寺院。摩诃庵为嘉靖朝司设监赵政的墓地、慈寿寺原是武宗朝西厂提督谷大用的墓地，双林寺为冯宝墓地。

由于明代阉党之间的激烈斗争以及清代时的改建破坏，并没有完整的明宦官坟寺保留下来。其中保存较为完好且还可以看出宦官遗迹的则是由魏忠贤兴建的碧云寺。

相较于西山其余诸寺，碧云寺的历史并不久远。高宗乾隆帝在《碧云寺碑文》中曾细数了碧云寺的历史：

> 西山佛寺累百，惟碧云以闳丽着称，而境亦殊胜。岩壑高下，台殿因依，竹树参差，泉流经络。学人潇洒安禅，殆无有踰于此也。自元耶律楚材之裔名阿利吉者，舍宅开山，净业始构。明正德中，税监于经为窀穸计，将以大作功德，而寺遂廓然焕然。至魏忠贤踵而行之，奢僭转甚。

可见碧云寺始建于元代，在明代第一次重建是在正德年间由宦官于经出资，之后魏忠贤大举重修，并且把自己的坟墓也安排在寺后。[①] 尽管魏忠贤的墓现在已经不见踪迹，但是从寺内的部分建筑，如汉白玉牌坊、碑亭以及 2005 年出土的一对石翁仲可以基本断定当年魏忠贤墓的位置应该就在今金刚座塔附近。碧云寺的院落后部山势抬高即为金刚座塔的院落。现在的金刚座塔是乾隆朝增建的，但是在增建过程中保留了一部分明代遗物，其中包括数座魏忠贤墓的地上建筑遗存。

碧云寺金刚座塔前最为精美的即是一座三门四柱冲天式的汉白玉牌坊（图 4-8）。汉白玉牌坊石质极为精美，雕刻繁复。正中的额枋上雕刻六鹤绕乾坤，下为二龙戏珠。正中的垫板上为乾隆皇帝手书"西方极乐世界阿弥陀佛安养道场"金字。牌楼两侧为八字影壁。前内侧分别为两组麒麟，左公右母。麒麟身后有松柏以及海水江崖纹，寓意"万古长青"；身前有一铜钱，取"祥瑞在前"之意，影壁外侧为两组"忠、孝、廉、节"的历史人物图案，分别为诸葛亮和文天祥为忠、李密和狄仁杰为孝、陶渊明和赵璧为廉、蔺相如和谢玄为节。上有儒家表现忠义的"结义凌霄"和"精诚贯日"匾额，也有道教长生的"东华注算"和"南极流辉"等题记。更有意思的是，在"忠孝廉节"的人物旁边的题记上带有大量别字，例如"陶远（渊）明为廉""文添（天）祥为忠""赵璧（必）为廉""蔺相汝（如）为节"，这些别字显然并非出自清朝皇家工匠之手。影壁背后是公母两只长毛狮子，狮子面部并不显端庄强壮，而更多的是悲叹衰弱，小狮似在母狮爪下哀嚎，整体气氛阴森。长毛狮子图案与田义墓、明思陵、万寿寺的

---

① 碧云寺寺布局详见第 7 章。

图4-8 碧云寺牌楼

（a为牌楼外观；b为"忠孝廉节"；c为长毛母狮子；d为八仙；e为牌楼平面图）

长毛狮子如出一辙，应和明代太监有直接关系。外侧则为道教八仙人物，下侧还刻有杂宝。这座汉白玉牌楼的题记和图案显然并非清代的佛教主题，更多的是儒家的忠义以及道家升仙的主题，似乎原来是魏忠贤墓牌楼，只是在乾隆年加以改造，成为塔前三座牌楼之一。此外，现在金刚座塔前的两个汉白玉仿木构石亭，也与田义墓的形制相近。碧云寺的碑亭为重檐，上檐为圆形，下檐为八边形。相较于田义墓碑亭，其内有一座盘龙藻井，且外部有仿木斗栱，角科斗栱出45度斜栱，均远较田义墓而精致，是北京地区仿木构的难得佳作。故推测，这两处遗迹很可能是乾隆在利用魏忠贤墓旧有建筑的基础上改造而成的塔院。

2. 清代律宗寺院的延续与改造

整体而言，汉式佛教寺院当中寺院布局在明代已经形成固定形式，清代寺院由于很大程度是在明代旧有寺院上的改建和重修，所以整体上变化不大。即使是新建寺院也未产生颠覆性的布局变化。但是相较于明代的禅宗寺院，清代佛教中律宗在北京地区的势力开始上升，佛教史中称为晚期律宗复兴。北京地区诸多寺院，包括潭柘、法源、天宁、广济寺均受到了当时"革禅为律"的影响。在明代禅寺的基础上改建和扩建，形成了律宗僧人执掌寺院的情况。①

　　汉语系佛教在清代各个宗派之间的差异已经不大。从明代起，汉地佛教寺院禅净双修已经占据主导位置，律宗、天台等宗派更多的是学术上的不同，主要是体现在僧人的修行以及生活上，例如憨山大师明确表达了禅中有戒、戒中有禅的禅修立场。晚明佛教丛林甚为关注教戒一致、戒净一体、禅律并行的全局观念，故三个宗派之间的日益融合，反映在寺院建筑上的差异也变得更小。此外，相较于不同宗派对于寺院的微弱影响，僧人诵经的方式和仪轨则直接影响到了佛殿的设置和寺院的布局。② 僧人以五堂功课为制度的早晚念诵在明代中期基本确立，其中净土信仰占据了主流，即以持名念佛以及超度成了佛教的主要佛事活动。③ 比起唐宋注重僧团本身的修行，明清以来的寺院更为注重佛事（即往生或者延生的普佛），寺内为亡人设阿弥陀佛或地藏王殿，为生人设药师佛或观世音殿。无论禅宗和律宗寺僧均采用此仪轨诵经，所以即使汉语系佛教不同的宗派，寺院在其最基本的佛殿排布上无大变化，只是根据自身需求在其余殿宇设计上作微调。

　　但是律宗寺院也并非明代禅宗寺院的照搬，例如僧人活动范围的"放大"，与明代正统时期僧人活动限缩在寺院后部的小型四合院不同，清代的律宗寺院似乎倾向于将戒坛或斋堂（包含讲堂功能）的僧众生活放置在寺院的中心区。本节将通过北京城内外保存较好的两个"革禅为律"的寺院例子加以分析。其中第一座寺院潭柘寺可以称为清代北京的汉地佛教第一大寺。其寺院规模、建筑形制不但在北京乃至全国均是首屈一指。

潭柘寺

　　潭柘寺在明英宗正统重建改称万善戒坛，天顺改为嘉福寺。潭柘寺在清代康熙三十一年（1692 年）间由振寰律师重建，改称岫云禅寺。寺内除明代金刚延寿塔一座明早期建筑和两块清以前碑刻外④，无任何清代以前的建筑或者遗迹。⑤ 相近的戒台寺、大觉寺虽然也如潭柘寺般在明清屡次重建，但是其寺内保留了大量辽以来的碑刻、佛塔等遗迹，甚至还有可追溯到早期的遗迹，但是潭柘寺内除了金代时的古树外，基本无存。所以推测并非战乱导致的祝融之灾，

---

① 一个巧合即是在清代得到大规模重建的寺院通常为"革禅为律"的寺院，但是二者关系还并不明确。

② 在第 7 章中详细梳理佛殿与僧人宗教活动之间的关系。

③ 五堂功课为早课的楞严咒、十小咒、晚课的阿弥陀经、八十八佛大忏悔文、蒙山施食。

④ 碑刻为 1 座金碑《从显宗皇帝幸龙泉寺应制诗》，刻于塔后石壁上，以及 1 通明碑正德六年《重修潭柘嘉福寺碑》，但是字迹已经极为模糊。

⑤ 潭柘寺下塔林则较为完好地保存了自金代以来的僧人墓塔，详见第 1 章。

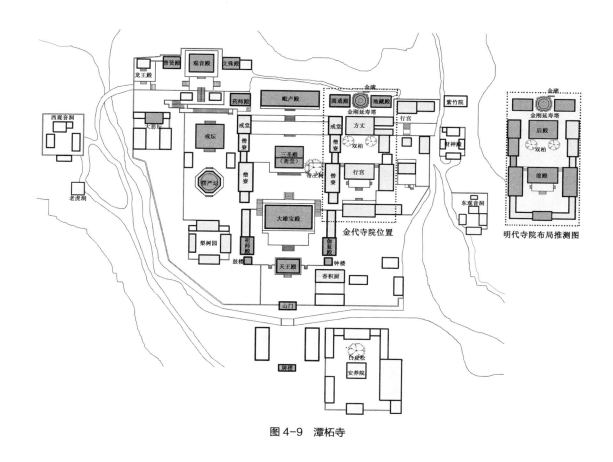

图4-9 潭柘寺

更像是在明末清初之际遭到过系统性的人为破坏或者是彻底重建①。

　　根据清代的《潭柘寺岫云寺志》以及现存的建筑，大概可以探知清代重建后的潭柘寺的布局形式。整座寺院一共分为三路，堪称巨刹。中路建筑分为六进：第一进为寺前的牌坊，三门四柱七肩。后为怀远桥，架在寺前的小溪之上。潭柘寺风水极佳。其基本是四面环山，被宝珠峰环绕，只有东南面有豁口。寺前则有"Y"字形的小溪，在潭柘寺东南侧汇聚成一股。实是风水中负阴抱阳的最佳实例。跨过桥即潭柘寺的山门，山门为单檐歇山顶拱券式砖砌，开三门。山门院内为钟鼓二楼，之后为天王殿。天王殿面阔五间进深三间，单檐歇山顶。后为第四进大雄宝殿，大雄宝殿重檐庑殿顶，面阔五间，是寺内最大的建筑。两侧有东西廊庑，中有伽蓝和祖师二配殿。第五进为三圣殿，面阔五间前有五间的卷棚抱厦，此建筑在20世纪60年代毁掉，根据老照片似乎为硬山顶。根据寺志，三圣殿原为寺院的斋堂。最后一进是七间的毗卢阁，硬山顶，上下两层。三圣殿的两侧有廊庑，主要为僧众的活动区（图4-9）。

① 详见《北京消逝的1000多座寺庙曾经如此美丽》一文。鞠熙. 北京消逝的1000多座寺庙曾经如此美丽［J/OL］.［2023.08.01］. https://www.sohu.com/a/498641104_121124722.

西路主要是宗教活动区，有楞严坛、戒坛和大悲坛。西路最北侧是寺院的最高点，分别供奉观世音、文殊和普贤三菩萨，即佛教中的三大士。寺院的东路主要是僧众活动区和行宫，东路最后有一明代早期的覆钵塔。现在寺院建筑和格局基本保存完好，但是可惜的是原有佛造像无一幸存。

从上述布局不难看出潭柘寺在清代的布局基本上与明代北京的佛教寺院布局相近。大雄宝殿前的建筑序列被保留了下来。不同的是清在寺前设置牌楼。而纵观明代寺院，则多是在山门前设影壁，例如智化寺、护国寺。清代则加建了牌楼，更加延续了寺院轴线的长度。例如隆福寺前则在清代加设三座牌楼，卧佛寺前也加建了木质和琉璃两座牌楼。寺院的正门依然为山门，但是与明代不同，山门不再兼作金刚殿。从现存清代的官造寺院来看，除了少数藏传佛教寺院（如普宁寺等）外，其余大部分寺院无论寺院规模大小，山门仅为券门或者常门，大多不设殿。例如清代重建的法源寺、广济寺等。之后的形制与明代寺院相同，在此不再赘述。唯一的区别则是寺院最后的毗卢阁，潭柘寺的毗卢阁与智化寺等寺院的毗卢阁所反映的千佛绕毗卢相近。只是毗卢阁的位置在寺院的最后而不是在佛殿的后部。自清代以来，将二层的高阁放在寺院最后一进院落已成定式，也兼作后罩楼或者藏经楼之用（图4-10）。

以潭柘寺为代表的清代寺院建筑的另一个特点是寺内"坛"的设置。就潭柘寺而言寺内有三座坛，其名称依照功能称为楞严坛、戒坛、大悲坛。其他寺院还有诸如念佛坛、比丘坛、法华坛等形式。推测是清代以来受水陆法会七坛的影响而形成了以"坛"为核心的宗教活动区，其作用与藏传佛教中的扎仓很像，为大雄宝殿外用于举行单一佛经专设的宗教活动殿宇。例如楞严坛则是专为讽诵《楞严经》而设。楞严坛建筑形式颇为特殊，底层为正八边形，上层则为圆形。柱网为内外2圈，各8根柱将其室内空间分为内坛和外廊。楞严坛具体如何使用不详，

图4-10　潭柘寺三圣殿及毗卢殿

图 4-11 潭柘寺楞严坛
（a 为平面图；b 为外观）

内坛应为诵经空间，但是面积不大并不能容纳大量的诵经僧人[1]。外廊的空间似乎是用作绕佛，使用时应当是内坛诵经而功德主在外坛绕佛。楞严坛屋顶的闭合形式并没有使用如祈年殿的水湿压弯法而建造弧形梁，而是通过正方形的三重倒角，内部使用类似于藻井的倒角方式，以正方形梁架为母体，进行旋转，反复 3 次，形成室内梁架。在梁架上再搭椽子和闸板，来闭合形成屋顶，颇具特色（图 4-11）。

除了楞严坛外，潭柘寺的大悲坛独立成院，为一进院落。虽然屋顶为硬山顶，但是有黄琉璃剪边，可见其在寺内亦是重要的佛事场所。根据法源寺、大悲寺等老照片均可看出大悲坛是清代佛教中除了大雄宝殿外最常设置的一座专供佛事的建筑。大悲坛顾名思义主要是为了与观世音相关的法会而设，而观世音菩萨在佛教中以"多功能"著称，如礼拜《大悲忏》《观音忏》，讽诵《普门品》和持诵大悲咒。由于不受大雄宝殿早晚课僧众拜佛绕佛的限制，大悲坛内可以设置固定桌椅佛事使用。此外，戒坛的设立是清代律宗佛教的特色，除了戒台寺始自辽代外，北京地区潭柘寺、广济寺、天宁寺、法源寺等戒坛均是清代设立。戒台寺戒坛大殿的戒台为北京乃至全国首屈一指的大型戒坛。三层的硕大戒台占据了大殿中央的空间。从现有戒台的仰莲和覆莲的花板以及转角的莲花型柱来看，不会早于明代。辽代的戒台是否已经被毁或者包裹在明代戒台之中就不得而知了。明代的戒台每层的四角原有真人大小的佛像，分别为帝释、梵天，四天王，护法力士。每层的须弥座上还有小型的戒神塑像。戒台最上方为一在高挑佛台上

---

[1] 因《楞严经》有 10 卷之厚，在诵读时必须有桌子放置经书。但是从楞严坛内坛部分的面积来看，似乎并不足以容纳超过 10 名的僧人诵经。也有可能楞严坛只是用于讽诵楞严咒。对于楞严坛具体的使用方法不明。笔者曾以此咨询寺僧，但是没有得到确定的答案。

的释迦牟尼佛像。其顶有一硕大的藻井，中部为团龙，周边为8条升龙，藻井下还有一圈小型佛龛，应当是明中早期装修的木作珍品。潭柘寺和广济寺、雍和宫的戒台形式相近但是规模较小。潭柘寺的戒坛与戒台寺的戒坛形式一致，均为3层汉白玉石台。戒坛每层有汉白玉栏杆。容纳戒坛的木结构殿宇虽然使用了歇山顶，但是平面也几近正方形。由于规模比戒台寺小，最内的一圈金柱并未立在戒坛上，而是通过移柱法，将金柱沿着进深方向向柱网往外侧移动，似得殿内可以容纳戒坛，潭柘寺戒坛殿为清代少有的官造建筑移柱法的实例。

一般寺院大多在大雄宝殿之外还有1~2座"坛"，如广济寺大殿东西有戒坛和大悲坛二坛。而潭柘寺作为皇家第一寺，独有三座。这三座坛以及潭柘寺的佛殿，除了戒坛与律宗关系紧密外，像设和布置并无宗派限制。在宗教活动上，各个宗派的仪轨和修行方式无大差异，所以在寺院的殿堂和佛像布置上并没有与明代寺院产生较大的不同。各宗派间也无太大差异。

而律宗寺院与明代禅宗寺院不同的则是僧众活动区的布置，以中路为例，大雄宝殿及以前是寺院的佛殿朝拜区。而大雄宝殿之后则为僧众活动区。这里精巧地布置了两对古树，三圣殿前为一对娑罗树。而三圣殿两侧则为两棵银杏树。其中东侧的帝王树应该是于辽金种植，而西侧的配王树很可能是于明清代补种，殿后还有玉兰和柏树。可以看出寺院有意将大殿后的三圣殿区域营造为一处赏景之地。同时根据《寺志》描述此处还是僧众活动区的核心：

> 三圣殿五间，高三十四尺，纵三十九尺，广六十九尺，前楼卷棚，五间，高亚丈许，纵不及三丈，广如之所谓，斋堂是也。其东西配楼，东西过厅、东西戒堂及僧司、知殿、羯磨寮、书记寮、客堂、客厨、果房米库面库等具在三圣殿左右及毗卢阁前。

潭柘寺的三圣殿是一个多功能殿堂，其既是佛殿[①]，也是整座寺院的斋堂，即五观堂。每日僧众早午斋均在此。根据明清寺院的习俗，五观堂也多作为寺僧的讲堂，为僧人学经、布萨的场所。三圣殿两侧的东西配楼还有戒堂，这可能是受到律宗影响的结果。此外，还有僧司、知殿等僧团处理日常事务的"办公"场所，以及羯磨寮、书记寮等高级僧侣的寮房。

潭柘寺的僧众活动区虽然不似正统时期寺院有垂花门区隔前后，但也基本处于寺院中后部。潭柘寺内僧人的活动核心并非在法堂，而是在三圣殿（斋堂），可见律宗寺院对于以佛、法、僧为代表的功能分区中的法已经有所替换。但寺院的大体布局还是保留了佛、法、僧的分区，潭柘寺中路为佛殿区，西路的楞严坛、大悲坛、戒坛属于"法"范畴的佛事区，而东路的方丈、行宫以及高级僧人的僧寮属于"僧"范畴的生活区。

---

① 在明清寺院的实际操作中，一般的佛事或者超度并不在大雄宝殿内进行，而是在供奉西方极乐世界阿弥陀佛的弥陀殿或地藏殿中，所以三圣殿很可能是超度用的佛殿。佛教的超度本质即源于《无量寿经》中弥陀四十八大愿，是通过阿弥陀佛的加持将往生者超度至西方极乐净土。实际的往生普佛即是先诵《阿弥陀经》，之后诵《弥陀大赞》，通过念佛的方式将功德回向给死去之人。

根据明代正德《重修嘉福寺》碑可知，金代的潭柘寺应该就在现址，那么潭柘寺金代以来的寺院部分具体在哪里呢？虽然现在潭柘寺内并无明代以前建筑留存，但是根据现存的金代《从显宗皇帝幸龙泉寺应制诗》[①]和潭柘寺现存800年以上（即金元）古树4棵来看，除了帝王树在中路轴线上，白皮松和两棵柏树以及金代《应制诗碑》均在东路，可以猜测当时的寺院很可能中轴线在现在的东路。现在方丈前的两棵柏树均有千年树龄，推测此处即为金代后殿（很可能是法堂）的位置。从唐晚期开始，寺院出现了在殿前建双塔的布局，金元尤为盛行。但是在北京地区，殿前的双塔逐渐被双树所代替，这一形制一直延续到明清。潭柘寺方丈前的柏树很可能是当时大雄宝殿前的两棵树，而金代上山香道的终点很可能是在安养院白皮松附近。而金《应制诗碑》所在地即寺院的最后的墙壁。据明代早期越靖王朱瞻墉在寺后建塔的记载，此时的寺院还仅限于东部的轴线，佛塔的位置应该与大觉寺佛塔在寺后的位置是相近的，塔的两侧为药师和地藏两座常见配殿也顺理成章。帝王树部分很可能是寺院的一个别院。这一轴线至少延续到明代英宗朝，重建之后寺院轴线向西移动，在帝王树边补种配王树，使得轴线彻底移动到现在的位置。原来的寺院遗址上的建筑则被全部改建，在乾隆朝改为了行宫区和方丈室。

法源寺

北京城内另一座清代重建的大型寺院则为法源寺，辽金时悯忠寺经过数次重建，据说在金初徽钦二帝还曾囚于悯忠寺。元初悯忠寺再度被毁，世祖忽必烈时重建，并在此举行了著名的"佛道之辩"。之后直到明正统年间再次重建改名崇福寺。现在的寺院为清代雍正时期重建，以"法海真源"为名，遂改寺名为法源寺。

寺院从南至北一共七进建筑。最南侧有影壁，北侧为山门，山门院内有钟鼓二楼，其后为天王殿。[②]天王殿为三开间单檐硬山顶，砌上露明造。天王殿后为廊庑环绕的狭长的院落，从此开始便进入了寺院的核心。

院落正中为大雄宝殿，其建在近1米的台基之上（图4-12）。面阔五间进深三间，单檐歇山顶。法源寺大殿内原供奉三尊坐佛及两尊立佛，佛坛下有韦驮及伽蓝菩萨，两侧为十八罗汉，原有佛像似乎有元明遗风。[③]清代的汉传佛教寺院的佛殿基本不设天花，四周墙壁基本不设壁画，大雄宝殿与抱厦皆为砌上露明造。大殿的柱网规整，内外柱有显著的高差，室内没有

---

① 原诗摘录如下：

　　一林黄叶万山秋，銮仗参陪结胜游。

　　怪石烂斑蹲玉虎，老松蟠屈卧苍虬。

　　俯临绝壑安禅室，迅落危厓泻瀑流。

　　可笑红尘奔走者，几人于此暂心休。

② 天王殿内现弥勒和韦驮的铜制造像移自大觉寺，而四天王则是从拈花寺二十四诸天中的四天王而来。

③ 现在的华严三圣像为1982年从广化寺库房调拨，为明初造像。两侧的十八罗汉取自承德罗汉堂五百罗汉。

a

b

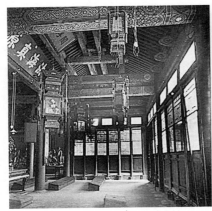

c

d

图4-12 法源寺大雄宝殿

（a为佛坛正中五方佛；b为外观；c为抱厦中的诵经空间；d为平面图）

图 4-13　法源寺戒台

斗栱，没有使用减柱或者移柱，而是通过增加抱厦的方式来增加诵经空间。抱厦为卷棚，进深四椽，无金柱。法源寺大雄宝殿的建筑形式代表了清代大部分寺观的做法，例如大钟寺的大殿前侧也有出抱厦以增大诵经空间的做法，白云观的老律堂、什刹海火神庙大殿均与法源寺大殿的形制相似。不仅如此，白云观和法源寺的后楼形式也极为相近，说明了在清代建筑的制式化，佛道建筑已经基本没有区别。

　　大雄宝殿后为戒台，单檐歇山顶，面阔进深皆为三间，内供释迦牟尼佛像（图 4-13）。《乾隆京城全图》中戒台前后均有墙，围合成一个狭小院落。戒台现在称悯忠阁。戒坛再北便是廊庑围合的尽头，从此处开始院落收窄，前原有五间前殿清末已毁，中为敬业堂，现称毗卢殿。[①] 净业堂为单檐硬山顶建筑，面阔三间进深六椽，平面略呈正方形，彻上露明造。后部的大悲坛面阔五间，明间后侧带有抱厦，内供奉千手千眼观世音菩萨像一尊，坐于莲台之上。两侧为关羽和韦驮。前部有主法和尚的座位以及两侧诵经用的僧桌和桌上叠好的海青僧衣，说明这里是日常佛事的中心（图 4-14b）。[②] 最后一进为藏经阁，藏经阁两侧为东西方丈。[③] 藏经阁

① 现在的毗卢殿供奉圣祚隆长寺毗卢佛及四方佛巨像。两侧有唐到清的数尊造像，均为 20 世纪 80 年代后调拨。

② 观音殿现供奉三尊观音造像，出处不详。背后抱厦中为班丹扎释和二弟子像，修补痕迹严重，原藏大隆善寺内，后移至故宫，20 世纪 80 年代调拨法源寺。

③ 藏经阁现为卧佛殿供奉花市卧佛寺卧佛一尊，以及广济寺原舍利阁铜塔。二层供明代三大士像。

图 4-14　法源寺室内原陈设
[a 为后楼（法堂）；b 为大悲坛]

一层的布局和禅宗的法堂相近，中有主法和尚的座位，后有一尊中型佛像。两侧可以看到桌椅，后部还可以看到布萨等挂牌，猜测此处兼具客堂、方丈以及讲堂的功能（图 4-14a）。大殿内有两根与大雄宝殿一致的莲花柱础，应该也是唐辽遗物。

　　法源寺建筑从名称上很难说有明确的功能分区，似乎七进院落除了戒台（悯忠阁）外均是佛殿。法源寺内建筑配殿均不对称，院落时大时小，似乎现有格局是历经改造而来的（图 4-15a）。大雄宝殿西侧正统年间的《重建崇福寺碑记》正好能为我们对于法源寺的布局解惑：

　　　　中建如来宝殿，前天王殿，后观音阁及法堂、方丈、山门、伽蓝、祖师堂，东西
　　二庑，钟鼓二楼，香积之厨，栖禅之所，次第缮完，以间计者凡一百四十；复雕塑佛
　　菩萨像，庄严藻绘，无不备具，内植佳木，外缭固垣，焕然一新，视旧规盖有加焉。
　　经始于正统二年夏四月八日，落成于正统三年二月。

　　很巧的是明代的法源寺（以下用明代的名称崇福寺）建寺的时间也是在正统年间，与智化寺和法海寺相近。我们可以看到明代熟悉的寺院布局形式。崇福寺主要殿堂为山门，这里很可能也是金刚殿，两侧有钟鼓二楼，再之后为天王殿，天王殿两侧为伽蓝、祖师二殿，天王殿后为如来宝殿，即一寺之主殿。大殿后也为一双层佛阁，即观音阁。至于法源寺为何不是毗卢阁，可能是延续唐辽时的悯忠阁即为观音阁之故，后部则为法堂和方丈（图 4-15b）。从现在的法源寺平面中大雄宝殿和戒台院落的环廊依然可以看出明初寺院的痕迹。大殿应保持原位，之后戒台的位置应该是原观音阁，只是面积有所缩小。这部分建筑被环绕在廊庑中，应当是崇福寺的佛殿区。自无量殿后院落开始变得狭窄，出现了三组并列的院落。而且寺基也较前面略高，此处应该是崇福寺原来的僧众生活区。其院落布局很可能和智化寺后部一致。清代的

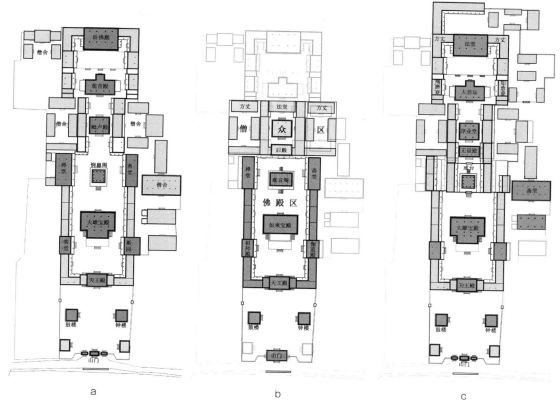

图 4-15 法源寺平面图

（a 为现状；b 为明代崇福寺布局推测图；c 为清代雍正重建后法源寺）

重修将中部的院落打开，并在后部改建了大悲坛及增建了藏经阁（图 4-15c）。此外寺院东路还有一座面阔七间进深四间的悬山顶大殿，根据其建筑形制似乎是明代遗存，清代寺志记载为斋堂，现为佛学院僧人宿舍，但在明代是何规制尚存疑，很可能是一座佛殿。寺内西院还有殿宇，以及民国时方丈的覆钵塔院，现在已毁。

从现有的布局和大雄宝殿遗留的佛造像看来，清代雍正时期重建法源寺时，明代崇福寺的建筑院落的基址应该尚存。所以可以看到在"革禅为律"的影响下，清代对法源寺中后部的改造。清代的重建将法源寺中自唐代以来现存的悯忠观音阁废除，而将其改造为戒坛（即现悯忠阁位置），将原来后部僧众活动区部分院落打开，设置净业堂，大悲坛和法堂三进院落，两廊为羯磨寮、如意寮等僧众的执事以及生活区，此布局方式与潭柘寺相近，即在佛殿后设置僧众的活动区，且僧人居住区并不仅限于单处院落（如智化寺），而是延伸到整座寺院。由于僧人活动区的佛殿名称不似禅宗寺院有较为明确的形制，故潭柘寺三圣殿和法源寺大悲堂均可作为僧人生活区的中心。

大钟寺

从以上两例可以看出明代禅宗寺院和清代新建的律宗寺院布局上的些许区别主要在于戒坛

的设置以及放大的僧众活动区域，然而并不是所有的清代寺院均改为了律宗的布局形式，觉生寺的建筑布局与明代的禅寺依然有传承关系。觉生寺建于清雍正十一年（1733年），为禅宗寺院，因乾隆八年（1743年）将原供奉于万寿寺的永乐大钟移入，故俗称大钟寺。中轴线上有山门、天王殿、大雄宝殿、法堂（观音殿）、藏经阁、大钟楼（图4-16a）。除了大钟楼为乾隆年间添建外，其他均为雍正时期所建，在觉生寺的平面上，佛殿之后建有法堂，但是法堂也兼作观音殿。由于关于觉生寺的文献资料不足，并不清楚在清代时寺院的僧众生活区位于何处，猜想很可能是围绕法堂展开。相似的布局平面在清代大举重修的万寿寺中也可以看到，也可以看出明代禅寺的布局形式在清代并未完全消失。

大钟寺的建筑相较于明代佛寺建筑较为低调，全部建筑皆为灰瓦，除了山门和乾隆朝加建的大钟楼外全为大式硬山顶，无斗栱（图4-16b，c）。大钟楼的设计较有特色，上部为12根檐柱形成的圆形攒尖，下部为面阔三间进深三间的方形，寓意"天圆地方"，内部正中即悬挂永乐大钟，为我国现存铭文最多的大钟（图4-16d）。永乐大钟与北京钟楼大钟和原钟楼前的铁钟[①]，合称为永乐朝三大钟。

除了禅和律二宗，北京城内其他宗派的寺院也无太大区别。例如阜成门南小街上的弥勒院，在民国时即为倓虚法师驻锡的天台宗大寺，寺院分为五重殿宇，前部也是佛殿区：即山门、天王殿和弥勒殿（大雄宝殿）三进院落。后半部则是以念佛坛和讲堂为核心的僧众活动区。律宗以戒坛为中心，天台宗则是以讲堂为核心。弥勒院讲堂同时也兼作方丈，内供三世佛，高约三尺，旁有韦驮和天王护法，立高三尺，可知比真人略小。因为天台宗寺院注重僧众对于经论学习，故其寺院也自称讲寺。讲堂的功能为僧众除诵经外其余的集会活动，尤其以日常的讲经活动为主。再如方砖厂东的通明寺，为资福禅寺（红螺寺）下院，虽然20世纪30年代在统计时，住持僧传临济宗法，但为著名的净土宗寺院，寺院中轴线上有门2重。前殿为通明殿，中殿为观音殿，后殿则为习经室。中殿和后殿均为五间大式硬山顶。虽然建筑形制不高且无斗栱，但是观音殿施以清代寺观少见的和玺彩画其核心殿宇为观音殿也为寺院的主殿。习经室也称念佛堂，也是净土宗修行"持名念佛"最为主要的殿堂，故称念佛堂[②]。内供三世佛，为寺内举行超度佛事之处。从以上几例子不难看出，虽然讲堂、法堂、念佛堂等名称不同，但是殿内布局基本相似。"堂"虽然也是僧众活动区，但是与坛略有不同的是其更像是集会之所，而非是举行宗教活动（如超度）之处，弱化了佛像陈设，室内排布也更像是教室或集会堂。当然清代以来"堂"与"坛"两种建筑并无严格的区分界线，皆可看作是大雄宝殿以外重要的僧众活动补充。

综上所述，清代寺院基本上延续了明代寺院的布局方式，尤其是在大雄宝殿及以前的序列的布置上没有太多变化。但是在大雄宝殿后的佛殿布局上则相对明代寺院更显随意，根据不同

---

① 现藏大钟寺。

② 根据净土宗经典《佛说阿弥陀经》《观无量寿佛经》所述，通过持名的方式念阿弥陀佛的名号，是净土宗修行的主要法门，故其僧众活动区常称为念佛堂。

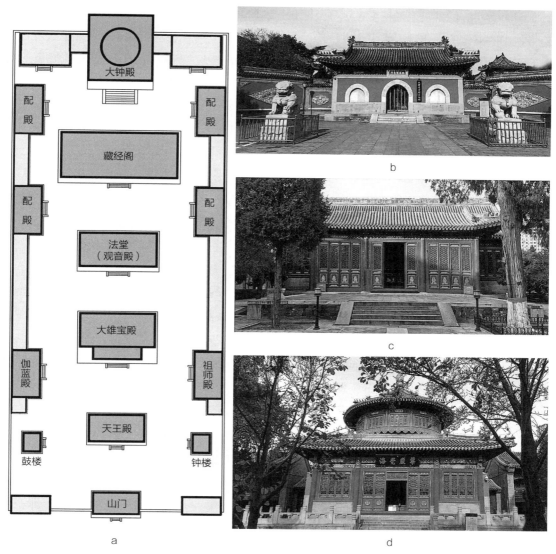

图4-16 大钟寺平面图

（a为平面图；b为山门；c为大雄宝殿；d为大钟楼）

宗派的需求较为随意地设置佛殿，殿名通常以供奉主尊命名。同时也展现出了禅、净、律、天台等各宗融合杂糅的特征。清代寺院的布局变化是佛教较明代进一步世俗化的表现，较为完整的佛法僧功能分区代表着寺院有组织严密的僧团，其在寺院排布上更加注重僧人自身修持和佛教教义的体现。而清代以佛殿为主的排布则是为了迎合供养人的需求，以期通过更大或者数量更多的佛像获得更多的宗教捐款。从现存的碑记也可以看出，尤其到清代中期以后，除了少数皇帝敕建的御碑外，更多的碑刻来自民间团体，就连潭柘寺、戒台寺等大寺也不例外。例如新春如意老会、大悲老会等民间半佛半道的团体占据了极大的主导地位，寺院的重修依靠的不是明代以来宦官等官家的支持，而更多的是来自民间士绅的集资，单是寺院碑文雕刻精细程度远逊于明。文字的优雅及流畅程度也远不及明代，说明北京地区的汉传佛教处在一个整体衰落的趋势，寺僧整体的文化学识水平也在下降。失去了皇家的支持，在清朝乾隆时期许多汉传寺院已经入不敷出，靠租房度日，故很多寺院在清末已经破败无力维持。不仅是在建筑规模形制上，还在殿内佛像的做工、器物陈设上，清代的汉式寺院均不如明代的寺院。

3．佛道共祀与小型寺院

宋明理学的发展使得佛教进一步地中国化和本土化，儒释道三教合一也成为佛教的大趋势，再加上明清以来汉传佛教的式微，寺院殿宇的设置从以僧众修行为核心逐渐过渡到设立佛殿以获得供养为目的，所以很多"目的明确"的民间神祇（如眼光娘娘、药王神、财神等）也进入到了佛教寺院中。由于世宗嘉靖帝偏爱道教，嘉靖朝开始广泛地在佛寺中设立道教殿宇，例如戒台寺重修时增设真武殿、永泰寺重修时建玉皇殿、西观音寺建天仙殿。保安寺则更是将佛寺与城隍庙划入一座寺院中。这些殿宇大多作为别殿或者后殿，设置在主佛殿之后。清代以来，出现最多的是娘娘殿。这应该与娘娘信仰在北京的兴盛有直接关系。

此外，另一个非传统佛教神祇则是关羽，关羽至迟在宋代已经被佛教引为伽蓝菩萨，也被认为是财神，大型寺院将其供奉在伽蓝殿中。大多数中小型寺院或庵堂则把关羽供奉在寺院前殿天王殿中，取代弥勒，后部依然有韦驮菩萨倒座。小型寺院可能没有天王像，但大多有关羽像，称为关帝殿。甚至在北京城内以关帝殿为山门的寺院数量要多于以天王殿弥勒为山门的寺院，例如慈慧寺、静默寺、庆福寺、万善寺、弥勒院等一众中型规模的寺院。除了关羽外，道教的另一位神祇真武大帝也常在佛教寺院供奉。此外关帝殿中还常混有娘娘、财神、土地神等大量民间神祇，这应当是明清时期佛教本土化融合后的产物。

在晚期的北京寺院中，似乎佛道界线已经不明显，如土地庙、药王庙等带有民间信仰的小庙也可由佛教僧尼主持。许多藏传佛教寺院中也引入了伽蓝殿、土地殿等。如火神庙街的普胜寺为雍和宫下院，属藏传佛教格鲁派，但寺院主供为火德真君。

北京城内还有一座较为特殊的寺院，其很难归为某类寺院，因为其服务的对象并非传统的僧人和居士，而是皇宫内的太监。自明代以来北京寺院的建设多与太监有关，寺院也成为太监养老和死后归葬之所。清代以后太监势力下降，已经没有太监出资建寺的例子，但是宫内宦官依旧依靠寺院养老。万寿兴隆寺和清净寺（后称宏恩观）都是城内老年太监养老的聚集地。

万寿兴隆寺原为明朝的兵仗局佛堂，清朝康熙年间重修。现寺内藏有清乾隆二十六年（1761 年）的《万寿兴隆寺养老义会碑》已经说明，乾隆时期此地就已经成立了宦官养老的互助组织，出金"三十金"交纳常住入会就可以在此养老。万寿兴隆寺的布局不似传统寺院有明确的轴线布局，其主要殿堂有互相垂直的两个独立轴线（图 4-17a）。推测北长街上的东西轴线可能原为明代兵仗局佛堂的原址轴线，轴线上共三重建筑，院落较小，建筑规模也不大，但是最东端的山门却是兴隆寺的正门。而位于寺院西侧南北的轴线很可能是清代以来扩建的结果。南北轴线分为两条，西侧轴线为寺院主要轴线，其上依次为戏台、过厅、韦驮殿及三世佛

庆礼司胡同

厨房 火神殿 三世佛殿 上帝殿 娘娘殿 释迦殿 住房

西配殿 菩萨殿

厕所 东配殿 观音殿 关帝殿 山门 东西轴线

中海 住房 韦驮殿 地藏殿 住房 北长街

厨房 住房

住房 海神殿

住房 过厅 住房 民房

南北次轴线

戏台

住房

南北主轴线 门

后宅胡同

a

b c

图 4-17　万寿兴隆寺
（a 为平面图；b 为戏台；c 为三世佛殿）

殿，此轴线殿宇规模明显大于东西轴线。在《乾隆京城全图》上还仅有北侧韦驮殿和三世佛殿两重殿宇。南侧的戏台和过厅应该是乾隆朝后的加建。这很有可能是乾隆朝后期养老义会逐渐规模化，兴隆寺宦官人数增多，面积扩大后为老年太监提供的戏台、过厅等"娱乐及养老"设施（图 4-17b）。除此之外，南北轴侧东侧还有一附属轴线，四进建筑依次为海神殿、主轴线的东西配殿、释迦殿。乾隆朝时期仅有菩萨殿和地藏殿作为主殿观音殿的配殿。其余建筑也是乾隆朝之后加建形成。另外万寿兴隆寺内的殿堂设置体现了佛道融合的场景，既有佛教寺院的观音、地藏、三世佛殿，也有娘娘、火神、玄天上帝乃至海神殿。海神殿内有满汉双语牌位三座，后有对应画像。分别为宣灵弘济之神、左右为司舟、水府神。但北京地区并不临海也无大河，为何会供奉海神不得而知，猜测是有权势的宦官依据自己的信仰而设。但是缺乏实证。

兴隆寺内建筑虽多，但是分布在三个轴线上却井井有条，显然是在扩建时有整体设计。寺院建筑除山门外均为硬山顶。其中主殿三世佛殿面阔五间为大式做法，屋顶有天花（图 4-17c）。佛像清宫廷官造风格，背光为祥云，佛像虽不算高大但是极为精致，可见乾隆朝时兴隆寺资财不弱。

白衣庵

根据 20 世纪 30 年代初的《北平庙宇调查》，北京内外城 882 处寺院中，大约有 80% 为民间寺院或者中小型寺院。其规模和布局形制远不及上述大寺。由于缺乏皇室供养和支持，其寺院更多地从使用角度出发，佛道共祀、配殿用作出租用房的现象更为普遍，明清佛教寺院的布局形式其实很难在小型寺院中套用。然而小型寺院才是北京寺院的常态。在北京明清的旧城 40 平方公里内，据不完全统计清代北京城内约有 1000 余座寺院。在北京城内距任意一点 150 米内即有一座寺院，一条常见的 300～500 米的胡同里，差不多应该有两三座庙，即使是城中祭祀场所很多的罗马、巴黎、伦敦等，也无法与之相比[1]。很多小型寺院可能只有房屋数间，一进院落。大者除大雄宝殿外，观音殿出现最多，其次是关帝殿。其余建筑如配殿、钟鼓楼、甚至天王殿均可省略。寺内其余建筑多数为民房，大多用作出租。

20 世纪 30 年代的《北平庙宇调查》中记录了诸多的小型寺庵。位于方家胡同的白衣庵建于乾隆朝，民国时为比丘尼法光主持。白衣庵为四重殿宇，在北京城内也算得上是大型的庵堂（图 4-18）。从白衣庵的布局也可以看出，其建筑并未严格遵循中轴对称，更多的是因地制宜。所有建筑均为硬山顶，无斗栱，民居做法。白衣庵主殿为观音殿，布局与其他佛教殿宇无二。山门两侧不见钟鼓楼，亦无伽蓝、祖师殿等重要的佛教殿宇。取而代之的则是更为实用和灵活的殿堂设置，山门为关帝殿而非天王殿，内供关帝一尊，两侧为周仓和关平立像，还有财神、土地、药王、龙王四神，后供韦驮像。观音殿后还有娘娘殿，根据 20 世纪 30 年代的

---

[1] 详见鞠熙《北京消逝的 1000 多座寺庙曾经如此美丽》一文。

调查，内供娘娘像9尊，此处虽未言明具体娘娘的名称。但是从同类寺院来看，以送子娘娘、眼光娘娘、药王娘娘等居多，大多是带有较强世俗功利的神祇，亦是清代晚期儒释道与传统民居信仰合流的实证。除了娘娘殿外，还有斗姥殿和火祖殿等带有明显道教特色的殿宇。由于明清佛道寺院在建筑层面上已经基本无区别，除了内部供奉的神祇不同外，已经无法从建筑层面区分佛教寺庵亦或是道教宫观，这当是北京地区绝大多数小型寺院的普遍情况。

白衣庵的另个一特点则是寺内有大量的住房，根据《北平庙宇调查》主持将其用作旅舍出租，补贴寺院开支。这也是清末民国以来，佛寺由于衰败不得已的做法，但同时也是寺院对于城市功能的重要补充。此外，白衣庵内还藏有《兰亭序刻石》《舞鹅赋》等石刻，以及包括《华严经》《法藏经》在内的诸多佛教书籍，可供寒门学子读诵学习。

再如花枝胡同的重兴寺也是一座小型寺院，寺内主殿亦为观音殿、前殿为关帝殿、后殿为娘娘殿，塑像皆为泥塑，其余建筑只

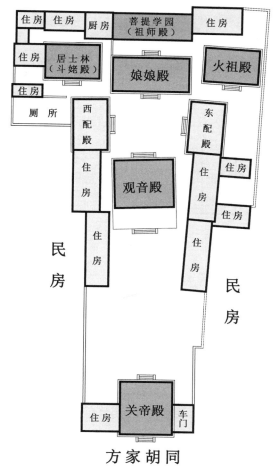

图4-18 白衣庵平面图

有住房三间，民国时调查仅有僧人荣光1人（图4-19）。惜阴胡同南侧的地藏庵是有三个跨院30余间房屋的小型寺院，其殿堂仅有大悲宝殿一处，其他房屋全部用作出租（图4-20a）。根据山门老照片显示，其院内还有一个"华洋局西法洗衣"店，即干洗店，似乎在当时颇为流行（图4-20b）。再如果子市大街上的广仁寺，本也是万历时期的中型寺院，但是在清代日益破败，仅中路留有药师和释迦前后两殿，其余建筑全部用于出租，配殿住人而临街房用于商铺。药师殿内除了供奉佛像外，两侧有波斯匿王和达摩等塑像①。估计是为了增加出租房屋收入从原配殿伽蓝、祖师殿内移入中殿，而配殿用作住房出租。

中小型建筑由于多为民间集资，故大多为普通民居做法。例如五老胡同西侧的白衣庵，为一两进院落的小寺。其现存中殿和两座配殿，建筑为民居做法，均是硬山顶。灰瓦清水脊。室内梁架也极为简单，梁下不施斗栱，枋间也无彩绘。在建筑学上并无太多特色。

---

① 根据《北平庙宇调查》，寺僧称前殿为药师殿，但是殿内主尊却为四壁菩萨像。当时的调查人员也存疑，但是按照寺僧所述记录为药师佛。根据老照片，殿中主尊确为四臂观音而非药师佛。

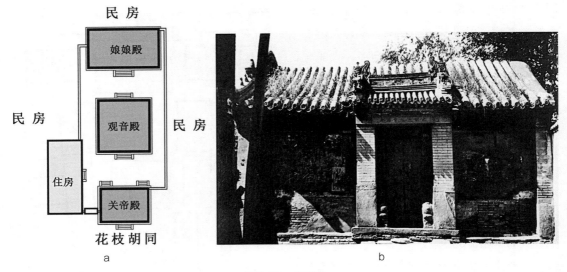

图4-19 重兴寺
（a为平面图；b为观音殿）

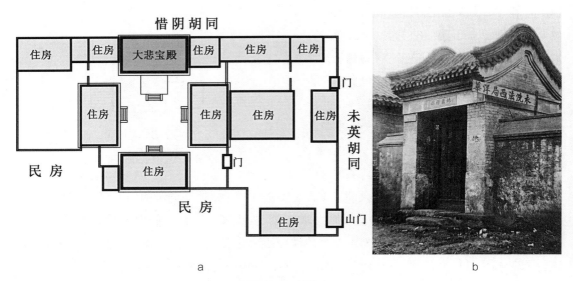

图4-20 地藏庵
（a为平面图；b为山门）

这些小型寺院在新中国成立后大多沦为民居，在如今的城市化进程中大多已经不存。但是值得一提的是，小型寺院在研究清代北京城社会组织和空间上则具有重要意义。如将胡同比喻为"毛细血管"，则小型寺院则是北京城内的小型"组织结构"，它们是城市公共服务的重要载体，寺院除了提供宗教功能祈福丧葬外，还提供公共共享空间、旅店客栈、学校。寺院建筑及其景观成为居民日常生活中公共空间的重要补充。如鞠熙引用韩书瑞（Susan Naquin）教授《北京：寺庙与城市生活》的结论："寺庙是城市公共生活的中心，演剧、市场、慈善救济、士大夫讲会、节庆进香、藏书、出版、艺术与休闲等活动都在寺庙中进行，这些公共活动有助于北京构建共享的城市文化，最终有助于形成各个阶层、各种身份共同认同的北京市民身份。"在清代北京，由于寺院多样性的功能，围绕寺庙形成了以胡同为单位的社区"共同体"，是城市功能的重要补充。

4．佛殿建筑的统一与发展

从现存的北京的佛教建筑来看，佛殿形式较为多样，但大部分建筑的形式变化与官式建筑做法一致。元大都的佛殿大多与宫殿建筑一致使用工字殿平面，而门头沟山区的建筑则展现了较多的民居特征，明清建筑则逐渐将这种差异统一，无论是建筑外观还是内部梁架均显示出更强的制式化和标准化。

室内梁架

在室内的梁架上，元代建筑在金代建筑上进一步发展，广泛地使用减柱法和移柱法，外檐斗栱尺寸依旧较大，内檐斗栱简化，基本只为单栱或者栌斗而不出跳。明初的建筑在柱网上开始规整，用料也更加精细，基本没有原木料的使用。这是由于明代在建国初期，极力推崇唐宋时期的文化，在建筑上有意剔除金元以来较为随意的建筑做法。例如金元以来几乎绝迹的室内斗栱在明初重新出现，如大觉寺大殿作为明代早期建筑，其室内空间有意模仿唐宋的佛殿的内外槽之制，通过设置室内斗栱和抬高天花的高度以及增加藻井而形成内槽。尽管明代建筑的柱网已非金厢斗底槽，但是其空间却是着意模仿唐宋。此外，相较于元，明代早期的建筑柱网也开始规整，轻易不使用减柱和移柱法。一般建筑则是通过增大进深方向中间一间的跨度来解决室内空间不足。例如法海寺大殿是通过增加进深方向的柱距来达到增加室内空间的目的。

明代中后期减柱法和移柱法则重新出现，但是相较于金元，明代的减柱显得极为的克制，大部分只是通过增大梁的用材，来抵消减去佛坛前金柱所需的荷载，整体结构受力体系变化不大。大内额等金元常用的结构则完全废弃。如智化寺和碧云寺大雄宝殿仅减去了明间前侧的两根金柱，使得佛坛前的空间不被柱子遮挡。碧云寺虽然在晚期的重修时在五架梁下加了一对方形立柱，但是双柱位置较为靠后，依然保证了佛坛可以在佛前的各个角度被瞻仰（图4-21）。

明代减柱和移柱法的殿堂中，尤以妙应寺的移柱最为灵巧。如妙应寺大雄宝殿意珠心境殿即通过移柱的方式，使得佛坛上的佛像布置不会受到柱子的影响（图4-22）。妙应寺大殿面阔五间进深三间，其前排的金柱布置规整，但是后排明间的两个金柱向后移动一椽距离，后排的四根金柱正好将佛坛嵌入其中。猜测原来三尊主尊两旁还有胁侍，而为了放置胁侍则不得不将明间两根金柱后移。相似的做法在辽代遗构开善寺大殿中也曾见到，但在京内明清寺院所仅见。另外万寿寺的大禅堂也有服从于空间排布的减柱和移柱，来满足禅堂的空间需要，详见本章。

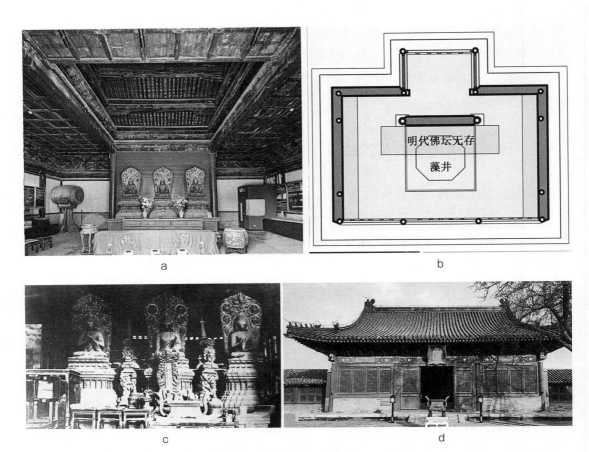

图 4-21　智化殿
（ a 为今智化殿内景；b 为平面图；c 为 1930 年代智化寺内景；d 为外观 ）

　　相对而言清代建筑的柱网使用则重回规范，甚至到了不知变通的僵化程度。如清朝重建的潭柘寺和法源寺均未使用减柱法。在法源寺中通过增加前出的抱厦来增加室内诵经空间，相似的做法在大钟寺大殿、雍和宫法轮殿等建筑中也有出现。清代大部分汉传佛殿建筑柱网规整，梁架简单，室内外柱有明显的高差，只有建筑外檐有斗栱，而室内斗栱则完全消失。柱网以纵向为单位且多砌上露明造。但清代柱网也并非一成不变的，但这主要体现在藏传佛教建筑当中，例如普度寺大殿的柱网则是回字形而非明清常见的进深方向为单位的梁架，这个可能与其早期为多尔衮王府有关[①]。此外，雍和宫殿和承德如普宁寺、普乐寺大殿等均使用了"加柱"，即在原有柱网外，在明间和梢间的佛前再加 4 根金柱，用以挂幔帐或者匾额[②]。总之乾隆年间部分佛教建筑（如正觉寺大殿和须弥灵境大殿等）的柱网又开始灵活。

　　在木料使用上，除了大慈真如宝殿因为金丝楠木而不用地仗外，其余只有大觉寺没有使用

[①] 关于普度寺详见第 5 章。

[②] 关于雍和宫殿柱网详见第 5 章。

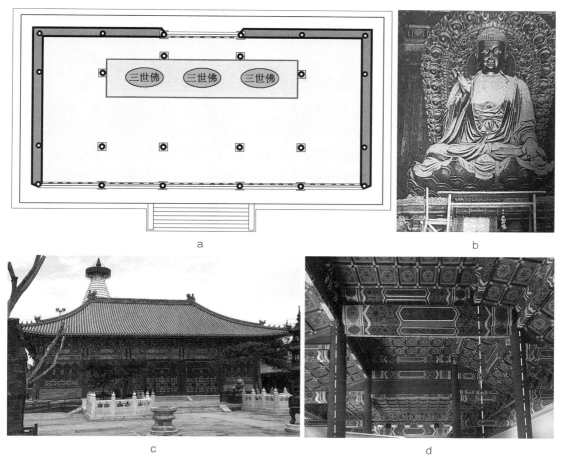

a

b

c

d

图 4-22　意珠心境殿
（a 为平面图；b 为室内原佛像；c 为外观；d 为移柱法梁架）

地仗。清代以后建筑多使用包镶柱做法，整体用材较小。由于北京地区的寺观建筑大多为敕建或者官方资助而建，其建筑的用材和工艺基本上与官式建筑无二。例如西天梵境大慈真如宝殿是现存唯一以金丝楠木为木料建造的佛教建筑。隆福寺、戒台寺等寺院的用材也不小。由于明以来木料匮乏，所以大多寺院建筑也与宫殿一致采用包镶柱做法，使用地仗。唯一的例外为大觉寺，可能是由于建于明初，其是少数用整根圆木作为柱子的实例。

　　在佛殿内部的陈列上，明清的佛殿没有太大的区别。基本是以中央的主佛坛为主，上多供佛像。可以有横三世和纵三世佛的组合，也偶见三身佛和五方佛的组合，或只有一尊释迦佛或者毗卢佛。明代的佛殿常设立藻井。藻井形式主要分为两种：一种为依据佛教教义而创造，大多绘制曼陀罗坛城，四层绘制佛像或者佛母，多见于明代。另一种为模仿自宫殿藻井。主要有以正方形倒八边形和圆角，或为四方形抹角成为八边形两种构图。内部图案大多为五龙、九龙或者九龙十二凤。也有将上述九龙十二凤中八龙替换为佛教八宝等佛教相关的图案。藻井与佛像为对应关系，例如碧云寺藻井下为释迦佛、隆福寺三座藻井下为三大士，清代以后汉传佛殿大多不设藻井，而藏传佛殿大多为龙凤藻井，甚少再见到以佛教曼陀罗为主体的藻井。主佛坛佛像两侧常有胁侍二弟子作为胁侍，明以后主佛坛上大多不供胁侍菩萨。在两侧的山墙下还有长条形的侧佛坛，明代通常是罗汉和诸天两种形式，清代主要为罗汉。明代佛殿佛坛后及后壁大多绘制有壁画，或为诸佛诸天主题，或为供养人主题，但是清代寺院则较为少见。主佛坛背部通常会设置倒座，明代佛殿内大多为倒座观音或者三大士，也有少数为地藏王或者阿弥陀佛，明清差异不大。整体而言北京地区存世的明清佛像，除了毗卢佛大多为铜制外，其余以木质和泥塑居多。明代佛像的做工要明显精细于清代佛像。在小木作方面，除佛龛外，明清皆有在殿内设置经橱或佛塔的案例，例如大慈真如宝殿建筑和佛像皆为明代遗物，清代则在佛前设有两组佛塔，居中为铜制，3层8面共7层檐，每侧平身科出2攒斗栱，每面皆有1大30小共31个佛龛和清漪园后山多宝塔比例基本一致，但与本章提到的明代佛塔有较大区别，应为清官造供器。两侧为木质佛塔，7级楼阁式塔，每面亦有佛龛（图4-23）。雍和宫、嵩祝寺等均有官造的紫檀佛塔。现在智化寺、颐和园、雍和宫内还有数座明清时期的轮藏。雍和宫内还有一套花开见佛的机关。清代藏传佛教佛殿内还会有仿藏式的佛龛布置，在下一节还会详述。佛塔等供器则是佛像外的重要补充[1]。至于宗教活动空间部分的布置，因为由于宗教仪轨的固定，明清以来汉传佛教佛殿的差异性不大。宗教活动区位于主佛坛前侧。大部分为分列左右两部分，设置拜垫，在佛事活动中东西面对而立，中间空出为主法和尚位。藏传佛教相似但略有不同，在下一节会详述[2]。

建筑外观

在外观上，元代建筑大多比较粗犷质朴，用材较大。屋顶喜用单檐，多庑殿顶，由于墙体多用夯土砌筑，还未出现硬山顶。明代早期建筑在屋顶形制上基本延续了元代风格，多使用单檐，大雄宝殿常用庑殿顶，有推山但是还不明显。这样的做法一直延续到明代晚期。明代早期的如法海寺大雄宝殿、智化寺如来殿，中期的观音寺、法华寺、妙应寺大殿，晚期的碧云寺、资福寺的大雄宝殿等均使用了庑殿顶，很多清代重修和重建的大殿也沿用了庑殿顶形式，成为较为显著的明代寺院建筑特征。大殿多为五间，也偶有三间。

从现存建筑来看，正统的寺院没有实用重檐的实例，重檐庑殿的建筑仅在成化、景泰时期的隆福寺大殿和法华寺毗卢殿和北海大西天的大慈真如宝殿见到[3]。隆福寺和大慈真如宝殿两

---

① 大慈真如殿内的佛塔在20世纪毁掉，近年复建。但是不知因何原因，以铜的材质复原了原木塔的形式，当为建造时的错误。

② 由于历史原因，北京地区保存完好的"原装"佛殿（即建筑、佛造像、壁画皆为原状）的较少。明代佛殿中，智化寺万佛阁、藏殿、大觉寺大雄宝殿（佛像调换）、无量寿殿、大慧寺大悲殿；清代佛殿中，白塔寺具六神通殿、万寿寺大殿、大钟寺大钟楼、雍和宫大部分殿堂、故宫部分佛殿、碧云寺罗汉堂等少数建筑保存完好，其余基本为近年重新装潢修缮。

③ 大慈真如殿为西天梵境主殿，建于明代。但是并无明确的题记和始建时期，从建筑形制和结构特征看当为明中期以后，很可能与法华寺、隆福寺相近，当为成化、景泰朝之物。

图 4-23　大慈真如宝殿
（a 为外观；b 为室内陈设；c 为平面图；d 为铜制佛塔）

座佛殿虽然都带有藏传佛教属性，但是无论殿宇结构还是室内布置与汉式建筑无异。大慈真如宝殿坐落在 1 米高的汉白玉台基之上，殿为重檐庑殿顶，黑琉璃瓦通铺，黄色琉璃的剪边。大殿面阔五间进深六椽，殿内柱子与梁架全部使用金丝楠木，是明代仅存的佛教楠木大殿。大殿柱网规整，用材不大，使用双额枋。

在庑殿顶的使用上也并非仅有主殿，明早期的建筑还有金元遗风，如广化寺天王殿和戒台寺山门和天王殿等建筑也使用了庑殿顶。歇山顶则在次一级的殿宇中也较为常见，如大部分的天王殿和配殿均为歇山顶。明中早期的大型寺院的佛殿较少使用硬山。

在明中晚期由于烧砖技术的进一步普及，硬山顶作为较为简便的结构形式，得到了进一步推广，中型寺院如承恩寺、拈花寺整座寺院几乎全寺建筑（部分砖券山门除外）均使用硬山顶。硬山顶也成为明清最为常用的寺院建筑屋顶形式。至迟在成化时期，除了主殿使用庑殿或者歇山外，其余配殿均为硬山顶。清代的寺院继承了明中晚期的形制，除了少量极为重要的寺院，庑殿顶已经不在寺院中使用，清代新建寺院仅有潭柘寺和黄寺大殿使用了重檐庑殿，其余单檐庑殿顶可能是在重建时沿用了明代的形制。法源寺仅有大雄宝殿和戒台两座建筑使用歇山顶，其余皆为硬山顶。很多大寺，如嵩祝寺、觉生寺（除山门）、万善寺、贤良寺等也全寺使用大式硬山顶。例如嵩祝寺为清代大寺，但是其建筑覆瓦均为灰筒瓦顶。虽然在外檐保留了斗栱，但是内部梁架极为简洁。而诸如八大处的三处三山庵、四处大悲寺、静默寺等均是明清中小型寺院的代表，建筑几乎均为硬山顶，不施用斗栱，殿内柱网规整无减柱移柱，殿顶砌上露明造。总而言之，清代的寺院建筑形制和样式上显得更为简洁和程式化。

至于为什么戒台寺山门天王殿、广化寺天王殿使用庑殿顶，而大雄殿屋顶等级却仅用硬山顶和歇山顶，原因可能有二。其一就是明代在庑殿、歇山、悬山、硬山这四级屋顶的使用上还未出现严格的等级。如自辽金以来，庑殿和歇山均作为主要佛殿常用的屋顶形式，大型寺院建筑如善化寺、永乐宫所有主殿均使用庑殿顶。所以庑殿顶可以使用在佛寺主殿甚至中轴线次重要的佛殿上。其二就是戒台寺、广化寺等寺院在明代修建时即为重建，沿用了元代时的屋顶形式（例如清代重建的东岳庙也沿用了庑殿顶），两寺的大雄宝殿均在清代落架重建，戒台寺现大殿为单檐硬山顶，而广化寺大殿为重檐歇山顶，出现了大雄宝殿形制低于前殿的情况。

此外，由于琉璃技术的发展，明代寺观建筑中多使用黑琉璃瓦。例如智化寺则全寺用黑琉璃瓦，法海寺大雄宝殿，大慈真如宝殿等寺院主殿也使用黑琉璃瓦。其他明代宗教建筑如历代帝王庙、什刹海火德真君庙等也均为黑琉璃瓦。而清代所建寺院，除承德安远庙一例佛教寺院为例外，黑琉璃瓦已经极少在寺观使用。以北海西天梵境院落群为例，其山门和大慈真如宝殿为明代遗存，两座建筑均为黑琉璃瓦，黄琉璃剪边。而清代加建的天王殿则是绿琉璃瓦。再如清代重修的戒台寺大殿为绿琉璃瓦，潭柘寺大殿也为黄琉璃瓦绿剪边。敕建的藏传佛教寺院雍和宫和承德诸寺多使用黄绿琉璃瓦。北海永安寺的建筑为较为少见的一例，在乾隆年间修缮后，在中路的四座殿宇上使用了黑、绿（青）、黄、黑四色的琉璃聚锦，站在白塔下可以一览无余，应为乾隆时期的有意设计。但是整体而言清代对于琉璃瓦的使用要比明代更为谨慎，虽然在皇家园林的寺院当中使用了大量的琉璃瓦，但是很多寺院仍均仅用普通灰筒瓦，例如八大处香界寺也是皇家大寺，但是整体建筑均为灰瓦。可见清代对于琉璃瓦的使用也是极为谨慎的。

在外檐斗栱上，元代建筑的外檐斗栱虽不及辽金，但还算硕大，北京地区的元代建筑平身科大多为1～2攒，立面几乎呈正方形。明代以后可能是由于砖墙的普及，使得屋檐变浅，斗栱变小，以至于斗栱数量开始增多，平身科斗栱可以到4～6攒。例如法海寺大殿明间平身科为4攒斗栱、智化寺如来殿明间为6攒斗栱。

明代中早期还经历了外檐斗栱取消的一个过渡时期，明初开始有取消外檐斗栱的尝试，到了明中期以后出现了完全没有斗栱的佛殿建筑。例如戒台寺的山门和天王殿则是外檐斗栱开始取消的过渡实例，两座殿宇虽然还有斗栱，但是已经完全不起结构作用。大觉寺无量寿佛殿取消了室内外斗栱，但以彩绘的形式在枋上绘制了斗栱。

清代佛殿的外檐斗栱与官式建筑相近，相较于明代，清代斗栱进一步增多。但是斗栱的使用也更谨慎，硬山顶的建筑基本不使用斗栱。部分歇山顶建筑，如法华寺山门，虽为歇山顶的大式做法，但是亦不用斗栱。

在建筑彩绘方面，尤其是明代寺院建筑是研究我国建筑彩绘发展的重要实例。由于自明以来屋檐出檐变浅，斗栱变小变密，在宋金时期广泛在斗栱上绘制的彩绘，改为在建筑的梁枋上（尤其是外立面上的额枋）绘制。例如智化寺的彩绘显示出了明中早期的彩绘构图。可以看出正统朝的旋子彩绘虽然已经出现枋心、藻头、盒子、箍头等几个部分，但是构图比例未完全定型，旋子彩绘藻头部分的绘制有较大随意性。而自万历以来的建筑中，旋子彩绘的形式已经完全程式化，枋心比例占据 1/3，与后期清朝一致。但是明中晚期寺院中还保留了许多明代特有的彩绘构图，如在碧云寺菩萨殿和保安寺大殿还保留有诸如六环锁、王工云枋心等明代特有的彩绘主题。而到了清代，寺院建筑大多使用旋子彩绘，只有少部分主要殿宇如雍和宫殿、潭柘寺大殿得以使用和玺彩画。此外，建筑彩绘则因藏传佛教的出现而产生了相应的更新，例如六字真言的枋心、金刚杵文饰的箍头、七珍八宝的包袱头等均是清代创造出的特有主题。

天花的纹饰与彩绘相似，明清的建筑中出现了许多寺院特有的天花图案。其中以六字真言最为常见，中间常绘制十相自在图案或者无量寿佛的种子智。也有以曼陀罗为思想，即以大日如来为核心的曼陀罗。但是与内蒙古和青海地区不同的是，其中涉及到的诸佛菩萨等均以种子智的梵文字母表示，而不出现具体佛的形象。

第 **5** 章　明清北京藏传佛教寺院特征

　　早在元世祖忽必烈时期，西藏地区的佛教已经开始进入北京。但之所以没有把元大都的寺院归入藏传佛教一章，是因为元大都寺院的组成相对复杂。诚然，万安寺的佛塔为阿尼哥设计，其寺院造像布置应该受到了藏传佛教的影响，这之中肯定也有萨迦派五祖八思巴以及其继任者亦怜真的影响。但是即便如此，说万安寺是藏传佛教萨迦派的寺院也是牵强的。万安寺第一任住持是汉僧知拣大师，为汉传佛教华严宗僧人，之后的住持也是知拣一系，没有证据表明在万安寺的僧人以萨迦派的仪轨或者用藏语进行宗教活动。[①]

　　在明代的佛教中，宣宗朝延续自洪武到永乐以来对西藏地区的怀柔政策，对藏区的地方势力即土司采用"多封众建"的策略，对藏地的佛教采用"兼崇其教"的态度。《明史》称："*初，太祖招徕番僧，本籍以化愚俗，弭边患，授国师、大国师者不过四、五人。至成祖兼崇其教，自阐化等五王及二法王外，授西天佛子者二，灌顶大国师者九，灌顶国师者十有八，其他禅师、僧官不可悉数。*"如永乐五年（公元 1407 年）封噶玛巴为大宝法王、永乐十一年封萨迦派贡噶扎西为大乘法王、永乐十三年封宗喀巴弟子释迦也失为西天佛子后被封大慈法王。故很多寺院的修建也与上述僧人有关，如大觉寺最早就是为智光法师居住所建，并"*敕礼官度僧百余人为其徒*"，为班丹扎释"*敕修大隆善寺师所居丈室，遂撤而一新之*"。

　　事实上，藏传佛教和汉传佛教在元明时期并没有严格的区分，智光法师本为汉人，其居住的大觉寺为禅寺，但是寺内还建有覆钵白塔。再如法海寺本为禅寺，其修造也得到了藏僧班丹扎释的资助，并且从法海寺大雄宝殿藻井和天花的曼陀罗图像看，其必然得到了精通藏传佛教的僧人指点。此外，一个寺院并非固定为单一汉传或者藏传寺院。例如上文提到的白塔寺，从元代的圣寿万安寺到明代的妙应寺则完全变为了禅寺，原来的工字殿后殿在明代改为了塑文殊、观音、普贤的三大士殿。而清代的妙应寺又改为格鲁派寺院，将三大士殿又改为供奉带有藏式风格的过去七佛的七佛宝殿。寺院尚可改宗，明代寺僧之间的转变则更为普遍。胡箫白老

[①] 按照现在对于佛教的划分，佛教可分为三个大的支系，即汉语系佛教，也称为汉传佛教，主要国家和地区包括中国、越南、朝鲜半岛和日本；藏传佛教即藏语系佛教，主要是我国西藏地区以及不丹和蒙古国等地；巴利语系佛教也称南传佛教，主要是在中南半岛以及我国西双版纳。诵经的语言是区分不同支系的最直观特征。

师曾经讨论过明代的番僧（即藏传佛教僧人）的朝觐，其中不乏混入其中的汉人，且汉僧可以取藏名变为"番僧"，而同样"番僧"亦可在禅宗寺院驻锡[①]。在明代汉传佛教和藏传佛教没有明确的界限，反映到寺院和布局上则差距更小，比如真觉寺、隆福寺、护国寺到底是否算藏传佛教寺院很难说。

而到了清代这样的界限明确了起来，清太宗皇太极开始禁止汉人和朝鲜人信仰藏传佛教（事实上到康熙以后才开始较为严格地执行），此外由于清王朝国策的影响，青藏高原和蒙古高原的僧人与北京地区来往更加频繁，需要在北京设立寺院。故这些清代寺院的建筑形制和布局则融入了较多藏传佛教的建筑元素。自顺治朝以来，便有不少藏传佛教建筑的营造。例如在1652年为迎接阿旺罗桑嘉措的到来，建造了北海的白塔寺（今永安寺）、双黄寺以及德寿寺等一系列格鲁派寺院。之后的康、雍、乾三朝基本上延续了对于藏传佛教的礼遇政策。除保留明代妙应寺、护国寺、隆福寺等藏传佛教寺院外，在城内先后修建和改建了嵩祝寺、雍和宫、弘仁寺等数座大型寺院。此外，在西苑及皇家园林中建造了大量的带有藏式风格元素的佛教建筑。尤其是在乾隆朝中后期建造了一批带有藏式风格的佛教建筑，最具代表性的有北海的极乐世界殿、颐和园的须弥灵境及香山昭庙等，这些建筑的原型取材于早期藏传佛教的建筑模型，如大昭寺的僧伽院形制、毗诃罗桑耶寺以塔殿为核心的曼陀罗布局形制。由样式雷和章嘉呼图克图共同设计，形成了以汉式结构为基础的带有汉族特征的建筑模型，这些建筑不仅与承德寺院关系紧密，其建筑形制也与青藏高原和蒙古高原地区建筑有关联，是大一统王朝不可多得的民族融合见证，也是汉式抬梁结构体系之下的一次重要的设计尝试，在中国建筑史发展上也占有重要地位。

1. 元明以来的藏传佛教寺院

隆善护国寺

明成祖永乐三年（1405年），西域僧人桑渴巴辣随贡使航行至南京，后至北京即住在北崇国寺。明宣宗宣德四年（1429年）北崇国寺和大觉寺、潭柘寺等寺院先后重建，建成后赐名大隆善护国寺，故俗称西寺或者护国寺。猜测此时的护国寺应该基本沿用了崇国寺的建筑和布局，只是对北崇国寺建筑进行了翻新。根据天顺二年《敕赐崇国寺碑》记载，明英宗正统元年（1436年），太监阮文等人将"后殿兴修庄严，救度佛母色相，兴盖山门、廊庑、方丈皆备"。这次修缮的后殿以及廊庑等僧众活动区应该是指千佛殿北侧的部分。正统寺院会在佛殿后部设立单独的僧众活动区，故这次修缮的后殿和方丈等建筑很可能是今护法殿、功课殿、后楼这部分院落（图2-3c）。此时元代的藏经阁已经塌毁，后殿很可能是在藏经阁基础上建造的。据《西天佛子大国师班丹扎释寿像记》，明代宗景泰三年（1452年），班丹扎释受封为"大

---

① 详见《成此宝方壮观西土—碑刻所见明代前中期西北地区藏传佛教的发展特质》一文。胡箫白. 成此宝方壮观西土—碑刻所见明代前中期西北地区藏传佛教的发展特质 [J]. 历史人类学学刊，2022，20（2）：1-38.

智法王"，命其驻锡北京护国寺，护国寺内还保留有其塑像（现移至法源寺）。正德四年（1509年）武宗命大庆法王领占班丹、大觉法王着肖藏卜丹驻锡护国寺，护国寺一时成为京城诸寺之冠。

明宪宗成化七年（1471年），宪宗命太监黄顺、工部侍郎蒯祥等人大修该寺，于次年完工，这时的寺院与现在已经相差无几，护国寺的院落达到极盛。崇寿殿前东侧碑亭有藏文《御制重修大隆善护国寺碑记》，学者完麻加和吉毛措将其译为汉语，节录如下：

> 寺院建山门三间，中门寺名题额依照旧例。山门后第一层金刚殿，第二层天王殿，东西两侧有钟鼓楼。其后建三大殿，曰大延寿殿，曰大崇寿殿，曰三圣千佛殿。两侧建六间配殿，曰千钵文殊殿，曰大崇秘密殿，曰伽蓝殿，曰祖师殿，曰大悲殿，曰地藏殿。佛殿四周建有房屋，殿堂房梁雕刻如云。金相庄严装饰灿烂，五色金光照耀万丈。寺内有宝盖幢、寺院器具、宝灯妙香和吹击法器等。后建僧房、藏经阁、仓房、斋堂，规模宏壮。其后左右两侧为僧房，东西各有通道，石刻前各有水井，寺院清净庄严。四周砌墙，内外有别。昨日内监向朕呈报佛寺情形，朕心甚悦。遵循祖宗圣志，建寺供奉佛法，为民众积德修福。又历代崇仰佛法建寺供奉，故记其绩而刻于石，以冀昭示于后世。[①]

从《御制重修大隆善护国寺碑记》可以看出殿宇位置和像设已经与20世纪30年代刘敦桢先生调研时几乎无异（图2-3e）。其中有记载的是前六重殿堂，即山门、金刚殿、天王殿、大延寿殿、大崇寿殿、三圣千佛殿。[②] 两侧共有四组配殿（楼），分别为天王殿前的钟鼓楼、延寿殿前的文殊殿和秘密殿、崇寿殿前的伽蓝殿和祖师殿以及千佛殿前的大悲殿和地藏殿。唯一不同的是，祖师殿这一颇有禅宗特色的殿宇在清代改为了无量寿佛殿。千佛殿后为正统修建的僧众生活区，包括了僧房、藏经阁和后殿。清代时重建为三进院落，即护法殿、功课殿和后罩楼（原为藏经阁，20世纪30年代已经部分毁坏），这组建筑有垂花门与前面佛殿相隔（图2-3d）。尽管护国寺主体建筑在20世纪50年代后基本毁坏殆尽，但是垂花门后的僧众活动区的建筑还基本保存完好，后罩楼等建筑尚存，相比于前院的佛殿建筑，后院建筑用材和面积均远逊于前院，且不用斗栱，应该为僧人日常使用的殿堂。功课殿等建筑皆为硬山顶，梁架

---

① 据成化十七年《大隆善护国寺看诵钦颁大乘诸部藏经碑》记载，护国寺曾遭遇大火："昔为招提熠烬，大兴工役经营。金碧交辉，转祇恒于东土。单青绚彩，移兜率于下方。"不过很可能是指成化七年扩建之前的大火，这次大火大概把除千佛殿外的元代木构全部烧毁，故在成化年按照原布局重新修建。

② 由于刘敦桢先生于20世纪30年代调研时建筑已经基本毁坏殆尽，主殿几乎无屋顶，佛像均露天而坐。刘敦桢先生也没有详细记录每座殿宇佛像情况，所以仅知大雄宝殿和崇寿殿均供奉三尊佛（菩萨像），但是到底是什么像设布置并不清楚。白塔寺今七佛宝殿内的主佛即来自护国寺，如果是元代佛像，猜测崇寿殿内的可能性更大。

做法同清代建筑。与北京其他寺院略有不同的是，根据刘敦桢先生描述，护国寺中大肚弥勒像未供奉在天王殿而是在金刚殿中，天王殿仅有四天王。这很可能是因为护国寺天王殿始于元代，明初未毁，所以在明代扩建时只得将弥勒安置在新加建的金刚殿中。

对于护国寺殿宇时间的判断与刘敦桢《北平护国寺残迹》考证相吻合：

此寺自定演创建以来，迄今六百五十余年，经元皇庆、延祐、至正及明宣德、正统、成化与清康熙数度增修，蔚为巨刹。然考元代诸碑，其时主要建筑仅大殿、经阁、钟楼、山门、舍利塔、法堂、云堂及伽蓝、祖师二堂，似较现寺规模不逮远甚。又以遗物推之，明以前者，唯存千佛殿残壁与舍利塔及元碑数通，皆萃聚于殿之前后。其余北部护法、功课二殿，与南部崇寿、延寿、天王、金刚诸殿，及钟鼓二楼、廊庑杂屋，依式样判断，咸属明清二代所建，而主要建筑属于明代者尤多。则现寺规模，决为明宣德、成化间增扩无疑矣。

a

b

c

d

图5-1　护国寺主要殿宇
（a为山门；b为天王殿；c为延寿殿；d为崇寿殿）

明代的护国寺即为"番僧"所住，清代改宗格鲁派，但是明到清寺院的布局几乎没有变化。清初的护国寺依然受到重视，五台山第一任扎萨克老藏丹贝即出自护国寺。在顺治、康熙两朝均得到重修，寺后的功课殿等殿宇得到了翻建。虽然护国寺依旧是京城内规模宏大的藏传佛教寺院，但是并无进一步扩建。乾隆一朝后护国寺地位便不及新建的雍和宫等寺院。从护国寺在20世纪30年代已经残破的建筑可以看出（图2-3e），该寺似乎在乾隆以后就没有过大规模的修缮，以至于在1900年前后已经基本塌毁，佛像已经露天，也反映了清代中后期以来护国寺地位的下降。

护国寺大雄宝殿也称大延寿殿，在一月台之上，殿身面阔五间进深四间，后侧附带抱厦一间。其原始建筑应为单檐庑殿顶，无廊。大延寿殿的柱网和外观均与同一时期妙应寺大殿形式相近，推测其佛坛布局应该亦为汉式。虽然20世纪30年代护国寺的建筑已经残破，但是可以看出其为汉式结构建筑。护国寺其余几座主殿形式也相近，均为单檐（图5-1）。现存的金刚殿为黑琉璃瓦，推测寺院的其余主殿应该也是黑色琉璃瓦，显示出了明代中期寺院的最高等级形式。作为班丹扎释等重要藏僧的驻锡寺院，护国寺内的千钵文殊殿佛像应为藏式风格，明人袁宏道称："观曼殊诸大士变像，蓝面猪首，肥而矬，遍身带人头，有十六足骈生者，所执皆兵刃，形状可骇，僧言乌斯藏所供多此像。"说明尽管建筑形制没有采用藏式，但是梵式风格的藏传佛教造像已经进入了北京地区的寺院中。

隆福寺

另一座明代在城内设立的大型寺院即大隆福寺，因与大隆善寺相对，所以也称东庙。景泰三年（1452年）建。乾隆九年（1744年），雍和宫改为格鲁派寺院，隆福寺被定为雍和宫的下院，成了朝廷钦定的香火院。《帝京景物略》对于隆福寺的布局有详细的介绍：

> 大隆福寺，恭仁康定景皇帝立也。三世佛、三大士，处殿二层三层。左殿藏经，右殿转轮，中经毗卢殿，至第五层，乃大法堂。白石台栏，周围殿堂，上下阶陛，旋绕窗棂，践不藉地，曙不因天，盖取用南内翔凤等殿石栏杆也。殿中藻井，制本西来，八部天龙，一华藏界具。景泰四年，寺成，皇帝择日临幸，已凤驾除道，国子监监生杨浩疏言，不可事夷狄之鬼。礼部仪制司郎中章纶疏言，不可临非圣之地。皇帝览疏，即日罢幸，敕都民观。

结合老照片和《乾隆京城全图》可以一窥隆福寺明代的布局。隆福寺的主要建筑自南向北依次为牌坊、三门殿（山门）、韦驮殿、应天宝殿（三世佛殿）、万善正觉殿（三大士殿）、毗卢殿、法堂、金刚殿、后楼阁，共九重殿宇（图5-2）。

寺院的最南侧为三座牌楼，也称神路街。正中牌楼上书"第一丛林"，为三门七肩的琉璃牌坊。据《日下旧闻考》载，该牌坊在明朝隆福寺初建时创立，但琉璃坊的形制应该是乾隆年前的加建。琉璃坊两侧还有两座木牌楼，位于隆福寺街的东西口，牌楼两侧还有"官员人等至此下马"的下马石。下马石的礼遇仅在北京太庙、孔庙、历代帝王庙三处可见，隆福寺为北京唯一的佛寺得其礼遇者。

琉璃牌楼正北才是寺院的入口，也是第
二进山门殿，单檐歇山顶，两进十间（五明
五暗），中间为大门，殿内左右祀四大天王塑
像。山门院内为钟鼓二楼。第三进为韦驮殿
（天王殿），这是明代北京大型寺院中唯一不
祀大肚弥勒只供韦驮的实例。何孝荣老师总
结过南京的大型寺院以天王殿（内祀四天王
与弥勒）为主，而小型寺院和庵堂则以韦驮
殿为山门。明代北京寺院基本是天王和韦驮
二殿合一，但是为什么隆福寺是分开的不甚
明了，由于没有留下图像资料，也不清楚殿
内陈设情况。

　　韦驮殿后是廊庑环绕着的四重佛殿，分
别为大雄宝殿、万善正觉殿、毗卢殿和法堂。
大雄宝殿重檐庑殿顶，内祀横三世佛。两侧
为罗汉像，该殿建在汉白玉基石上，在明代
寺院诸佛殿中甚为宏伟[1]。隆福寺大雄宝殿面
阔七间，重檐庑殿顶，应当是黑色琉璃瓦。
明间和稍间平身科斗栱皆为六攒。单从斗栱
看更似清代形制，整个建筑是否在清代进行
过大举重修就不得而知了。大殿台基上有汉
白玉栏杆，望柱作石榴头。根据《帝京景物
略》所言，应为南内宫殿中移来。

　　大雄宝殿两侧的配殿是明早期最为常见
的轮藏殿和大悲（观音）殿组合。[2]轮藏殿内
有一大型转轮藏，但形式与智化寺塔形轮藏
不同，隆福寺轮藏似乎可以旋转且与传统汉
式转轮藏不同，很可能是藏式的大型转经筒，
其经书虽放在筒中但是不供借阅。《帝京景物
略》对于此藏式转轮藏的运作方式有着详细

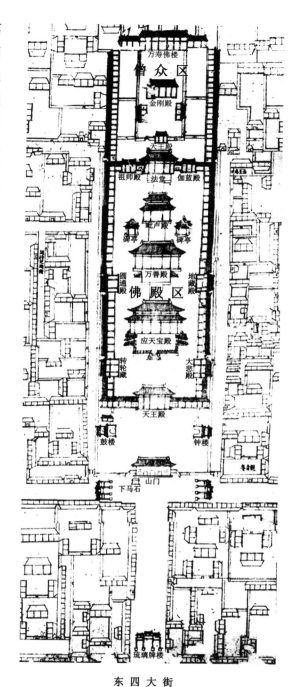

图 5-2　隆福寺平面图

---

① 从山门至大雄宝殿的三进殿宇在光绪二十七年（1901 年）因为值夜僧人打翻油灯而烧毁，之后寺僧
　　因为无力修复，到中华人民共和国成立后一直是废墟。一说是因为庚子年义和团运动后导致的焚毁。
②《乾隆京城全图》和《帝京景物略》记载不符，乾隆全图为轮藏和观音二殿，而后者记述为轮藏和经藏二殿。
　　轮藏和经藏的功能相近，似乎不通。且观音和轮藏二殿符合明初常见制式，所以后者记载可能为笔误。

的描述，并记载了一回民因为此转轮藏发生的一件"治安事件"：

> 忽一西番回回蹒跚舞上殿，斧二僧，伤傍四人，执得，下法司，鞫所繇，曰：轮藏殿中，三四缠头像，眉棱鼻梁，是我国人，嗟同类苦辛，恨僧匠讥诮，因仇杀之。狱上，回回抵罪。考西竺转轮藏法，人诵经檀施，德福满一藏，为转一轮。一贫女不能诵经，又不能施，内愧自悲，因置一钱轮上，轮为转转不休。今寺众哗而推轮，轮转，呀呀如鼓吹初作。

大雄宝殿后为庑殿顶的万善正觉殿，为黑琉璃筒瓦绿剪边，面阔五间，内祀三大士像（图5-3），两侧应当为比真人略高的二十诸天[1]。三菩萨坐在坐骑上，菩萨像极为高大。菩萨像前均有一藻井，其中明间藻井最为精美。天宫楼阁共分为4层，最下层有铜铸四大天王像为藻井的四角支撑，天王两侧原有童子及天女。根据关剑平和李小涛老师的描述，第1层主框架内外施五彩如意斗栱环绕，每面80朵。如意云上面则为圆形和方形的小木楼阁，共计32座，楼阁间由一间廊贯通。第二层的楼阁间环廊呈高低错落及宽窄不等状，犹如山廊。从第三层以上的框架及小木作建筑模型看，外圈成隐蔽形式置于天花内。第三层框架上的建筑模型有前带抱厦的楼阁8座，十字歇山顶方亭8座，楼亭间依然用廊相通。再往上则变为方形，最上一层楼阁最为高大，阳马背板上绘二十八星宿图。再之上则为顶盖，为曼陀罗状，内为一方城，开四门。城内绘有一幅沥粉贴金的彩绘天文图，绘有1400颗星。隆福寺藻井是仿曼陀罗建筑的一个重要的小木实例，次间的两个藻井虽有构件缺失，但是形制基本完整，为正方形倒八角井。中间圆形明镜已失，外侧八角为云纹及8条游龙，最外侧与正方形相交的四角为4只凤凰。[2]

万善正觉殿后为毗卢殿，黑琉璃筒瓦绿剪边重檐歇山顶，砌上露明造，明间也有一九龙十二凤藻井。殿内祀三身佛，中为法身毗卢遮那，两侧为报身卢舍那和化身释迦佛。毗卢殿两侧有两座高大的碑亭，现碑刻移至北京石刻博物馆。[3]院内最后一进大殿为法堂，歇山顶。与护国寺相近，廊庑的佛殿院落在法堂后收窄，后院独立设门，内设金刚殿、后楼两进院落，也

---

[1] 关于隆福寺二十诸天的照片唯有山本赞七郎所照的两张。虽然仅有十六尊诸天入镜，但是根据其组成推测大概为二十诸天而非二十四诸天。诸天的开脸形态为典型的明代造像，无论尺度和精细程度均高于云居寺、拈花寺的诸天。但是由于照片内可参照信息较少，诸天具体在哪座殿宇里并未标注，根据殿宇形制和诸天位置，推测为万善正觉殿。

[2] 1976年，因唐山大地震，该殿变成危房而被拆毁，该藻井也被拆为散件，放在西黄寺内，1991年北京古代建筑博物馆成立后，该藻井转至此博物馆收藏，于1994年开始修复，最终修复完成。

[3] 根据中央党校出版的《校园文化寻迹》，隆福寺原有两座碑亭，黑琉璃筒瓦绿剪边重檐六角攒尖顶。其内分别有高6.6米的石碑一座，是明景泰四年（1453年）所立和清雍正三年（1725年）所立。这两座碑今均收藏于北京石刻艺术博物馆内。碑亭两侧各植一株葵树。西碑亭于20世纪50年代拨给中共中央党校，经修复后翻建于该校主楼西侧的湖岸边，取名为"六合亭"。

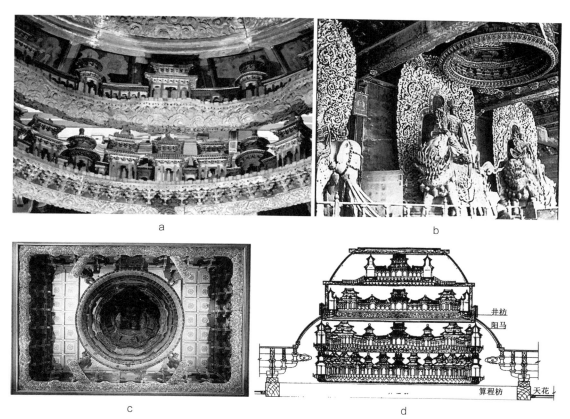

图 5-3　隆福寺万善正觉殿藻井

（a 为藻井中天宫楼阁；b 为室内佛像藻井关系；c 为藻井现状；d 为藻井剖面）

为僧人的生活区。

　　隆福寺一共有三组配殿，其设置正好可以总结北京配殿的形制。大雄宝殿前的配殿已经有述，为明南京以及北京智化寺见到的轮藏和观音二配殿。而万善殿两侧为观音、地藏二殿，为满足佛事中"延生"和"往生"的需求而设立，为明代小型寺院最常见的配殿。而法堂两侧则是伽蓝和祖师二配殿，是明后期北京寺院最为常见的配殿。隆福寺在清代虽然为藏传寺院，但是保留了祖师殿形制，并"入乡随俗"地供奉格鲁派祖师宗喀巴大师。

　　从隆福寺和护国寺两座建筑布局可以看出，藏传佛教寺院的布局并没有与同一时期的汉传佛教寺院布局产生太大差异，大雄宝殿前有天王殿、金刚殿等序列；宗教朝拜区（佛殿区）均为廊庑环绕；僧众活动区集中在最后面的小院落中。上述两座寺院中没有任何带有藏式风格的木构或者带有藏式密肋梁结构的佛殿出现。在佛殿设计上，隆福寺与汉式佛寺像设几乎无异，佛像造型也并非梵式风格，与现存的大觉寺、拈花寺明代造像相似，均为永宣以来宫廷造像风格，整体而言为汉式造像，但是在五佛冠、臂环等装饰上带有藏式风格。可以看出尽管在造像、装饰（天花、藻井）上多有藏传佛教的装饰，但是就建筑结构和寺院布局而言，护国寺建筑与汉传佛教寺院无明显差异。

西广济寺

明代在北京城内建造了十余座藏传佛教相关的寺院，很可惜至今没有一座寺院可以完整地保留下来。其中保存得相对较为完好的则是位于旧鼓楼大街双寺胡同内的广济寺。明成化元年（1465 年）神宫监太监刘嘉林舍宅为寺。成化十六年（1480 年）尚膳监刘详和高通改建，形成双寺。东寺称为嘉慈寺，而西寺为广济寺，为大应法王札实巴下院。扎实巴为宪宗朝重要的藏僧，亦为大慈恩寺的住持，广济寺也成为藏僧的重要驻锡地。

20 世纪 30 年代时，东寺已经不存，而西寺彼时保存完好，寺内还存有多通石碑，可以了解明代藏僧驻锡的寺院情况。根据《敕赐广济寺碑》记载，太监刘详和高通二人与法王弟子扎失列，"会同开山，各捐资财"，建成"正殿、伽蓝祖师殿、天王殿、山门、廊庑"以及配套僧众生活建筑。将碑文和《北平庙宇调查》中的测绘图对比相差不多，大雄宝殿前也为山门和天王殿两座殿宇。但是大殿后的三世佛殿和佛楼，碑文不载。故二建筑可能是清代改建。方丈和寺僧生活区则设置在西路。正如本章开头所述，明代的寺院并无严格的汉传和藏传佛教的区隔。如西广济寺即是汉僧和藏僧共同建造，但是似乎仍由汉僧管理的寺院。根据寺内成化年间《供成圣缘碑》文记载，西广济寺开山住持为汉僧慧严，其之后亦如此。在寺院建筑的布局上，和同一时期的汉传佛教寺院没有太大区分。在单体建筑上，大雄宝殿面阔五间，硬山顶，内部砌上露明造。前有廊，室内外均不施斗栱。西广济寺建筑也与同一时期汉传佛殿无异。大殿内主供泥塑毗卢佛一尊，3 米有余，以沥粉绘制云龙及花卉，颇为精细，当为明代原作。佛前有 2 座佛塔，汉式风格，两侧为十八罗汉，布置也与汉传佛殿一致。

相似建筑布局在上文提及的隆福寺、护国寺、双寺，乃至真觉寺、保安寺、慧照寺、双林寺等寺院中均是一致的，表明明代的寺院并没有在建筑层面上演化出藏式特色。其根本原因是汉传和藏传佛教在明朝并无明确界限，所以对于明代北京藏传佛教的研究，不仅要关注藏传佛教建筑亦要关注同一时期的汉传佛教建筑。

但是可惜我们并不清楚在明代时两座寺院是如何使用的，隆福寺是明代唯一的"番汉合住"的寺院，即藏语系和汉语系的僧人共享寺院，护国寺则同时拥有汉族、藏族乃至印度、尼泊尔的僧人。那么这些寺院到底是如何平衡不同语系之间使用需求的差异的呢？从现有建筑学的角度，可以知道这些寺院的佛像和空间布置是以汉式仪轨为主布置的。以隆福寺为例，其寺院布局似乎是前大后小两个独立的部分，这也符合明代隆福寺汉僧占多数的记载。前半部分从山门到法堂的布局，无论是功能还是室内布置都接近于汉传佛教的寺院需求，可能是汉僧的活动区，大型活动时也许殿堂是共享的。法堂后另起山门，建有金刚殿和后楼。推测此处金刚殿非寺院入口的二金刚，而是藏传佛教中的愤怒像和双身像，如大威德金刚、时轮金刚等密宗护法，这里很可能是藏僧的主要活动区。就西广济寺而言，其由于面积较小，并无明显的汉藏区分，很可能彼时佛殿处在一个共用的状态。因为没有任何的文献，所以注定所有均只能是推测。

2．清代新建的藏传佛教寺院

由于清代自顺治帝以来对于藏传佛教尤其是格鲁派的支持，在清朝大一统的环境下，青藏及蒙古高原的僧人、工匠也更容易到达北京，所以不仅汉藏佛教的界限开始明确起来，其寺院的建筑布局等也开始出现自己的特色，在北京以及承德建立了大量的藏传佛教建筑。下表为北京地区重要的藏传佛教建筑（表5-1、表5-2）：

清代较为重要的寺院　　　　　　　　　　　　　　　　　　表5-1

	寺院	时间	属性	保存状况
北郊	黑寺	顺治二年（1645年）察罕呼图克图建	汉式合院布局	现马甸小学，东西配殿存
	德寿寺	顺治八年（1651年）恼木汗建	汉式合院布局	原址重建
	双黄寺	顺治八年（1651年）恼木汗建东黄寺普静禅林及西黄寺汇宗梵宇 乾隆四十五年（1780年）建清净化成塔院	汉式合院布局，方楼及塔有藏式特征	1927年确吉尼玛重建，现仅西黄寺清净化成塔院及汇宗梵宇第一进院落存
城内	普胜寺	顺治八年（1651年）恼木汗建	汉式合院布局	欧美同学会重修，保存完好
	普渡寺	原为多尔衮府邸 康熙三十三年（1694年）改建	疑位于明代宫殿遗址的高台上，有满族建筑特征	唯存山门、方丈和主殿慈济殿
	福佑寺	雍正元年（1723年）	汉式合院布局	保存基本完好
	弘仁寺	康熙五年（1666年）	以塔为中心	毁于1900年
	嵩祝寺	嵩祝寺 康熙五十年（1711年） 法渊寺 乾隆十年（1745年） 智珠寺 乾隆年间	汉式合院布局，有蒙古寺院特征	嵩祝寺仅大殿以北存，智珠寺保存尚好
	雍和宫	乾隆九年（1744年）	汉式合院布局，尚存王府形制	保存完好
皇家园林	万善殿	顺治年间	汉式合院布局	建筑保存完好
	永安寺	顺治八年恼木汗建（1651年） 乾隆六年扩建（1741年）	汉式合院布局，藏式覆钵塔	建筑保存完好
	阐福寺	乾隆十一年（1746年）	汉式合院布局	仅山门天王殿院落存
	雨花阁	乾隆十四年（1749）	曼陀罗及四部瑜伽	保存完好
	景山五方亭	乾隆十五年（1750）	五方佛，汉式方亭	建筑保存完好

	寺院	时间	属性	保存状况
皇家园林	大报恩寺	乾隆十六年（1751年）始建 光绪十二年（1886年）重建	汉式合院布局，仿南京报恩寺	光绪年间改建后为排云殿建筑群
	宝谛寺建筑群	宝谛寺 乾隆十六年（1751年） 宝相寺 乾隆二十六年（1762年） 圆昭方昭 乾隆二十六年（1762年）	宝谛寺仿菩萨顶，宝相寺为汉式布局，圆昭方昭为藏式碉楼	唯存旭华阁
	须弥灵境	乾隆二十年（1755年） 光绪十二年（1886年）重建	藏式曼陀罗布局，与普宁寺为姊妹寺	光绪年间无力重建，南瞻部洲改为金刚殿，香岩宗印之阁改为佛殿
	西天梵境	乾隆二十四年（1759年）	汉式合院布局	保存基本完好，大慈真如宝殿为明代遗存
	妙高寺	乾隆三十二年（1767年）	仿缅甸木邦塔及曼陀罗	唯存佛塔
	极乐世界及万佛楼	乾隆三十三年（1768年）到乾隆三十五年（1770年）	汉式曼陀罗布局	万佛楼1965年拆除
	新正觉寺	乾隆三十八年（1773年）	汉式布局，与承德殊像寺为姊妹寺	唯存山门、文殊亭等，2002年重建
	昭庙	乾隆四十五年（1780年）	汉藏结合特征，与须弥福寿之庙为姊妹寺	唯存琉璃牌坊及后塔，大红白台尚在重建

其他已毁寺院　　　　　　表5-2

园林和行宫中的寺院			城内外的寺院		
圣化寺	康熙	无存	长泰寺	明万历	无存
南苑永慕寺	1691年	无存	同福寺	清康熙	无存
圆明园月地云居	1737年	无存	净住寺	1645年	无存
慈佑寺	1701年	无存	永慕寺	1691年	无存
团城实胜寺	1749年	仅存碑亭	资福院	1721年	无存
梵香寺	1749年	仅存来远斋	化成寺	1724年	无存
团城长龄寺	约1774年	无存	三宝寺	1737年	无存

德寿寺

　　清朝在太宗皇太极入关前即在盛京（沈阳）郊外设有移动的寺院——席力图库伦。1644年，席力图库伦部分僧众随清军一同入关，建立了清朝在北京的第一批藏传佛教寺院。其中清早期尤以来自席力图库伦的"西域缁流"恼木汗建立的德寿、永安、普胜三寺出名。德寿寺建于清朝顺治十五年（1658年），位于南苑，是为了迎接格鲁派领袖阿旺罗桑嘉措进京而建。德寿寺在乾隆二十年（1755年）失火，后原址重建。民国时又遭奉军拆毁，2012年后重建。《钦定日下旧闻考·卷七十四·国朝苑囿南苑一》对于德寿寺建筑布局有较为明确的记载（图5-4）：

a

德寿寺，山门三间，东西建坊二，大殿五间，东西配殿各三间，殿后随墙门内为御座房。（《南苑册》）臣等谨按：德寿寺在旧衙门东偏，顺治十五年建，后毁于火。乾隆二十年重加修葺。东西二坊，东曰："化通万物"，西曰："觉被群生"。大殿奉释迦佛及阿蓝迦舍佛，御题额曰："慧灯圆照"，曰："善狮子吼"，联曰："沙界净因留月印，檀林妙旨悟风香"，又曰："慧镜慈灯广种善根垂福佑，溪声山色远从贤劫证圆通"。院内穹碑二，恭勒御制重修德寿寺碑记并御制诗章。御座房三楹，乾隆四十五年改建，东室联曰："禅味每从闲里得，道心常向静中参"，西室联曰："竹秀石奇参道妙，水流云在示真常"。

图 5-4　德寿寺
（a 为德寿寺外观；b 为复原平面图）

结合德寿寺的考古遗址，德寿寺的主轴线上依次为山门、钟鼓楼、天王殿、两配殿及大雄宝殿。之后为后殿御座房，应该是用以纪念顺治与阿旺罗桑嘉措的历史性会晤之地。清早期的格鲁派寺院与汉地佛教常见的寺院并无太大的区别，即以抬梁式木构为佛殿的基础结构，以院落的对称轴线为寺院布局形式。唯一的不同是德寿寺已经完全没有廊庑，在侧面仅建配殿。这可能是由于重建的德寿寺不设喇嘛，故不需提供大量的居住建筑。

黄寺

除了德寿寺，与阿旺罗桑嘉措来访关联极大的另一座寺院则是黄寺，其是清代北京最大的一座藏传佛教寺院。从20世纪30年代在北京航拍的北郊图中可以清晰地看到一排建筑群，即北京最大的一座格鲁派寺院（群）黄寺。黄寺的建筑是由一系列的寺院组成，由东至西依次为东黄寺（也称普静禅林）、敏珠林活佛的佛仓、西黄寺（汇宗梵宇）、西黄寺塔院（清净化成）以及哲布尊

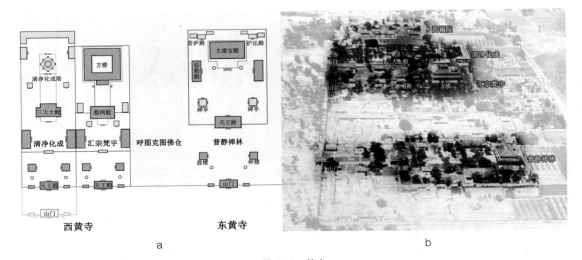

图 5-5 黄寺
（a 为根据伊东忠太手稿绘制的东西黄寺平面图；b 为 20 世纪 30 年代东西黄寺航拍图）

丹巴活佛所建的资福院（图 5-5）。

　　黄寺本是明代的禅宗寺院普静禅林，清军入关后由恼木汗改造为格鲁派寺院（即东黄寺）。
1652 年顺治帝为迎接阿旺罗桑嘉措来京在黄寺以西修建新院，故称西黄寺。方楼是西黄寺的
主要殿堂，为阿旺罗桑嘉措在京的居所，遂成为北京城北最为重要的接待蒙藏僧人的寺院。
17 世纪末，由于清朝与准噶尔的战争，喀尔喀蒙古的重要宗教领袖一世哲布尊丹巴呼图克图
（扎那巴扎尔）在西黄寺滞留十年。在此期间，其两次出资修缮，并在西黄寺以西修建资福院；
哲布尊丹巴之后，罗桑华丹益为庆贺乾隆帝 60 大寿来京，也曾在此居住，罗桑华丹益因为感
染天花在北京去世，乾隆皇帝在西黄寺方楼西侧建清净化城塔（衣冠塔）纪念；光绪朝土登嘉
措来京时曾再次重修；1927 年确吉尼玛重建清净化城塔院，并扩建山门。但是黄寺今天只有
清净化城塔院尚存（即今藏语系高级佛学院所在地）。

　　根据伊东忠太绘制的平面图可以看出，东黄寺的布局与上文提到的明代寺院布局并无大差
异：两进院落，山门后为天王殿。山门和天王殿均为带有外廊的建筑，其柱网也为回字形柱
网。由于回字形的外廊并不适合作为门殿，这种形式在北京地区建筑中是唯一所见。但与呼和
浩特大召山门一致。左右为钟鼓二楼，后为大殿。大殿左右亦有二配殿，虽然不是伽蓝、祖师
二殿，但是位置和形式均与汉地佛教寺院无二。根据伊东忠太的记述，西配殿为密宗的护法
殿，供奉大威德金刚、玛哈嘎拉、阎王、吉祥天母等愤怒像，而东殿供奉药师佛。这与呼和浩
特大召、席力图召菩提过殿一致，可以看出东黄寺早期与内蒙古地区的紧密联系。东黄寺的主
殿大乘殿规模宏大，在北京寺院中首屈一指，大殿为重檐庑殿顶，黄琉璃瓦，面阔七间进深三
间（图 5-6a、b）。殿内正中供奉高大的纵三世佛旁为二度母像。两侧则是八大菩萨立像，菩
萨以及度母像则在藏式佛龛中，佛龛的藏式方柱、托木、椽子以及六字真言的彩绘极为精致，
是清代难得的藏式小木作实例（图 5-6c）。佛龛上有整铺的壁画，但是照片模糊难以辨别主
题。佛像布置在殿身后墙，佛身后无绕佛空间也无后门，与蒙古地区佛殿布局相似，但是与明

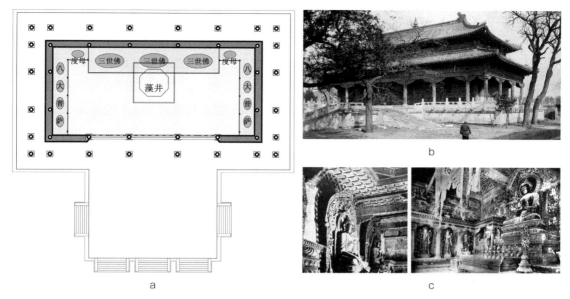

图 5-6　东黄寺大乘殿
（a 为平面图；b 为外观；c 为室内陈设与壁画）

代北京汉藏佛教佛殿均不同。大殿的结构与明代官式佛殿有细微差异，例如殿身带有副阶环廊，应该是用作室外的转经廊道，而明代以来寺院已无副阶实例。此外，大乘殿室内没有内柱，这样两圈"回字形"柱网形式与瞿昙寺殿等河西走廊以及内蒙古地区寺院相近，可能是恼木汗设计时考虑了非北京藏传佛教建筑的特色。

西黄寺（汇宗梵宇）作为阿旺罗桑嘉措的起居之所，其建筑稍有不同，即第一进为天王殿，之后为一平门，再后为都纲殿，为寺院的主要经堂。内供横三世佛及罗汉，都纲殿为西黄寺的主殿，像设与东黄寺佛殿互补。寺院的后部则为阿旺罗桑嘉措的起居室及会客厅。其为一个上下二层带廊的回字形方楼，这样的形制并非传统的佛殿形式，为北京地区寺院建筑中所仅见。[①] 从东西黄寺的布局我们能看到两座新建的格鲁派寺院均采用了汉式院落布局，在佛殿选择上也与汉式佛教寺院无太大差异。主要区别是增建了华表、碑亭等礼制性建筑，但此与藏传佛教建筑无关。另外一个特点是不再设有廊庑。如前文所述，廊庑的作用从元代开始已经为僧人的居住场所，而东西黄寺内除了方楼是专供阿旺罗桑嘉措来京住宿的，其寺内可能并无供普通僧人居住的场所。这很可能是蒙古族藏传佛教寺院的一个重要特点，即僧人住宅不在寺内而是寺外。双黄寺的前身是在盛京郊外游牧的席力图库伦，在清朝入关后，皇太极特许席力图库伦一并迁入，在北京北郊建立寺院。所以推测清早期的蒙古族僧人应该住在移动帐篷内而非固定建筑中，相似的例子在外蒙古哲布尊丹巴的大库伦也可见到。自乾隆以来，在两寺之间修建了大量的佛仓和居住建筑，当为清中期后寺僧的居住之所。

---

① 关于方楼的空间形制，在下一章详述其结构及形式特点。

另外一个与汉式寺院不同的点则是双黄寺没有特意去追求轴线的长度，而是在有扩建需求时，在原有建筑的西侧持续建造相对独立的寺院，这与明代隆福寺和护国寺着意延长寺院轴线的布局逻辑不同。如汇宗梵宇院落和清净化成院落的建造，这样的布局也是源于蒙古族和藏族的寺院布局传统。在17世纪以后，尤其在内蒙古中部和西部，蒙古族寺院同时吸收了汉式的院落式对称布局以及格鲁派寺院多个扎仓的需求形成了特有的布局模式。这种模式与青海大型寺院（如塔尔寺、拉卜楞寺）不同，但与汉传佛教大型寺院相似：整座寺院有统一的轴线和朝向，各个扎仓的轴线均为平行线，形成了数个同一朝向的建筑群。但是与汉传寺院不同的是其建筑组群（扎仓）之间各自开门，且相隔一条街。以内蒙古锡林郭勒贝子庙为例，主寺为三进院落汉式对称布局。其左有显宗、密宗、医药、时轮等扎仓，右侧有明干、佛爷府等建筑。每一个扎仓均为汉式院落布局，且独自成院，扎仓之间留有通道。这样的布局形式在内蒙古多伦汇宗寺、呼和浩特乌素图召均有体现，当为汉藏寺院融合的特有在地化形式。

嵩祝寺

北京的另外一个大型格鲁派寺院嵩祝寺也是受此影响布局。嵩祝寺实际上泛指三座寺院即主寺嵩祝寺、其东侧的法渊寺以及西侧的智珠寺。康熙五十年（1711年），康熙帝决定建寺赠予二世章嘉阿旺罗桑却丹，即今嵩祝寺部分。其后雍正十二年（1734年），法渊寺创建，而智珠寺的建寺时间则要到乾隆二十六年（1761年）之后。根据《法渊寺碑记》及《宸垣识略》记载，三寺前身为明代的番、汉经厂：

> 嵩祝寺在三眼井之东，有御书额，为章嘉呼图克图焚修之所。法渊寺在嵩祝寺东，有铜鼎一，高六尺有咫，有御制碑文。智珠寺在嵩祝寺西，有御书书额。考按：嵩祝寺东廊下有铜钟一，铸'番经厂'字；西廊下有铜云板一，铸'汉经厂'字；法渊寺有明张居正撰《番经厂碑》。据此，则三寺为明番、汉经厂。

由于章嘉呼图克图在清朝的崇高地位，嵩祝寺的地位在北京城内仅次于雍和宫和黄寺，其规模也是首屈一指，与黄寺、雍和宫并称为北京格鲁派的三大寺。

结合民国时期的测绘图我们可以看出嵩祝、智珠、法渊三寺实为并列布置，各独自开山门，但是三座山门南侧又共享一个狭长院落。法渊寺与嵩祝寺还相隔一街，张帆老师分析法渊寺部分才是原来的番汉经厂，后期并入嵩祝寺中。通过上述史料可知，这三座寺院在管理上实为一寺，它们的主人均是章嘉呼图克图。三寺这样的独立排布应该是受到了蒙古族寺院的影响，所以严格意义上讲，智珠寺和法渊寺应该为嵩祝寺的两个扎仓。而在蒙古族寺院中，其通常把汉文中的"寺"等同于佛殿，反而用蒙古语中的"ᠵᠤ"（召）来形容寺院。如呼和浩特乌素图召下有五个扎仓，其中主扎仓名庆缘寺。但是庆缘寺三字的匾额并不悬挂于扎仓外门，而是在佛殿上。庆缘寺北有法禧寺，东有长寿寺。主寺庆缘寺与最晚的一座罗汉寺建寺间隔141年。几座扎仓之间也是各自开门，形式上为独立寺院。但是无论是僧众还是佛事活动均是共通的。

　　就嵩祝寺的建筑布局上，我们可以看到其延续了德寿寺和黄寺以汉传佛教寺院为基础的布局方式（图 5-7）。黄寺、德寿寺、嵩祝寺等皆有钟鼓楼。在嵩祝寺中，三座寺院紧紧相连，如果是出于实际功能需求并无必要三寺均设置钟鼓楼，更何况藏传佛教仪轨中并无使用钟鼓楼之处，所以钟鼓楼的建立是礼制化的设施，以彰显寺院之完备。与汉传佛教寺院不同的是嵩祝寺在东路设置了一座独立的经堂。如前文所述，清代藏地以及安多地区的寺院中，诵经空间（经堂）与朝拜空间（佛殿）是分开设置的。但是在北京的寺院均集中在主殿中，如西黄寺的都纲殿一名沿用了藏传佛教中经堂的常用名称，但是其本身却又是一寺之主要佛殿。诚如张帆老师的分析，嵩祝寺在初建时并无经堂，而是在后期僧众人数增多和宗教仪轨完善后增设的。藏传佛教佛殿的一个特点是礼拜空间和诵经空间的分离，寺院会有独立的供寺僧完成宗教活动的空间而不是委身于佛殿当中。但是汉传佛教却无此例。北京地区大部分藏传佛教延续了汉传佛教佛殿的布置方式，诵经空间和礼拜空间共享。但是在清中后期随着寺院僧人数量的增多，雍和宫和嵩祝寺皆出现了专供僧人诵经用的经堂。但是由于是后期扩建，故经堂位置并不在主殿的正前方而是后侧。

　　嵩祝寺的另一个特点即在佛殿后面布置章嘉呼图克图的办公之所——宝座殿。宝座殿

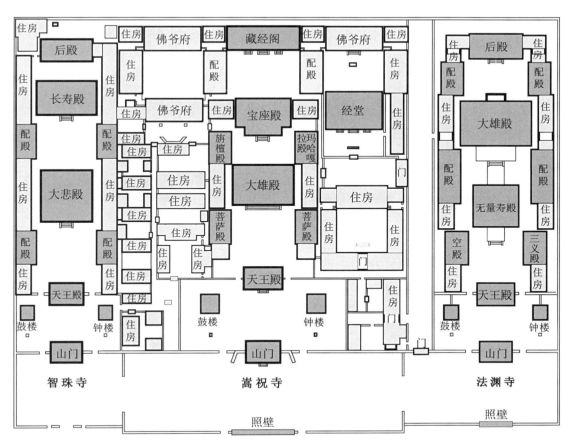

图 5-7　嵩祝寺平面图

三字也不难猜测此处应该有章嘉的法座，也是日常处理事务之所和小型经堂。嵩祝寺的布置与内蒙古的善因寺以及蒙古国庆宁寺的做法相同，即在主殿后的中路上设置办公场所。但是其他藏传佛教寺院在北京地区却无此殊荣，可见章嘉呼图克图在清朝中期受到的尊崇和其势力。

嵩祝寺三寺虽然面积宏大，单体建筑众多，但是建筑形制并不高，均为灰瓦，不使用重檐（图5-8）。以嵩祝寺大雄宝殿为例，其面阔五间进深四间，大式硬山顶建筑，斗栱为一斗三升不出跳。明间平身科为5攒，其余为4攒。室内柱网规整，砌上露明造，七架梁下为前后檐柱，山墙作中柱。根据正中为藏式风格的三世佛，两侧为十八罗汉与蒙古地区寺院风格一致，东南和西南两侧还有两尊紫檀佛塔与雍和宫雍和门内佛塔相近。其后的宝座殿也为大式硬山顶，面阔五间进深四间，五架梁下为前后檐柱，结构较大殿更为简单。主体殿宇前出一面阔三间进深一间的抱厦。整体而言嵩祝寺的建筑显得低调而谦逊。智珠寺建造时间较晚，建筑屋顶等级比嵩祝寺稍高。例如智珠寺的天王殿和长寿殿等中路殿宇均使用了单檐歇山顶，且使用斗栱。这可能是因为嵩祝寺建寺较早，此时章嘉呼图克图的地位还处在上升期。但是整体而言，三座寺院的现存建筑均未使用黄琉璃瓦，远不及北京城内大寺。嵩祝寺有意在建筑外观上保持低调，但是在内里的装饰上却毫不逊色。藏经楼内部有清中期的旋子包袱金龙彩绘，彩绘用金量极大，做工精细。门楣上有极为精细的石刻六拏具和八宝等均彰显了嵩祝寺"低调的奢华"（图5-9）。

嵩祝寺建筑群的另个一特点则是在佛殿的建筑平面上。智珠寺的大悲殿和法渊寺的无量

a

b

c

d

图5-8 嵩祝寺各殿宇图
（a为天王殿；b为大雄宝殿；c为宝座殿；d为藏经阁）

图 5-9　嵩祝寺浮雕门券
（a 为六拏具；b 为八宝及 "太平有相" 图）

寿殿的平面为正方形，形制较为特殊。法渊寺早毁，但是智珠寺的长寿殿保存了下来，其建筑为重檐攒尖顶的佛殿，面阔进深均为三间，副阶做法带有回廊（图 5-10）。在中国建筑史中，攒尖顶多用于亭台楼阁之中，极少用在主要殿堂之内。但是由于藏传佛教佛殿特有的空间

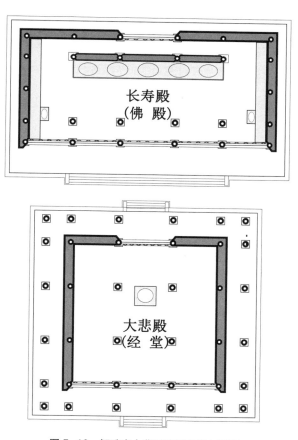

图 5-10　智珠寺大悲殿和长寿殿布局图

需求，佛殿建筑需要突出正方平面即曼陀罗的特性，所以藏传佛教的佛殿出现了正方形的建筑平面，在空间上与藏传佛教的都纲空间相似。正方形佛殿的形制应该来源于青海和内蒙古地区。如瞿昙寺、呼和浩特大召佛殿等均为带有转经廊的正方形佛殿，但是这些明清的佛殿的屋顶形式还尚为歇山顶。直到乾隆朝早期的北京地区寺院才开始使用攒尖顶作为殿顶，例如圆明园月地云居即采用此屋顶形式（图5-11）。月地云居为清代圆明园四十景之一，建于清乾隆二年（1737年），是乾隆朝早期重要的御用寺院。正中高起的攒尖顶空间对应都纲空间中的天井，而四周的环廊对应的是裙房，所以推测方楼很可能是诵经使用的经堂。方楼后带有抱厦的建筑应当为佛殿。在智珠寺和法渊寺的建筑中，可见到相似的布置，法渊寺和智珠寺与月地云居布局基本相当，除去前侧的山门、天王殿和后侧的后楼外，均为正方形的方楼在前，而佛殿在后，这样的排布形式应当是模仿藏传佛教措钦大殿的经堂和佛殿的位置。相似的布局在内蒙古东部的寺院也可看到（如梵宗寺）。

影响更为深远的是，由于攒尖顶建筑可以承担正方形的建筑空间，故清代以后将攒尖顶作为最为重要的藏传佛教建筑的屋顶形式，甚至超过了庑殿顶。例如在北海小西天的极乐世界殿中，使用攒尖顶以象征曼陀罗，也使得极乐世界殿成为现存最大的攒尖顶殿宇。相似的佛殿也在承德普陀宗乘之庙的万法归一殿和须弥福寿之庙的妙高庄严殿中一再出现。两座殿宇均以重檐四角攒尖顶作为最主要殿堂的建筑形式，且在屋顶覆瓦上使用了铜制鎏金鱼鳞瓦，这在传统汉式佛教建筑中是极为罕见的。藏传佛教建筑中都纲空间追求正方形的环形上升空间，而抬梁传统木构并无与此相配套的结构形式。而攒尖顶与回字形柱网的搭配则是自元代以来藏传佛教建筑的空间和传统木构抬梁的结构形式表现结合的重要实例，即空间与建筑形式的对位，也是各民族文化融合的生动实例。

图5-11　月地云居

3. 从王府改建的藏传佛教寺院

普度寺

除了上述为重要僧人设置的寺院外，清朝还有把潜龙府邸或和帝王继位前有紧密关联的建筑改作藏传佛教寺院的传统，例如：多尔衮的王府改为了普度寺；康熙帝避痘的场所改为了福佑寺；康熙帝读书的场所改为恩佑寺和恩慕寺；康熙帝十三子允祥的怡亲王府改为贤良寺；雍正帝的雍亲王府改为雍和宫。这些寺院无论建筑还是布局都带有府邸的形制，是研究清早期王府的重要实证。

普度寺又名玛哈嘎拉庙，原为明代重华宫的东苑，清初重建改为了多尔衮王府。多尔衮去世后爵位被罢黜，王府上缴，其建筑也多有拆改。康熙三十三年（1694 年）王府北部被改为了玛哈嘎拉庙。现仅有山门、大殿以及方丈三处单体建筑遗存。整个普度寺坐落于 1 米余高的台基之上，推测整个高台均是明代宫殿的基座遗存，台基两侧还留有排水的兽头。台基上方轴线上为山门和大殿两座殿宇。山门为单檐硬山顶三开间，进深 6 椽，绿琉璃瓦，内檐使用和玺彩画。门内有中柱，推测内部原供四天王，但塑像早年已毁。其建筑形制不似王府大门，且与主殿结构不一致，推测为康熙年间的新建。山门后为长方形院落曾遍植松柏，两侧配殿已毁。院落的后端为主殿慈济殿。慈济殿坐落于近 1 米高的汉白玉台基上。台基上有常见的杂宝、仰覆莲的图案，比例及雕刻推测为明代遗存，清代重建时大殿缩小，只占据台基北侧部分。大殿面阔七间进深三间带有回廊，为单檐歇山顶，应该是王府原来的正殿兼寝殿（图 5-12a）。较为独特的是大殿带有较强的满族民居特色，例如有窗台极低的窗户，且原先殿身四周皆采光。慈济殿结构有很多独特之处，例如屋檐采用了三层椽子、梁头外伸出有兽头装饰、柱网使用了回字形柱网且四周带有回廊（非副阶做法），这些做法并非明清官式做法且与沈阳故宫不完全一致，却与东黄寺的建筑相似。所以其建筑结构来源还需要进一步探讨。[①] 此外，大殿梁上的垫板上还绘制了数幅带有强烈西洋透视效果的器物图，带有清朝中期风格，很可能也是乾隆朝重修后请西洋画师绘制（图 5-12b）。

大殿内陈设也与传统藏传佛教寺院有异。《天咫偶闻》对于陈设有比较清晰的记载：

> 明之南内，今已拆尽。按行遣迹，惟普胜、普度二寺似犹是旧殿之仅存者。普度寺殿宇极宏，佛像极奇，皆西天变相。手执戈戟，骑狮象。陈设多宝物，沉香长及丈，雕镂花纹。明成化中，番僧板的达所贡七宝佛座，即仿其规式造五塔寺者。今尚供寺中，完好无恙，乃木雕加漆者……今殿极东一间，北墙下番佛五，皆乘狮象。南窗下悬王之甲胄弓矢，甲长七尺余，黄缎绣龙，鲜好如新。胄径九寸余，护项亦黄

[①] 慈济殿的建造在清初入关时，其建筑时间与东黄寺建造时间相近。一种可能的猜测是恼木汗等僧侣也参与了慈济殿的设计，并将流行于山西北部和内蒙古地区的回字形柱网形式引入，形成了慈济殿的回字形柱网。

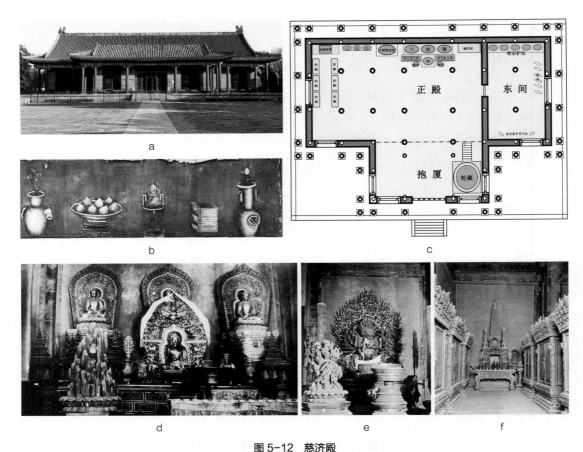

图 5-12 慈济殿

（a 为外观；b 为垫板上西洋画风博古图；c 为平面图；d 为明间陈设；e 为左稍间大威德金刚陈设；f 为西尽间木塔）

色。刀剑弓矢长于今三之一，弓无肖而一人之力不能开。旁二护卫像，著甲执兵，皆
真物，王之二巴图鲁也。殿外作龙尾道，直抵山门，道旁古松林立，清荫甚美。

　　结合 20 世纪 30 年代的记述和图像资料，大殿内部陈设与传统佛殿并不相同，而是被分
为若干个区域，为几处相对独立的陈设（图 5-12c）。明间供奉三世佛。三世佛前佛座下又有
一佛二弟子像，从背光六挐具判断为明代作品，两侧各为三个木塔，塔内供奉三尊泥塑罗汉
像。佛坛前还有假山、钟鼓、海灯等陈设。西次间供奉一尊铜制大威德金刚，连座有一丈余
高，为明初造像的精品（图 5-12d、e）。[1] 东侧次间为经橱。西侧的稍间供奉三大士像，尽间
则为一金刚座塔模型，如震钧所述，这座金刚座塔模型即室利沙所呈给明成祖的菩提伽耶大塔
模型，即真觉寺金刚座塔的原始蓝本。但是细看图 5-12f，其五座佛塔形式虽确与真觉寺塔相
似，但是塔前有登塔的罩亭，罩亭两侧则有两座覆钵小塔。其模型不但与布达拉宫所藏笈多王

---

① 慈济殿的塑像在 20 世纪 60 年代前被移至故宫，故保存完好，其中三世佛被调拨到洛阳博物馆，东殿
　供奉的大威德金刚和 6 座佛塔则被调拨到雍和宫。其余佛塔、佛像无存。

朝菩提伽耶塔有异，也与真觉寺塔不同（真觉寺塔罩亭为清代所加），反而与碧云寺塔模型一致，所以推测这个模型建造时间应该是乾隆朝前后，而非明代遗存。塔前则有两组经橱，20世纪30年代时经书已失。

慈济殿与一般佛殿最大的区别则是东侧的稍间和尽间单独隔出一间，魏文老师有专文研究，并将其与沈阳故宫的寝殿清宁宫比较，这种东侧隔间的布局仅在满族早期的居住建筑中出现，猜测原为多尔衮王府的起居之所，后成为改供玛哈嘎拉及其他密宗护法的密室①。佛坛前还有以纸扎而成的狼、狗、鹿等动物模型。根据震钧叙述，南侧则悬挂甲胄弓矢，应该是皇帝御用之物，20世纪30年代已经移入故宫博物院保存，现状不详。②

大殿前的抱厦疑为乾隆时期加设，面阔三间，覆黄琉璃瓦。抱厦内的东南角有一座石砌圆坑（图5-13a～图5-13c），圆坑四周有汉白玉浮雕装饰四大部洲、海水江崖等图案。北侧有石阶可以下到坑底。在改为佛寺后内设一转轮藏，与雍和宫转轮藏相似（图5-13d）。圆坑在王府时期的功能不明，有猜测可能为萨满教祭祀用的设施，乾隆朝增建抱厦将其包入室内并增设转轮藏。普度寺的转轮藏与雍和宫转轮藏相似，为八边形楼阁。轮藏每侧设一门，门前有一

图5-13 转轮藏

（a为转轮藏现址坑洞；b为坑洞四周龙纹浮雕；c为坑洞四周四大部洲图案；d为转轮藏）

---

① 详见《从玛哈嘎喇庙到普度寺：从旧影与遗存重构北京普度寺慈济殿的原貌》一文。魏文. 从玛哈嘎喇庙到普度寺：从旧影与遗存重构北京普度寺慈济殿的原貌［J/OL］.［2023.08.05］. http://www.tibetology.ac.cn/2022-05/31/content_41988561.htm.

② 并无史料记载此甲胄弓矢为多尔衮遗物。

尊坐佛，两柱间雕刻盘龙。轮藏上侧为一天宫楼阁装饰的塔檐。下部为八位护法神（疑似为天龙八部）承托轮藏。20世纪30年代的《北平庙宇调查》中对于大殿内其余陈设均有详细记述，但是唯独未提及轮藏，猜测彼时轮藏已失。

雍和宫

雍和宫是北京地区唯一保存完好的藏传佛教寺院，其寺院布局和陈设基本保留了清朝的原样。雍和宫原为雍亲王府，位于安定门内。在国子监街的东北，柏林寺的西北。康熙三十三年（1694年），清康熙帝为皇四子胤禛修建了府邸。1723年胤禛继位，雍亲王府成为清朝第一座潜龙府邸，成为行宫兼作格鲁派寺院，并改名雍和宫。雍正十三年（1735年），曾在宫内停放雍正帝灵柩。乾隆九年（1744年），雍和宫正式改为藏传佛教寺院。

雍和宫尽管在乾隆朝进行了大举改建，但是其寺院布局难得地综合了王府建筑形制、汉传以及藏传佛教建筑的特点，成为北京城内独一无二的藏传佛教寺院（图5-14）。现在的雍和宫只保留有中路，原来位于东侧的花园在1900年前后烧毁，而西侧的关帝庙跨院则在扩建雍和宫大街时被拆除。

雍和宫第一进院落为牌楼院，南侧为一影壁，东、西、北三侧为牌楼。其中北侧牌楼是少见的三楼四柱九肩牌楼。跨过牌楼后经过辇道，到达原王府的正门昭泰门。昭泰门为琉璃随墙门，面阔三间，还留有王府旧制。昭泰门内两侧为加建的钟鼓楼及二碑亭。二碑亭内为满、汉、蒙、藏四种文字写成的《雍和宫碑记》。其中汉文为乾隆帝御书，怀念了其父雍正以及阐述了将雍和宫改为藏传佛教寺院的原因。东西两侧是阿斯门，即原王府的侧门，也称为辕门。院落正北为雍和门，功能为天王殿。天王殿为单檐歇山顶，黄色琉璃瓦。由于雍正帝去世后曾在雍和宫内停灵，故宫内中路主要殿宇覆瓦升格为黄琉璃瓦。雍和门面阔五间，正中间三间开扇门。殿内布置与汉传佛教寺院天王殿无异。雍和门进深三间，但是为了在前部容纳大肚弥勒及四天王共5尊造像，故使用减柱法省去弥勒佛前的一对金柱，使得四天王和弥勒佛处在一处没有柱遮挡的空间。由于中柱的位置过于靠后，故雍和门殿可能已经不是王府正门的原物，而是在转为佛寺后的改建。

雍和门之后的雍和宫殿原为王府银安殿，也是正殿。两殿之间有一碑亭，重檐四角攒尖顶。碑文为著名的《喇嘛说》。雍和宫殿面阔为七间，重檐歇山顶，带前廊（图5-15）。内供奉三世佛，两侧为十八罗汉，其佛像虽然和汉传佛教主殿有异，但是其排布方式却与汉传佛教佛殿完全相同。[①] 雍和宫殿内的彩绘设置也颇具宗教深意，例如明间和稍间进深方向的

---

① 雍和宫三世佛的铜料来自于《古今图书集成》等内务府书籍原稿中的铜活字。为雍和宫改寺后，经和亲王弘昼奏请，乾隆帝御批将铜活字融化后，锻铸而成，最后再将佛面部和躯干部分贴金。十八罗汉则为"紫麻脱纱"工艺塑造，即先用木骨及泥土塑模，再以纱布缠绕、涂漆，形成漆布层，等干透后再将其内的木骨和泥土掏出。最后为上色，即采用拨金工艺。佛像周身先通体贴金，再上一层漆，在漆未干之际用竹片剥去表面而露出内部的贴金。

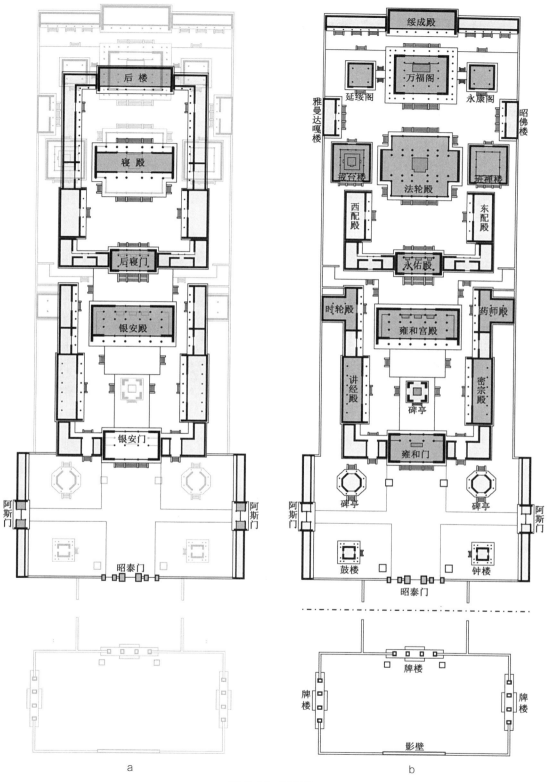

图 5-14　雍和宫

（a 为雍亲王府布局推测图；b 为现状）

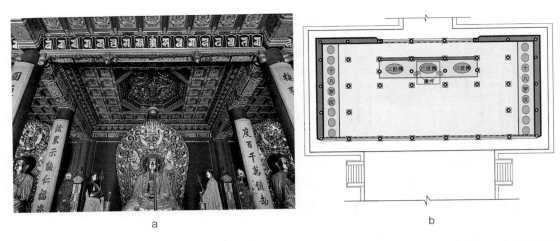

图 5-15 雍和宫殿
（a 为明间佛像及藻井；b 为平面图；c 为外观）

梁架上使用包袱构图，包袱内绘制十相自在图，包袱外的藻头处绘制七政宝，盒子内绘制佛教八宝，皆为沥粉贴金。三世佛所在的明间和稍间的梁和枋处还有似以藏式叠木设计的装饰，外侧为莲瓣，绘有梵文。此外，雍和宫殿使用了减柱法，其室内南侧的一排金柱被取消，但又在佛坛正前的明和稍间加了 4 根金柱。这样的做法在清代北京王府中极为少见，但与承德的普宁寺和殊像寺大殿做法相近，所以推测雍和宫殿可能也在乾隆朝经过重建。雍和宫殿两侧为雍和宫的"四学殿"，即寺僧学经的扎仓。雍和宫有显宗、密宗、时轮、药师四个扎仓。扎仓源自格鲁派，有森严的学经体系，类似于当今大学中的学院。拉萨三大寺中均有数个扎仓，扎仓下还有康村和米村两级体系。一般扎仓有自己的经堂，如日本学者长尾雅人所述，清代以来的寺院主要有"活佛寺"和"学问寺"两种，学问寺即寺僧学习教理的寺院。但是在长尾雅人于 20 世纪 30 年代拜访雍和宫时，雍和宫的扎仓以及学习系统已经名存实亡。其实从雍和宫的四个扎仓仅仅是占用两旁的配殿就可以看出，其建筑规模和功能均无法满足一座真正的格鲁派学问寺扎仓所需要的学经条件。从雍和宫的财力和地位来看，其扎仓的规模本不应该存在问题，而委身于配殿可以看出四学殿在此更多是为保证礼制的周全完备而简化设置，并非真正格鲁派学经的扎仓。这一点也与长尾雅人记述雍和宫内缺乏学问僧相印证。

雍和宫之后是永佑殿，永佑殿则是雍和宫后半部部分院落的大门，推测为雍亲王府时后寝部分的正门。永佑殿面阔五间，单檐歇山顶，规制同天王殿，但是规模略小。殿内供奉无量寿佛（即阿弥陀佛）、药师佛和狮吼佛。进入永佑殿后台基升高近 1 米。永佑殿后为雍和宫的经堂法轮殿，雍和宫和嵩祝寺是少有的带有独立经堂的北京寺院。法轮殿的建筑也是雍和宫内最为特别的，其前后出抱厦，且在屋顶上出五座方亭，其建筑的具体结构在佛殿一节还会有详述。法轮殿内在乾隆一朝并无大的佛像供奉，其功能即是诵经经堂。现在的宗喀巴铜像则是20 世纪以后的作品。法轮殿的两侧为罗桑华丹益来京时加建的起居所和乾隆受戒的戒台。这三座殿宇体量相差不大，一字形布置，这种三殿并列的布局形式不知是否是有意布置，但是不可否认的是与瞿昙寺壁画以及额尔德尼召三殿的布局相似。

在藏传佛教的措钦大殿中，通常经堂在前而佛殿在后，而法轮殿却在主殿雍和宫的后面，这也许是因为是由王府改造而来的限制，雍和宫的经堂法轮殿在佛殿雍和宫殿的后部，与智珠寺和月地云居有异。还有一种可能是法轮殿院落中的佛殿指的是万佛阁——雍和宫内最高大宏伟的建筑（图 5-16）。

万福阁是雍和宫的第五进大殿，重檐歇山顶，外侧看为两层，内侧为三层，内供一尊 18米高白檀木制成的弥勒立像。万福阁第三层有飞廊与左边的延绥阁和右边的永康阁相连，两阁内为佛教重要的两个"机关"，一个是可以旋转的书橱——转轮藏；另一个是"花开现佛"[①]。根据《清代雍和宫档案史料》的记载，这三座建筑原位于景山寿皇殿后，为明代遗存[②]。乾隆十三年（1748 年），重建寿皇殿时将此处建筑移至雍和宫。从康熙时期景山全图可知，原来的万福阁为单檐歇山顶的两层楼阁，而在雍和宫内则被改为了重檐，可能是为了容纳内部的白檀木弥勒佛像而将建筑加盖为重檐。万福阁和两侧配楼延绥阁和永康阁的建筑形式颇具古意，在敦煌的壁画中乃至隆兴寺中均可见到空中连廊的实例。就建筑结构本身而言，万福阁虽然使用通柱，但是大阁两层中间还有暗层平座层，此做法和独乐寺观音阁一致，在明清的楼阁中已经极少见到。另由于明代档案并无记载初始时万福阁的功能，所以无从得知其原始作用，推测可能与祭祖有关系。雍和宫万福阁的白檀木弥勒大佛是清朝藏传佛教三座大佛阁中的一座。如第1 章所述，唐辽之际寺院颇偏爱大阁和大型佛像，但是有明一代北京城内并未建造占据数层的高大室内佛像的实例。明代的高阁最为常见的即前文所述的藏经阁，但是无一例外均为二层且无夹层，亦无上下通高的佛像。而清朝乾隆时期则打破了这一传统，除雍和宫万福阁用以供奉弥勒大佛外，北海北岸阐福寺的大佛楼则是供奉大白伞盖佛母。两座建筑形制相近，均为外观2 层，实际 3 层，佛像大小也相当（图 5-17）。可惜的是阐福寺毁于 1919 年北洋消防队失火。另外两座高阁则为姊妹阁，即承德普宁寺的大乘阁以及清漪园的香岩宗印之阁，均为 3 层。普

---

① 花开见佛即将佛像包裹在花瓣形的机关内，当机关开启时，花瓣落下，便可看到内部的佛像。五台山
　罗睺寺亦有此机关，与雍和宫基本为同时建造。乾隆帝在须弥福寿之庙的裙楼二层的六品佛楼南侧还
　建造了一对花开见佛和转轮藏，与雍和宫形制相近。现在均保存完好。
② 由于并无确切的史料支撑，万福阁原有形制如何且是否为明代遗物还有一定的疑问。

图 5-16　雍和宫万福阁
（a 为内供弥勒佛巨像；b 为外观）

图 5-17　阐福寺大佛楼
（a 为内供大白伞盖佛母巨像；b 为外观）

宁寺大乘阁保存完好。大乘阁高 36.65 米，从外部看为 5 层，内部为 3 层。其中供奉一尊高 27.21 米的千手观音像，也为现存最大的木构佛像。香岩宗印之阁毁于英法联军之手，慈禧时无力重建而改为单檐歇山顶的佛殿，关于香岩宗印之阁的资料不多，根据王其亨老师的复原，其建筑尺度要小于大乘阁，且内部分层，似乎并无大佛。

　　万福阁的后面是后罩楼绥成阁，绥成阁左右两翼则是"L"形折角罩房，推测原为倒"U"形的罩房，后改建只保留了西侧部分，现在"一"形罩楼的形式是雍和宫在吸收了西跨院后改建的，并新建了万佛阁两侧的昭佛楼和大威德金刚楼。绥成殿在光绪年失火，原主殿下层供奉度母像，上层供奉佛塔，东顺山楼供奉祖师像，西顺山楼为龙王殿。

相较于普度寺和福佑寺，雍和宫的改建尽管单体建筑多有变化，但是王府的院落布局被完整地保留了下来。故布局依然可以看到王府建筑的形制，当年的雍亲王府应该是由三组院落组成的，第一部分，即前部是庭院，即今雍和门及昭泰门的院落。第二部分是前朝，以王府的银安殿（雍和宫殿）为核心，两侧的廊庑院落基本保存完成。第三部分猜测应该是后寝，改动比较大。今天永佑殿应该是后寝的大门，而法轮殿则是原后寝的主殿，即雍亲王起居之所。猜测原来的后罩楼应该在今万福阁南侧，形成回廊。现在的雍和宫永佑殿两侧仍然保留了转角廊庑。而这种朝寝分开、廊庑环绕的形制在晚清的醇亲王府等王府建筑中也还有遗存。故雍和宫的建筑难得地融合了宫殿、王府、寺观等多重建筑要素，但是并没有看出特别强的违和感，是因为在清代，无论是王府还是寺观模仿的蓝本均是宫殿，这也是明清寺院发展的一个重要特征。

第6章 明清北京藏传佛教建筑演化

1. 藏传佛教佛殿及藏式结构

藏传佛教建筑分布极为广泛，中国有各式各样的藏式风格寺院，宿白先生在《藏传佛教考古》中有过详尽的论述。但是面对形式各异的藏式建筑，尤其是北京地区的藏传佛教建筑，需要建筑学意义上对建筑是否为藏式建筑的判定标准，故本书在此总结为三点：结构、空间及造型。

在结构上，藏式建筑的最大特点为墙柱混合承重，室内立柱与墙体均为承重构件，卫藏地区和18世纪的内蒙古地区绝大多数建筑属于此类，如萨迦寺的陵塔殿（图6-1a）。藏式立柱通常为抹角方柱，通过托木与两层的梁架体系相接：底层方梁通常在开间方向，架在柱头的托木上，上层较细且密的方梁则在进深方向搭在底层方梁之上，再在其上铺设木板为屋顶（图6-1b）。而汉式的抬梁结构建筑则以柱子为唯一的承重结构，墙体只是围护结构而不承重，故有"墙倒屋不塌"之说，多见于北京、承德乃至五台山和东部内蒙古等地区，如雍和宫的西配殿则是其中的典型代表（图6-1c）。柱子上通过斗栱与梁相接，梁架间通过抬高梁的方式逐渐收缩屋顶，在梁上架檩，檩上架椽，椽上再架闸板和瓦（图6-1d）。

在空间上，藏式建筑最为典型的空间为都纲，表现为正方形的平面，而中央的部分高起形成天井，四周则是环廊空间。这样的空间形式最早很可能是受到了毗诃罗院（vhara，又译为僧伽院）的影响。而以此为原型，将中间院落的部分高起形成天窗，便形成了卫藏地区的措钦大殿建筑蓝本，大昭寺、夏鲁寺、白居寺乃至布达拉宫的红宫部分均是此类空间形式。藏式空间的另一个原型则是早期印度的佛塔空间对曼陀罗进行摹写，托林寺、桑耶寺大殿均是以此为原型演化而来。此外，在实际的使用中，藏式的措钦大殿（尤其是格鲁派）采用了前经堂后佛殿的形式将诵经空间和礼拜空间分开。而汉式建筑的空间更为灵活，由于抬梁建筑的特性，室内空间大多为面阔长而进深窄的长方形空间，但也可通过勾连搭形成进深大于开间的空间，或可通过四侧建抱厦形成类十字的空间。各种攒尖顶可形成圆形、多边形乃至花瓣形（花承阁）的空间。建筑内部如果使用砌上露明造，则可看到梁、檩、椽形成的坡形空间。天花和藻井配合室内斗栱的使用也可增加空间的层次。

在造型上，藏式建筑特有的墙面做法及装饰，比如建筑墙体大多用石块砌筑，并涂成白色

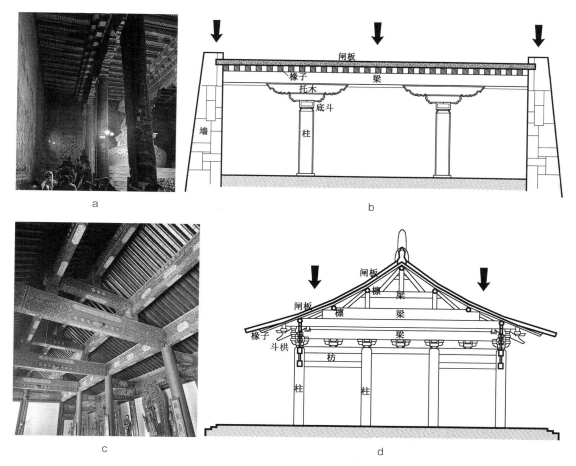

图 6-1　藏式和汉式结构

（a 为藏式结构实例萨迦寺；b 为藏式结构；c 为汉式结构实例雍和宫；d 为汉式结构）

或者黄色（布达拉宫还出现了红色），墙体断面呈梯形，能够明显地看到收分。因为密肋梁结构，藏式建筑屋顶通常是平顶，大多可以登临，部分高级的藏式建筑还有金顶。墙面上和屋顶上会有边玛草装饰，屋顶上会有胜利幢和牛尾旄装饰。此外还有一些常见的藏式构件及装饰，例如配合藏式结构而形成的托木、藏式特有的方柱、梯形的盲窗，均是藏式建筑中较为独特的形式。汉式佛教建筑的外观均为坡屋顶，但是形式灵活多变。明清时期建筑外墙大多为红色，柱子包地仗。梁枋上彩绘多以蓝绿为主色调，兼以黄红二色。屋顶多为灰色筒瓦，重要建筑用琉璃瓦。建筑屋脊有吻兽，装饰一如官式建筑，并无明显的佛教特色。

在形式、空间和结构三者中，形式是较容易实现的。例如自元代以来的北京佛教寺院中已经在佛像背光和门券上广泛使用六拏具。大崇恩福元寺的大殿"为制五方，四出翼室"应该是对于曼陀罗的模仿，覆钵塔则是在藏式佛塔上的再创新。明代的诸多佛殿出现了在天花上以六字真言或者曼陀罗装饰，采用梵式风格的佛像或者佛塔。例如，智化寺藏殿利用天花和经橱上的梵文或者藏文的种子智表达藏传佛教含义等。

戒台寺大殿

尽管藏式结构和布局未出现在明代北京寺院中，但从明代中期开始，出现了在木构建筑造型上的尝试。除了下一节的金刚宝座塔外，木构建筑中，戒台寺的戒台大殿颇具藏式特色。戒台大殿为正统时期的重建，平面呈正方形，面阔进深均是五间。大殿殿顶有鎏金铜铸喇嘛塔式宝瓶5个，为成化朝僧人德秀捐建，中间最高的覆钵塔将近5米，四座小塔稍低，安置于四角（图6-2）。这5座覆钵塔的形式很有可能是取材于真觉寺的金刚座塔形制，在造型上模仿了藏式建筑，为北京地区现存较早的在木构建筑中模仿曼陀罗的实例。[①]之后的碧云寺五百罗汉堂建筑上的覆钵塔应该是模仿自同一原型。

除了戒台大殿以外，北京地区再无现存明代的以藏传佛教造型立意的实例了。但是，放眼整个明帝国，河湟谷地作为西藏以外藏传佛教的第二中心，尤其是河湟地区保留了大量明代以来的木结构建筑，较具代表性的有瞿昙寺的瞿昙殿和宝光殿、妙因寺的万岁殿等建筑。这类佛殿大多采用歇山顶，柱网布局保留了类似于金厢斗底槽的回字形同心布局，柱网大多为3层（图6-3）。最外侧一圈柱网用作室内的转经廊道，次外层作为佛殿外墙，最内层的金柱作为室内柱。其建筑的柱网结构与北京地区的佛教建筑存在差异，在空间上则是着意模仿藏式的都纲空间。说明明帝国内使用汉式结构的藏传佛教建筑也并非只有北京地区一种（表6-1）。

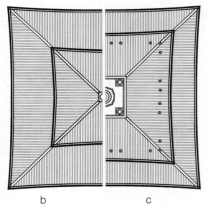

图6-2　戒台大殿
（a为外观；b为改造前推测图；c为改造后现状图）

---

① 大殿两层屋檐均有擎檐柱形成的柱廊，擎檐柱柱廊的柱础均在地面以上，似乎是台基布置好后置柱础。更为奇特的是上层的擎檐柱直接穿破底层的屋檐，而插在底层的檐柱上。由于中国木构建筑极不耐水，所以柱子穿破屋面的防水层做法极为罕见，非轻易而不为。故此处的擎檐柱可能非原配。尤其是上层擎檐柱并不能提供环廊，无实际功能。从戒台大殿上层屋檐出檐的深度判断，其上层的擎檐柱应当有结构作用即支撑挑出过远的檐椽。但是屋檐为什么会挑出超过了结构允许的范围，一种猜测是戒台大殿在成化年间的重修改变了上层屋檐的形式，从攒尖顶改为了盝顶以放置5座铜鎏金的宝瓶。为了放置宝瓶必然使得各脊向外侧偏移，使得上侧屋檐出檐更远远超过了结构允许的悬挑距离，不得已在屋檐檐椽下加做一圈擎檐柱支撑，形成现在的结构。当然由于缺乏文献支撑，笔者仅作合理猜测，欢迎讨论。

图6-3 感恩寺大殿

（a为平面图；b为外观；c为壁画；d为转经廊道；e为内景）

明代各地藏传佛教佛殿形式 表6-1

地区	结构		空间	
北京	汉式抬梁结构（梁柱承重）	纵向柱网	经堂佛殿合一	无转经廊
卫藏	藏式密肋梁结构（墙柱混合承重）	标准格网	经堂佛殿分置	有转经廊[①]
安多	汉式抬梁结构（梁柱承重）	回字形柱网	经堂佛殿合一	有转经廊

西黄寺方楼

自清代以来，北京的藏式建筑形式开始呈现出丰富的形态。诚然，如明代一样，完全使用

---

① 卫藏地区藏传佛教建筑经历了多个阶段，故转经廊道前后有较大变化。早期寺院大多建有环绕佛殿的转经廊道，如小昭寺、桑耶寺、白居寺。但格鲁派兴起后，其建造的拉萨三大寺和扎什伦布寺逐渐废弃了转经廊道。但是在明代格鲁派势力并未影响到北京寺院建筑，故本表中以噶举和萨迦派寺院为例。

汉式布局和结构的藏传佛教寺院依然占据了主流。但是也开始逐渐出现了模仿藏式造型和空间的建筑。清朝已经不满足于仅仅形式上的模仿，而开始出现了对于建筑空间的模仿，例如东黄寺大乘殿则带有安多地区的转经廊。而西黄寺的方楼更是仿照藏式空间而设计。法国著名建筑史学家沙依然（Isabelle Charleux）将这种建筑形式命名为回廊式措钦（corridor-style Tosgchin）。关于回廊式方楼的设计过程，无论是藏文史料或者是清宫档案，均无明确的文字记载。仅清末的《天咫偶闻》中有简要记述，作者震钧认为回廊式方楼的原型为布达拉官的白官，其原文摘录于此：

> "西黄寺，在京城正北。东寺建于顺治初，西寺建于雍正初。东名普静，系为活佛恼木汗所建。西寺有楼，仿乌斯藏式为之。凡八十一间，云窗雾阁，屈曲相通。相传班禅将入朝，诏仿西藏布达剌式建此。既至，日居于上，饮食漱浴，不在平地。楼上正中为其卧室，锦荐厚半尺许。陈设眩目，杂七宝为之。楼有御座蒙以龙袱，金银佛像若干躯，富丽为诸寺冠。庚申之乱，掠劫一空。据楼上为巢窟，凡两月。宛马绾于阶上，戎刀列于室中。清净之场，变为粪壤之区。从此佛火销沉，无复当年之盛矣。"

根据老照片和伊东忠太的手绘图可知，西黄寺方楼一层为正方形，殿身为面阔七间进深七间的标准柱网，外围带有一圈外廊。从伊东忠太在20世纪30年代的调研平面图中看到西黄寺方楼中心为一室外庭院，北侧室内很可能是放置"龙袱御座"之处，功能为会客厅。二层设计尤为特别，为回字形环形裙楼，内外两侧各有一连通的室外回廊，为阿旺罗桑嘉措的起居之所，即"日居于上，饮食漱浴"之处。二层在一层都纲入口处上方出平台，很可能是观看藏戏表演和辩经之处。

关于方楼的建筑原型，震钧认为是布达拉官，此时的布达拉官仅完成了白官部分。白官的有寂圆满大殿是布达拉官内唯一与方楼尺度相近的建筑空间。有寂圆满大殿是白官内最为宏大的建筑，为白官的诵经堂，二层的东西两部分还存在柱廊，其建筑空间并非环廊。在建筑形式和结构上，有寂圆满大殿并非独立建筑，而是白官楼阁建筑群的一部分。其结构采用了藏式的密肋梁结构，墙体与室内柱共同承重，与西黄寺方楼汉式抬梁结构的梁柱体系亦不同。此外，方楼的功能并非诵经的大殿。清代类似的空间形式模仿的实例，例如普宁寺模仿桑耶寺、香山昭庙模仿扎什伦布寺等都是同一类建筑功能的模仿。作为起居之所的西黄寺应该与西日光殿，即阿旺罗桑嘉措在布达拉官的起居处进行比较。但是西日光殿是若干小型房屋组成的殿堂，并无回廊做法。显然与西黄寺方楼无论是造型、空间还是结构均关联不大，反倒是红官与方楼相近，但是红官则要在阿旺罗桑嘉措去世后，即1690—1694年之间修建，要晚于西黄寺。震钧谈及布达拉官可能仅是因为二者均为阿旺罗桑嘉措的居所。

笔者认为相较于布达拉官的白官，从建筑尺度和空间而言，回廊形建筑的摹本最早的源头应该是印度佛教寺院的毗诃罗院。由于印度地区炎热的气候，一个毗诃罗院由若干个小型房间组成，其中心为室外空地或为佛塔，如印度的那烂陀寺遗址、犍陀罗的居里安（Julian）遗址，巴米扬的石窟中也存在着大量的毗诃罗院单元。毗诃罗院广泛使用在北印度和中亚地区，当地的佛教、祆教、印度教以及日后的伊斯兰教中均有应用。在公元 2 世纪左右的北印度犍陀罗遗址以及新疆尼雅遗址都可以找到相似的遗迹。此外，如敦煌莫高窟西魏的第 285 窟应为毗诃罗院的摹写，再如云冈石窟崖壁上端的北魏寺院也能看到小型僧舍围绕的院落，都是受到早期毗诃罗院影响而形成的寺院。藏地的典型代表是拉萨的大昭寺（图 6-4a）。相似的毗诃罗院在古格王朝的寺院遗址中也曾见到。虽然大昭寺屡次重建，宿白先生认为其核心的平面依然保留了前弘期以来的回廊式毗诃罗院的单元。大昭寺早期房间中，除觉卧佛仓外，大多应为居住使用，但在 14 世纪以后的扩建，逐渐将其余环绕的小室全部改为佛殿，并将中心合院围合入室内，形成了室内诵经的措钦，从居住空间转化为宗教空间。

与汉地相似，毗诃罗院这一在热带地区通用的建筑形式并不适合东亚温带以及高原地区，另外，佛教的发展也需要更大的佛殿以安置大型佛像，故后弘期以来的藏地寺院也逐渐弃置了这一形式，而与塔殿等融合形成了诸如夏鲁寺和白居寺等佛殿围绕经堂的建筑形式。格鲁派的寺院在宗喀巴大师的改革后（如拉萨三大寺和扎什伦布寺）增加了经堂部分的面积，与早期毗诃罗院的建筑形式相差更远。但是藏式贵族的庄园却保留了类似的回廊式空间，用作住宅，如安多的昂拉千户庄园、江孜的帕拉庄园等。而 17 世纪桑结嘉措在建立布达拉宫红宫时，其自述要"仿照最传统的寺院形式"，红宫亦是回廊式的变形（图 6-4b），可以推想在清朝早期为迎接阿旺罗桑嘉措的到来，顺治帝特请恼木汗仿照藏地样式建造方楼。恼木汗很可能是参照了最早大昭寺的毗诃罗僧院的样式，并且借鉴了藏式贵族民居做法，通过改造汉式结构，形成了有别于汉式建筑的最早回廊式建筑的尝试。

沙怡然教授注意到类似回廊式的方楼的奇特空间被广泛应用在清代中后期的建筑中。例如外观与方楼完全一样，但是功能为经堂的庆宁寺和善因寺措钦大殿（图 6-5）。善因寺和庆宁

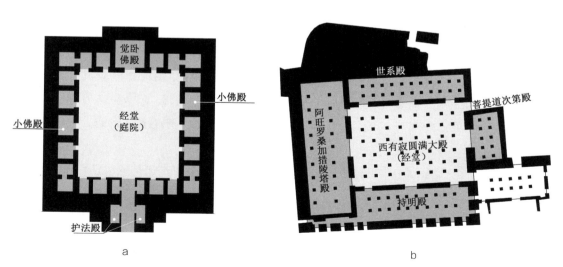

图 6-4 回廊形建筑
（a 为大昭寺；b 为布达拉宫红宫）

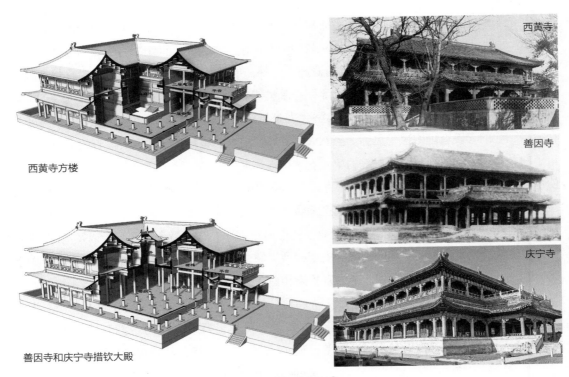

西黄寺方楼

善因寺和庆宁寺措钦大殿

西黄寺

善因寺

庆宁寺

图 6-5　方楼模型^①

寺是雍正帝在 1723 年一世哲布尊丹巴圆寂后为哲布尊丹巴和章嘉呼图克图而建。两座寺院为孪生寺院。清宫档案记载为第二代样式雷雷金玉设计，模仿西黄寺方楼而建，在内蒙古多伦诺尔地区筹备物料，善因寺在多伦就地建造，而庆宁寺则建在了哲布尊丹巴圆寂时大库伦的所在地（今蒙古国乌兰巴托北的色楞格省）。三座殿宇外观完全一致，且均为黄琉璃瓦。这是清廷第一次将特定的藏传佛教建筑作为模板复制。回廊式的方楼建筑也奠定了乾隆朝"回廊式"的建筑模型，在日后北京的皇家园林和承德诸多寺院中均可见到。

　　从建筑的角度讲，西黄寺的方楼在空间上无疑是对藏式建筑的模仿。在装饰上，通过关野贞的老照片我们可以看到西黄寺的雀替使用了藏式风格的托木（图 6-6）。其廊上的抱头梁梁头处则挂有十相自在的装饰，并且在椽子下端原来斗栱的位置，设置藏式方椽装饰，在二层的老檐柱则使用藏式的方柱，上方的栌斗巨大，模仿藏式早期的托木形态，中间亦雕有十相自在。

　　西黄寺方楼也在建筑形式上有所创新，其入口处的二层平台也是极具藏式建筑特点，在布

---

① 西黄寺的方楼与庆宁寺和善因寺大殿内部空间并不完全一样。最主要的原因是其不是措钦大殿。而是阿旺罗桑嘉措来京起居之所。故方楼的一层不可能如庆宁寺和善因寺一样是连通布置为寺僧诵经的台座。善因寺和庆宁寺的中柱排水的巧妙设计，很有可能是雷金玉及其子雷发达所为，其在建设庆宁寺、善因寺时改造了建筑一层平面，添加了天井，将居住功能的方楼改成了一个诵经的措钦大殿。

图6-6　方楼藏式装饰
（a为藏式装饰细节；b为远景）

达拉宫白宫德阳厦以及扎什伦布寺中都见到平台庭院，功能是为活佛及高级僧人主持辩经和观看藏戏之所。由于汉式抬梁的结构体系，建筑屋顶极少为平顶。虽然在敦煌壁画中已有二层平台的建筑，但是西黄寺却是已知最早的建筑实例。从现存的庆宁寺可以看出，其平台设计是将抱厦做法的屋顶上方再铺圆形窄梁（与平座做法相近）取平，进而形成平露台。可以看出藏式风格在西黄寺方楼的造型和空间设计上均有涉及。

西黄寺的方楼无疑在北京地区藏传佛教建筑史上占有重要的地位，其不但开启了利用汉式结构模仿藏式空间的先例，还以此为基础形成了回廊式的建筑模型。但是整体而言，在顺治和康熙两朝，佛殿建筑还是基本遵循了明代以来借用汉式结构的做法，例如康熙朝所建溥仁寺大殿，虽然在建筑上提供了室外的转经廊，但是在殿宇的布置上与汉传佛教建筑无异。而到了雍正和乾隆朝，则开始出现了对于藏传佛教空间的进一步模仿。善因寺和庆宁寺即是在此背景下建造的，建筑功能也从早期的起居变成了诵经空间。在样式雷的设计下，原来的环廊院子被加盖采光天井，变为室内诵经空间。天井的增加使得建筑空间呈"凸"字形，与藏式传统的都纲空间更为相似，是清朝利用汉式结构对于藏式建筑的创新。

雍和宫法轮殿

藏式佛殿空间当中一个重要特征即正方形的都纲空间。如智珠寺的大悲殿正方形的佛殿与其后的长寿殿形成措钦大殿当中经堂和佛殿的关系。这说明自清中期以来，藏传佛教的宗教活动不再像明代以来"屈从"于汉式空间的佛教建筑，而是积极地使用拥有汉式结构的建筑来满足特有的空间需求。

在满足建筑的形式要求后，佛殿内部的空间需求则变得更为迫切，在佛殿的塑造上最为经典的一例改造即雍和宫的法轮殿。雍和宫的法轮殿位于雍和宫的后部，为雍和宫的经堂。现在的法轮殿平面呈十字形，由主体结构和前后的抱厦通过勾连搭形成，三个结构单元均为单檐歇山顶（图 6-7），但前后为卷棚，使屋顶富有层次变化。主殿部分面阔七间进深三间，前后各出一座面阔五间进深四椽的抱厦。原来的法轮殿很可能是雍亲王府的寝殿，其面阔长而进深浅，满足不了容纳多人诵经的需求。所以改造中将原有建筑前后增加抱厦，以增大进深面积。使得原始横向长的长方形改变为基本为正方形的平面。抱厦与主体建筑相连的方式即勾连搭，通过两个建筑拼凑在一起而形成更大空间，前后的建筑通常共享立柱。通过抱厦来增加佛殿空间的方式至迟在元代开始已经出现在宗教建筑中，清代北京地区前带抱厦的宗教建筑很多，例如法源寺、大钟寺、白云观等均通过前加抱厦以增大宗教活动空间。但是如法轮殿般前后加抱厦的建筑北京地区仅此一例，这应该是有藏传佛教建筑造型的考虑，因为十字形的类正方形建筑在平面上更能接近曼陀罗造型。而法轮殿作为乾隆朝早期对于曼陀罗建筑的设计更影响了日后在皇家园林当中建造的一系列带有曼陀罗特征的建筑，将在下文详述。

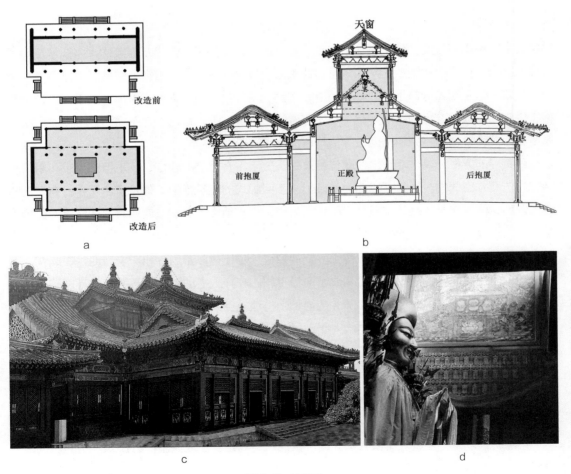

图 6-7　法轮殿
（a 为平面图；b 为剖面图；c 为北侧外观；d 为内景）

法轮殿另外一个特点是对于天光的应用。主殿前后屋坡及屋脊有 5 座面阔一间的天窗。在构造上，纪伟老师曾有过论述，每座天窗实为一单体建筑，明间的中部大窗的前后檐柱落在五架梁上，由五架梁承重。在殿身设置承椽枋以使前后的花架椽放置其上。其上为围脊板，内侧则用砧板封住，外绘彩绘①。小天窗则是在屋面的前后坡上，进深比主殿稍间面阔稍小。以南坡的天窗为例，前部檐柱立在主殿金柱上，后部檐柱则在支撑三架梁的童柱上，并与金桁相交。这样小天窗的重力则传到金桁以及金柱上。5 座天窗内壁绘制有五方如来的画像，这是在形式上对曼陀罗的摹写效果。在内部空间上，不同高度的空间，巧妙地利用天窗摄入的光线以营造宗教氛围。雍和宫内的时轮和药师两殿，也通过勾连搭的方式形成了 T 字形的殿宇，并且巧妙地引入侧光，照亮佛殿。其实这样的例子并非在雍和宫首创，在内蒙古地区明代中晚期的寺院（如呼和浩特大召）中，已经出现了三段勾连搭而形成仿藏式措钦大殿的实例。

传统的汉式建筑可能是由于中国世俗的礼法制度的影响，木构建筑在形式上丰富多样，实用性极强。但却有两个短板，其一为进深不足。汉式建筑的进深是通过组团——即多重院落的方式来实现的，而单一建筑很难出现长的纵深。工字殿算是对此短板的一个修正，但是始终停留在皇家建筑当中，并未在民间普及。进深的长短对于普通的居住建筑其实影响不大，但是在宗教建筑，尤其是宗教神秘性的控制上则显得力不从心。事实上，西方和中亚的宗教建筑均有利用长进深空间塑造空间神秘性和神圣性的案例，例如西方教堂尤其是哥特教堂中对于拉丁十字和"忏悔之路"的设计。在佛教中也并不例外，敦煌早期北凉石窟展现的佛殿即为进深长而面阔窄的空间，与印度石窟中展现的佛殿模型一致，但是汉传佛教的佛殿至迟在北朝已经与宫殿和居住建筑无异，即为面阔长而进深窄的空间。

汉式结构的另一个短板则是缺乏对于光，尤其是天光的使用。放眼世界建筑史，无论是埃及的阿布辛贝还是欧洲的教堂的彩色玻璃窗，均有利用天光塑造宗教神秘性的做法，而佛、道教建造均无利用宗教神秘性营建空间的做法，诚如梁思成先生所言，汉式结构"坦率而简洁"。

但是当藏传佛教进入到北京地区时，必然会出现使用功能与建筑形式的碰撞。由于西藏高原稀薄的空气造就了极强的阳光，天光使用的传统在西藏寺院中从托林寺到萨迦寺再到哲蚌、色拉寺有很悠久的历史。藏地的佛殿建筑会略高于经堂而形成高窗，天光从高窗射入佛殿，将光亮打在佛像脸上，以此营造宗教的神秘性。而在雍和宫的法轮殿，轴线和采光全部通过改造汉式结构实现，一方面说明了法轮殿是多民族文明交流的成果，另一方面也凸显了汉式结构极强的可塑性。值得一提的是，明清的清真寺建筑也用了相似的方法，例如呼和浩特、北京、济宁等地的清真寺均通过勾连搭的方式延长轴线，此外在建造屋脊上通过八角或者六角攒尖的亭子来模仿清真寺的穹顶，与雍和宫法轮殿有异曲同工之妙。尚不清楚伊斯兰建筑和藏传佛教之间是否有联系。

---

① 详见《浅析雍和宫法轮殿建筑艺术及构造》一文。纪伟. 浅析雍和宫法轮殿建筑艺术及构造［J］. 古建园林技术，2000（2）：12-14.

2. 园林中的藏传佛教建筑

除了传统意义上的藏传佛教寺院以外，清朝——尤其是在乾隆帝时期——皇家园林中建造了大量带有藏传佛教形制的建筑。皇家园林中的藏传佛教建筑由于不具真正的寺院功能，在设计上最优先考虑的不是寺院的宗教需求，而是政治宣示或者宗教的象征含义。故建筑可以吸收更多纯粹的藏传佛教宗教元素（如曼陀罗母题），并借鉴了藏地的建筑形式，利用汉式结构建造。尤其是乾隆一朝的建筑，经过三世章嘉（必若多吉）设计，在北京和承德的园林和寺庙中形成了形式多样的藏传佛教建筑。其中最为常见的为"回廊式"和"曼陀罗式"。两种均在清早期已经出现，只是在乾隆朝得到了更为广泛地应用和发展。

回廊式

回廊式建筑是乾隆朝后期最为常见的建筑模型。例如承德最为宏大的两座寺院普陀宗乘、须弥福寿以及香山的昭庙均为此空间形式，应该是清王朝在北京和承德建寺的代表。

回廊式模型最早的尝试始于西黄寺的方楼，此时只有裙楼而无中间的方殿。在雍正时期所建的善因和庆宁寺大殿则已经出现了中心的方殿和裙楼。在善因和庆宁寺，回廊裙楼占据了主要空间比重，而中间的天井则仅为一开间。此时裙楼为主而中心方殿为辅。到了乾隆初年所建的月地云居则已经形成中间的方殿为主，而回廊为辅的空间。寺院中心的方形都纲即为经堂。由经堂的建筑形制可以看出是在善因寺等建筑模型下对于藏式建筑空间的修正，正中高起的攒尖顶空间对应都纲空间中的天井，而四周的环廊对应的是裙房，回廊式都纲的宗教空间形式初步形成。

回廊式方楼在乾隆朝中后期逐渐完善，依附于主体建筑的回廊变为独立环绕的2~3层高的裙楼，裙楼大多进深2间，平屋顶可上人。正中殿宇通常是重檐攒尖顶、面阔和进深皆为五间（包括室外廊）的方殿，裙楼与主楼彻底脱开。裙楼内布置章嘉国师设计的六品佛楼。至此，形成了完全不同于藏地的回廊式都纲空间模型。这类建筑的重要表现则是香山昭庙、承德的普陀宗乘、须弥福寿之庙等皇家敕建且带有极强政治目的的寺院。

以香山昭庙为例，昭庙为乾隆四十三年（1778年）罗桑华丹益来京为乾隆贺寿而建造的。其与承德须弥福寿之庙建筑形式相似，为罗桑华丹益在京时的重要寺院。[①]整座建筑从外观看与藏式建筑无异，其外立面上开藏式的梯形窗（但是大部分为装饰性的盲窗），檐口的设计也仿藏式建筑，恍如一座拔地而起的城堡（图6-8）。但是内部则由"日"字形院落组成，前院即为白台，后院为红台。寺院的入口在白台南侧，上面建有清净法智殿。经过山门，则进入第一层院落，白台建筑的核心为井字碑亭，内刻满汉蒙藏四种文字的御诗《昭庙六韵》，两侧有日、月两殿供奉度母。过碑亭后则进入红台。红台的正中为正方形的都纲殿，也为一寺主殿，四侧为2层的裙楼，裙楼顶四侧各有一座殿宇。四殿代表佛的"四智"，分别为大圆镜智、平

---

① 从现有文献可以看出，罗桑华丹益在京更多的是居住在黄寺而非昭庙，昭庙更像是乾隆帝为其建造的礼制性建筑，而非须弥福寿之庙般带有实际的宗教和居住功能的寺院。

图 6-8　香山昭庙

等性智、妙观察智和成所作智。陈庆英老师认为此处四殿与都纲殿分别代表五方五佛。这5座殿宇和山门清净法智殿均为铜鎏金的鱼鳞瓦，为北京寺院中仅有。红台转角还有四处小亭，可能作为上下楼梯使用，代表四大部洲即东胜神洲、南瞻部洲、西牛货洲、北俱芦洲。承德的须弥福寿之庙也采用了相似的布局形式，但是如果将两座寺院相比，昭庙是一个袖珍版本的须弥福寿之庙。例如，须弥福寿之庙过了石拱桥还有山门，拾级而上才到达琉璃坊。而昭庙则是过了石拱桥即为琉璃坊。须弥福寿之庙的大红台分为主红台和东红台，而昭庙只有一处。两座寺院中心皆为正方形殿宇，只是须弥福寿之庙的妙高庄严殿为3层，且屋顶雕刻八条盘龙。而昭庙都纲殿仅有1层，面积略小。此外，须弥福寿之庙红台北有罗桑华丹益休息区和诵经区，即万法宗源殿和吉祥法喜殿等。而昭庙则将生活区部分简化，红台后直接为琉璃塔。可以看出两座寺院均是以回廊式作为建筑模型，但是在具体建造时则根据情况调整，须弥福寿之庙更像是一座大型的寺院，满足罗桑华丹益一行的起居以及宗教功能。而昭庙更多地融入了园林考虑，更像是乾隆皇家园林中"私藏"的建筑藏品。[①]

两座寺院据说均模仿自罗桑华丹益所居的日喀则扎什伦布寺。乾隆帝自己在《昭庙六韵》中也如是说：

昭庙缘何建？神僧来自遐。因教仿西卫，并以示中华。

是日当庆落，便途礼脱闍。黄衣宣法雨，碧嶂散天花。

六度期群度，三车演妙车。雪山和震旦，一例普麻嘉。

———————

① 须弥福寿之庙实为清朝藏传佛教建筑的经典之作，其娴熟地利用汉式的结构去模仿藏式的造型和空间。除了上述布局和外观的特点外，须弥福寿之庙在细节处理上也有诸多创新，如吉祥法喜殿将角部垂脊的脊兽改为了大象头、妙高庄严殿则为盘龙。推测彼时昭庙建筑也是相似做法，但是可惜昭庙被毁前没有留下图像资料。

但是从建筑角度分析两座寺院与扎什伦布寺大殿前经堂后佛殿的形式相差极大。扎什伦布寺前半部分主要建在山坡缓坡上，为白色建筑，功能为扎仓和相应的康村和米村。后部红色的建筑为措钦大殿和数座佛楼。措钦大殿与格鲁派其余寺院相似，而佛楼内部则是容纳大型佛像或者陵塔，并无回字形布局的殿宇。说明乾隆帝在建造时虽然宣称是模仿自西藏地区，但是融合了自己的考虑。乾隆朝的回廊式建筑模型虽然出自藏区，但是二者空间的关注点并不同。以大昭寺为例（图6-4a），回廊的裙房中是供奉佛像的小型佛殿，最为神圣的空间是西侧供奉等身像的觉卧佛仓，而回廊围绕的中心只是诵经场所。这与布达拉宫红宫相似，西侧的阿旺罗桑嘉措陵塔殿、北侧的世袭殿等是红宫最为神圣的空间，而中央围成的有寂圆满大殿是诵经的空间（图6-4b）。但是北京和承德地区的回廊式建筑强调的则是中心的方殿，以普陀宗乘之庙为例，其为清朝在汉地建立的最为宏大的藏传佛教建筑。虽然普陀宗乘的外观模仿布达拉宫，但是核心的红宫部分却是由四层（后改为三层）裙楼环绕的重檐四角攒尖的方殿万法归一殿（图6-9a）。虽然与布达拉宫红宫出于同源，但是二者对于空间的重心不同：北京和承德地区的回廊式建筑强调的是中心的方殿，而裙楼更多是保证建筑形制完备的附庸。如《万法归一殿图屏》中反映了土尔扈特部东归后，乾隆帝在普陀宗乘之庙中举办大型法会活动的场景（图6-9b），图中的宗教中心无疑是万法归一殿，而非裙楼空间。据罗文华考证，例如普陀宗乘之庙的回廊式裙楼内供奉以章嘉呼图克图设计的六品佛楼，即其功能并非传统寺院的诵经或者礼拜空间，而是类似于用作展陈的空间[①]。如菲利普·福雷特（Philippe Forêt）所述，这是

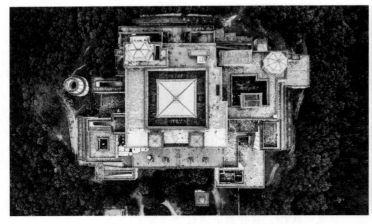

a   b

图6-9　普陀宗乘之庙
（a为俯视图；b为《万法归一图》）

---

① 六品佛楼是清宫重要的佛堂建筑，藏传佛教格鲁派将密宗修习内容根据程度的深浅、成就的大小分为四个层次，即下品根机者修事部密法（功行品），中品根机者修行部密法（德行品），上品根机者修瑜伽部密法（瑜伽品），上上品根机者修无上瑜伽部密法，其中无上瑜伽部又分为父续（无上阳品）和母续（无上阴品）两部，加上大乘佛教（般若品）共称"六品"。

因为在清王朝中期，乾隆帝希望建立清朝在宗教上的权威，故借昭庙等建筑建立清朝样本的藏传佛教建筑。乾隆在设计普陀宗乘之庙时，外观模仿布达拉宫，但是内部空间采用回廊式模型，由此可以看出其有意与西藏地区的佛教建筑有所区别。

虽然上述普陀宗乘、昭庙等均是在造型和空间上模仿藏式建筑，但是其建筑结构依然是汉式梁柱结构承重体系。清一代的北京和承德地区所有的藏式寺院建筑均无真正意义上的藏式结构出现。尽管墙面上很多设计采用了藏式建筑做法，即在红台和白台的设计中，将整面墙体涂抹成红色，并在墙上开梯形窗。但是这些墙体并非承重墙体，在昭庙中裙楼部分虽然墙体可以独立于木构而屹立不倒，但是在已经毁掉的墙体中还能看到原先木柱的位置，说明即使外墙为藏式石墙，但依然是靠柱子承重。在乾隆朝北京和承德地区寺院也出现了金顶。但西藏布达拉宫和大昭寺的歇山顶金顶并非使用汉式的抬结构梁，仅是外部造型模仿汉式建筑，瓦片也非汉式的半圆形筒瓦，而是长方形瓦片。承德和北京用到金顶的建筑，并没有遵循西藏地区建筑形制，而是直接使用汉式结构，且上部覆特制的鱼鳞瓦，与藏式建筑并不一致。藏式结构为什么终清朝一世也没有进入北京地区并无一个统一的答案。藏式结构在施工上并不困难，平顶的建筑虽然并不适合湿润的北京地区，但也并非不可实现①，所以藏式结构的缺席并不是客观条件的限制，一个可能的原因是帝王和僧侣们并不看重建筑是否为汉或者藏式结构，而主要注重的是藏式形式与空间氛围。所以在设计时，工匠在结构方面保留了较大的选择性，利用其熟悉的结构加以改造而满足新式的空间。另外一个更可能的原因是清王朝不愿意使用和照抄藏式结构，自乾隆朝以来，对于藏传佛教建筑的建造已经不单限于模仿，而是创新与重构。例如"回廊式"和"曼陀罗式"两种建筑蓝本在乾隆朝都有了更为深远的发展。乾隆帝很可能是出于政治因素，有意地避开了卫藏地区的藏传佛教寺院，转而使用印度的早期蓝本，通过章嘉呼图克图进行再设计，特意创造出不同于卫藏地区的空间和结构形式的藏传佛教寺院。

曼陀罗式

除了回廊式的空间外，另一种以佛教宇宙观布局的建筑模型即"曼陀罗式"。曼陀罗（常称须弥山）反映了佛教的宇宙观。其实早在明代万历朝，太监冯宝捐建的铜制须弥山雕塑即是对于须弥山最下面两层四天王天和兜率天的摹写②。须弥山雕塑下部为七轮海，其上东、西、南、北四面各有一座半圆形的城池，代表四大部洲，即东胜神洲、南瞻部洲、西牛货洲和北俱芦洲。四天王分别居于一处，代表的是佛教欲界当中最底层的四天王天。城台上有星宿图，其上为忉利天，也称作三十三天，居须弥山巅，中央为一坐落于城台上的建筑，代表帝释天所居的善现城。这是北京地区现存最早的尝试用雕塑等具象形态来表达佛教宇宙观的案例。在乾隆朝，章嘉呼图克图在乾隆的授意下模仿托林寺以及更为久远的桑耶寺，并增加了佛教的元素而

---

① 在内蒙古西部地区也均有实例，如包头的五当召、乌素图召法禧寺等将藏式阿嘎土进行创新，故皆出现了纯藏式结构及平顶建筑。

② 该雕塑原藏法渊寺，在 20 世纪 40 年代前后移入雍和宫。

形成"曼陀罗式"的建筑模型①，如清漪园中须弥灵境②、承德普宁寺、景山五方佛亭、北海极乐世界等建筑群。在曼陀罗建筑中一般有如下几部分：

1. 核心为曼陀罗的中心坛城。一般以建筑群正中的佛殿或者高阁来代表。例如须弥灵境中心是香岩宗印之阁（图6-10中的D），普宁寺中心是大乘阁，北海极乐世界殿中心则是重檐攒尖的方殿，内部供奉大的佛像或是雕塑。

2. 五方佛，即五方五佛，通常附属于正中建筑之上，例如攒尖的屋顶、天窗等。在香岩宗印之阁和大乘阁上为五个攒尖屋顶；雍和宫的法轮殿上为五个悬山的天窗，天窗内绘制五方佛的图像；景山则是五个亭子各自供奉一尊佛像；紫禁城中的雨花阁和须弥福寿之庙妙高庄严殿则是屋脊上雕刻蟠龙。

3. 四智，即佛的四种智慧，东方大圆镜智、南方平等性智、西方妙观察智、北方成所作智以及中方为法界体性。四智和五方佛系统并无严格的界限，因为其与东、西、南、北四方佛是一一对应关系。所以雍和宫法轮殿天窗的四佛也可以理解成为四智。在普宁寺和须弥灵境的四智为四种佛塔形式（图6-10中的H1~4），下文有述。这样的佛塔还用在了普陀宗乘之庙

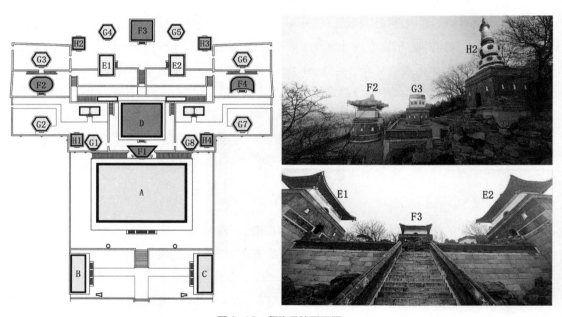

图6-10 须弥灵境平面图

（A 须弥灵境大殿；B 宝华楼；C 法藏楼；D 香岩宗印之阁；E1 月光殿；E2 日光殿；I 香灯房；F1 南瞻部洲殿；F2 西牛货洲殿；F3 北俱芦洲殿；F4 东胜神洲殿；G1 筏罗遮末罗洲；G2 舍谛洲；G3 上仪洲；G4 乔拉婆洲；G5 矩拉婆洲；G6 毗提诃洲；G7 提诃洲；G8 遮末罗洲；H1 绿塔；H2 白塔；H3 黑塔；H4 红塔）

---

① 历史上桑耶寺是西藏地区最早的三宝具足的佛教寺院，但是前弘期的桑耶寺在朗达玛灭佛后已经毁坏。阿里地区托林寺为仿照桑耶寺而建。现在的桑耶寺以曼陀罗为核心的布局则是在清代中晚期逐步再模仿托林寺而建成的。

② 须弥灵境建筑群随清漪园被英法联军破坏。光绪朝重建颐和园时，由于财力不济，虽沿用旧名，但未原样复建。故本文中使用清漪园代指乾隆朝时的须弥灵境。

的五塔门上；香山昭庙中央大殿的正东、南、西、北四座殿宇亦代表四智。

4. 四大部洲，即东胜神洲、南赡部洲、西牛货洲和北俱芦洲。四大部洲通常是布置在中心建筑的四角或者正、南、西、北方向。在须弥灵境和普宁寺中为正方向的四座底层为藏式白台（图6-10中的F1~4），上层为佛殿的天王殿；在极乐世界殿中是四个攒尖亭；在昭庙中则为四个角部的方殿。此外还有八小部洲，仅在普宁寺和须弥灵境中出现（图6-10中的G1~4），使用的是藏式白台上的六边形方殿。

5. 日殿和月殿。日月殿仅在普宁寺和须弥灵境中出现（图6-10中的E1~4），形式与四大部洲殿相似。虽然北京地区并不常见，在蒙古高原上的诸多寺院中多有使用，例如伊犁的固尔札庙和乌兰巴托的乔金喇嘛庙，还有拉萨的布达拉宫，均在大殿两侧建立了一方一圆两座殿宇代表日月。普陀宗乘之庙似乎原来也有一圆一方两座藏式碉楼，但是方形已毁，圆形尚存。

以上曼陀罗均属于金刚经曼陀罗也是最为常见的形式，清朝的建筑实践中唯有普乐寺一例是以胎藏界曼陀罗为原型，但因不在北京，在此不再赘述。

承德的普宁寺和清漪园后山须弥灵境是两座形制最全地反映曼陀罗思想的建筑群（图6-11）。1755年清朝攻克伊犁，生擒准噶尔汗国末代大汗达瓦济，为纪念这次胜利，乾隆帝仿照康熙帝多伦会盟建造汇宗寺之制，在承德和北京各建造一处藏传佛教建筑，即普宁寺和须弥灵境。这两处建筑的形制相仿，均是第三世章嘉呼图克图设计。须弥灵境的中心为香岩宗印之阁，大阁上有5座方亭，代表五方佛，大阁为仿照托林寺的立体坛城和密乘四续部佛众的仪轨而建，其形式与故宫内的雨花阁布局相似。大阁正东、西、南、北各有四座小殿，代表四大部洲。其中梯形的为南赡部洲（已毁），椭圆形的为西牛货洲，半月牙形的为东胜神洲，而正方形的为北俱芦洲。大阁后侧还有日、月两殿。此外，在大阁的东南、西南、东北、西北方位还有

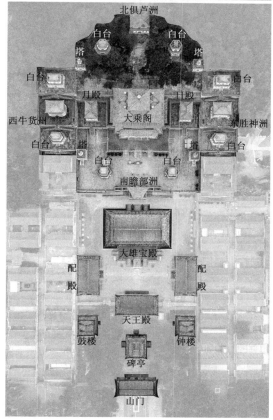

图6-11　普宁寺大乘阁

代表四智的四座佛塔，为绿、红、黑（蓝）、白四色。雍和宫的法轮殿、普陀宗乘之庙五塔门皆有类似的设计。若将这五塔的形制与藏传佛教五方佛对应，仔细对比佛像的法器和颜色就会发现其并非是以中方毗卢遮那佛居中，而是以南方宝生佛居中（表6-2）。[①]

此外，须弥灵境还在园林造景和景观视线上作了较多考虑。须弥灵境建在万寿山后山，利用了天然的山势高差，将大殿、香岩宗印之阁、北俱芦洲殿设置在三个台阶之上。虽然在平面上更趋于椭圆，但是在景观布置上更显层次。在设计上为设置台地还用藏式的红墙盲窗作为装饰，是少见的藏传佛教建筑与园林结合的佳作。

清漪园须弥灵境四色塔 表6-2

佛塔			香岩宗印之阁		
颜色	红	绿	黄	白	黑（蓝）
塔身形状	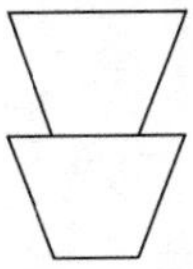	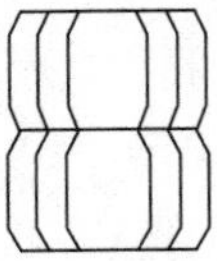		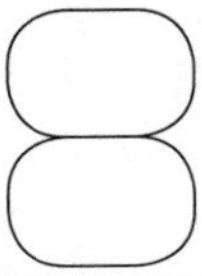	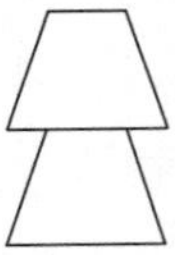
图案	莲花	智慧剑	伞盖	法轮	金刚杵
方位	东南	西南	中	西北	东北
四智	妙观察智	成所作智	平等性智	法界体性	大圆镜智
如来	阿弥陀佛	不空成就佛	宝生佛	毗卢遮那佛	阿閦佛

与昭庙和须弥福寿之庙的关系相似，普宁寺和须弥灵境亦为姊妹建筑，二者的建筑元素完全一致，但是位于清漪园中的须弥灵境更多地关注景观构成，而普宁寺则兼顾了宗教需求。普宁寺有牌坊（已毁）、山门、天王殿、钟鼓楼、配殿以及僧房等附属设施。在清一代，普宁寺

---

① 其中的原因不得而知，雍和宫、普陀宗乘之庙等均是如此排布。这应当不是工匠或者设计者的错误。一个可能的猜测是由于佛教认为地球所居之处为南瞻部洲，故所有的设计皆以南瞻部洲为中心视角。

还一直是北方藏传佛教活动的中心，清朝在承德设置的扎萨克喇嘛即驻于普宁寺。而须弥灵境虽然前部也有大殿，但其很难称为一座完整的寺院。如果将普宁寺和须弥灵境与西藏桑耶寺比较，可以看出桑耶寺的宗教功能性要大于普宁寺，例如在四大部洲殿的设置上，桑耶寺的四大部洲皆为具有功能的佛殿，前侧还有一座小型的经堂，供寺僧诵经。佛殿设置环绕佛像的转经廊道，可供信众使用。而无论是普宁寺还是须弥灵境，四大部洲殿仅提炼成为一处景观，内供四天王，相似的做法在北海极乐世界殿中也可以看到。可以看出乾隆帝的主要目的在于借用佛教元素构建寺院序列，而非出于宗教使用功能建寺院。

或是出于政治或宗教需求，乾隆一朝在北京和承德建立了数座姊妹寺，包括了须弥灵境和普宁寺、昭庙和须弥福寿之庙、正觉寺与殊像寺等建筑。所谓姊妹寺即两寺建造时间相近，使用了相似的元素。北京上述藏式佛教遗产与承德的寺院一起，均为清朝中后期不可多得的民族融合以及汉藏蒙文化交流下的实物遗产。

除了模仿藏式的建筑外，清代的园林中还有模仿南方园林塑造藏传佛教建筑的案例，如香山的宝谛寺、承德的殊像寺等。此外，还有以琉璃塔或者无梁殿为蓝本的砖石建筑。这些建筑虽无藏式特征但均是皇家园林中的藏传佛教寺院，故在此简述。

自明中期开始，烧砖技术的发展出现了整座建筑全部用砖垒砌，屋顶以拱券发券，不使用木梁柱的建筑，取谐音称为无梁殿。例如南京的灵谷寺无梁殿即建于明代的中期。但是无梁殿建筑并未应用在明代的北京地区，清代乾隆一朝则修筑了数座无梁殿，其中模仿殊像寺而建的旭华阁为最高大的一座。北海白塔前的善因殿则为上圆下方，外墙以带有佛像的455块蓝琉璃砖镶嵌，每尊佛像形态一致，均为持钵结跏趺坐。殿内屋顶有以大威德金刚为主尊的曼陀罗藻井，殿内原供奉大威德金刚[①]，除了旭华阁外，大多将外立面装饰以琉璃佛造像，包括颐和园报恩寺最高处的智慧海以及西天梵境最后的琉璃阁。

其中北海的琉璃阁的建筑形制最为特殊，琉璃阁为西天梵境的最后一重建筑，是乾隆二十四年（1759年）在原大西天经厂基础上扩建而来。乾隆帝原来的设计是仿照大报恩寺建9层琉璃塔，但是工程毁于火灾，故使用原琉璃塔的旧料建阁。琉璃阁建筑为上下两层各5间的佛殿。从外观可见屋脊斗栱、柱及栏寻皆以琉璃构件装饰，墙身则布满小型佛龛，为典型的仿木构无梁殿。琉璃阁的墙体也确为承重结构，但是其屋顶却非砖石发券，而是木制梁架的抬梁结构，且室内有天花，即梁架不可见。推测是佛塔旧料中并无做佛殿拱券的准备，故仓促之中使用木料做梁，用天花掩盖。所以琉璃阁可以称为外层仿木构的真木构。

另一组形制较为特殊的寺院是宝相寺以及其后的方昭和圆昭（图6-12）。博主"枫影斜渡"对两座被毁建筑有较为完整的考证和论述[②]。从《钦定日下旧闻考》可知：

---

① 北海原大威德金刚像为铜制，在20世纪60年代毁坏，现在的大威德金刚为后补，尺寸略小于原作。

② 详见《试揭北京西山圆庙和方庙的神秘面纱》一文。枫影斜渡. 试揭北京西山圆庙和方庙的神秘面纱[J/OL].［2023.08.01］. https://blog.sina.com.cn/s/blog_4945b4f80102y3fg.html.

图 6-12 《健锐营地理全图》中的宝相寺建筑群

　　宝相寺，乾隆二十七年建。先是，岁在辛巳，驾幸五台回銮后，御写殊相寺之文殊像而系以赞，并命于宝谛寺旁建兹寺，肖像其中。殿制外方内圆，皆甃礐而成，不施木植。四面设瓮门。殿前恭悬皇上御书额曰：旭华之阁……寺后西行约数十步，精舍五楹，檐额曰：香林室。内额曰：幽赏亦异；联曰：红篆炉烟看气直，绿苞庭竹爱心虚。后厦亭额曰：慧照亭；轩额曰：妙达轩。牌坊一，东额曰：圣涯道妙；西额曰：香海珠林。亦皆皇上御书。坊下有泉涌出，香林室稍西有圆庙方庙，其制皆平顶有堞，如碉房之式，中建佛楼。亦乾隆二十七年建。

　　从文中不难看出，宝相寺是仿照五台山而建，主殿旭光阁也是一座大型的无梁殿建筑，重檐歇山顶，面阔和进深都是五间（图 6-13a）。所谓"外圆内方"推测其内部应该是砖券的圆形穹顶。很可能和承德殊像寺以及圆明园正觉寺一样，内供文殊菩萨像。寺后的山坡上有两组建筑，名为方昭和圆昭。如上文所述，昭（召）为蒙古语佛殿，也引申为寺院。方昭似乎是由四个碉楼组成的方形建筑，建在西高东低的山坡之上（图 6-13b）。基座边缘有围墙环绕。入口处为两个藏式 3 层碉楼，四周开藏式梯形窗，推测碉楼内应该有楼梯至顶，顶有堞。后侧有二楼，似乎为汉式攒尖屋顶。从《健锐营地理全图》来看，碉楼内部应该有一方形大殿，但是照片中已毁。圆昭的建筑为在一圆形围墙中建有十字形碉楼，老照片中围墙已毁，但是主殿保存完好（图 6-13c）。十字殿为 2 层，上下通高，内部似乎有木柱，为框架结构。楼前有 2 座 8 面碉楼。这两座建筑既然称之为昭，又与宝相寺同时建造，定为藏传佛教建筑，但是此处仅为乾隆帝之私人修行场所，而非对外的寺院，其应该带有强烈的宗教象征含义。博主枫影斜渡认为方圆二昭分别代表大威德金刚和大日如来，是通过佛教教义精心设计地带有明确主尊的两

a   b   c

图6-13　宝相寺建筑群

（a 为旭华之阁；b 为方昭；c 为圆昭）

座曼陀罗式建筑。笔者认为有很大可能性，就圆昭而言十字形的中心楼与圆形的外墙以及八边形的碉楼是金刚界曼陀罗组成的必要元素，相似的布局在碧云寺金刚座塔中也有呈现，建筑的设计母题必定和曼陀罗有关。这定当是一位通晓佛法的设计师的作品，很有可能是三世章嘉呼图克图的手笔。方昭的设计则更为独特，枫影斜渡认为两座汉式碉楼之间原应有飞廊相连 [1]，很可能供奉大威德金刚、吉祥天母和阎王。但是由于缺乏更多史料支撑，加之原始建筑已毁，其内部陈设更是不得而知，故也仅是猜测。

　　毋庸置疑地是这一组建筑应当与乾隆皇帝自诩为文殊菩萨的化身相关，应该是乾隆在三世章嘉的帮助下借助藏传佛教仪轨而建造的特有建筑，但是可惜除旭华之阁外，其余建筑全部无存。

3. 藏式佛塔

　　由于相较于木结构建筑，佛塔或者经幢建筑不涉及结构与空间，所以在北京地区的发展要早于木构佛殿。如第 2 章所述，自元代开始覆钵塔、过街塔已经进入到了北京地区，并在明代进一步发展。

覆钵塔

　　明代的覆钵式形式和元塔相近，也包括亚字形台基、覆钵塔身、十三天的相轮以及铜制华盖 4 个部分。但是从比例来看，元代的白塔覆钵下部通常会有内收，而明代覆钵曲线基本为垂线，但是在清代又再次出现内收，例如弘仁寺塔的覆钵几乎为球形。元代白塔妙应寺和护国寺塔覆钵均无眼光门（焰光门），明代开始在覆钵正面出现拱券式装饰，称为眼光门。眼光门内常刻有佛像，但也有如大觉寺为门窗，而清代则演化为繁复的装饰，内部常有代表时轮金刚的十相自在，如北海永安寺白塔。此外元代相轮较粗，而明代相轮瘦长，这一特征一直延续到

---

① 笔者反复观察老照片，从现有照片上不足以支撑存在飞廊的证据，同时亦无法证伪。

图 6-14　明代覆钵塔
（a 为潭柘寺金刚延寿塔；b 为白塔庵塔；c 为大觉寺塔）

了清代。清代可能是受到内蒙古和青海等地方的影响，在相轮两侧出云纹垂带，形似"双耳"，也被称为双耳覆钵塔，例如西黄寺清净化城塔以及承德普乐寺旭光阁上佛塔均为双耳覆钵塔。在华盖部分，元代华盖硕大，而明代佛塔普遍华盖较小，而到了清代则小者居多，也有如碧云寺金刚塔上覆钵小塔般出现较大华盖。

潭柘寺的金刚延寿塔是有明确题记的明初佛塔，为明宣宗朝建立（图 6-14a）。其余推断为明代的还有白塔庵塔（图 6-14b）、银山塔林覆钵塔以及大觉寺塔（图 6-14c）等。清代则覆钵塔较多，保存较好的有北海永安寺塔、西黄寺塔等。

大觉寺后的覆钵塔一直被认为是清代雍正朝住持迦陵性音禅师的陵塔，但是真正的迦陵禅师的陵塔在大觉寺塔院，所以寺后佛塔为迦陵禅师塔之说当为后人讹传。[①] 大觉寺塔为砖石结构，整体高度为 15 米，下层台基并没有使用亚字形平面，而是八边形，上枋和下枋雕刻仰覆莲，四周由祥龙、葵花、牡丹、莲花、西番莲等图案砖雕构成。下部很可能在清代重修。塔基上为覆钵形塔身，正中有一门券形眼光门，砖材似与台基用料相似，可能是清代重修。覆钵塔身下方几乎呈直线，与潭柘寺塔极像，符合明塔特征。其上相轮 13 层，比例瘦长。最上面是华盖，金属华盖上雕刻有一圈"佛"字，下悬风铃。华盖和相轮的比例样式均与明代相符。此外宣立品指出塔旁有一棵抱塔松，应该是在佛塔建时所植，其树龄已 500 年以上。故大觉寺

---

① 根据宣立品考证，最早说此塔为迦陵禅师塔来源于 1953 年 7 月 25 日，罗哲文先生在《北京日报》发表了一篇《大觉寺》文章："舍利塔在后院正中，是清代乾隆年间所造的。塔旁有一棵巨松，仿佛给塔打了一把伞。这座舍利塔是一个和尚的墓。"之后 1980 年 12 月 14 日，《北京日报》上又见到一篇署名为孙秉友撰写的《游大觉寺》文章，该作者在罗哲文先生的文章的基础上有所发挥："拾级而上，是一座白塔。据说，这是大觉寺主持迦陵的舍利塔。"遂此塔开始被称为迦陵禅师塔。

塔更可能是明初智光法师主持时所建，清代
迦陵禅师时很可能进行过修补。[①]

　　清代的覆钵塔身除了眼光门部分外，其
余皆为白灰涂抹，故出现了白塔一称，甚至
几乎所有砖石塔均可称呼为白塔。覆钵塔大
多为砖石实心构造，永安寺的白塔为其中少
见的特例（图 6-15），可能是由于琼华岛
下有大量太湖石堆积而成的空洞（如琼华古
洞），而不能荷载过高，永安寺塔为木质空
心塔，内部有木质梁架，而外部包砖。故塔
身上可见为内部木质梁架"通风"所设的砖
雕换气孔。

图 6-15　北海白塔

　　另外，除了覆钵塔，明代也延续了元代创立的过街塔之制。但是可惜地是现在北京城内外
已经没有过街塔遗存了，只能通过林徽因先生的照片和《平郊建筑杂录》的记述一探过街塔之
形制。

　　　　这门的形式是与寻常的极不相同；有圆拱门洞的城楼模样，上面却顶着一座覆
　　钵式的塔——一个缩小的北海白塔……这圆拱门洞是石砌的。东面门额上题着"敕
　　赐法海禅寺"，旁边配着一行"顺治十七年夏月吉日"的小字……门上那座塔的平
　　面略似十字形而较复杂。立面分多层，中间束腰，石色较白，刻着生猛的浮雕狮
　　子，在束腰上枋以上，各层重叠像阶级，每级每面有三尊佛像，每尊佛像带着背
　　光，成一浮雕薄片，周围有极精致的玻璃边框……座上便是塔的圆肚，塔肚四面四
　　个浅龛，中间坐着浮雕造像，刻工甚俊，龛边亦有细刻，更上是相轮（或称刹），
　　刹座刻做莲瓣，外廓微做盆形，底下还有小方十字座，最顶尖上有仰月教徽……这
　　座小小带塔的寺门，除门洞上面一围砖栏杆外，完全是石造的。这在中国又是个少
　　有旧例。

　　从此可知，北法海寺过街塔因为建于清初，台座上的覆钵塔还保留有明代覆钵塔的形制
（图 6-16）。覆钵四周均有佛像，与白塔庵塔相似，佛像面部毁于庚子年。过街塔的塔座上还
有一棵柏树，林徽因说它"为塔门增了不少的苍姿，更像是做他的年代保证"。

_____

① 详见《雍正皇帝与迦陵禅师》一书。王松 . 雍正皇帝与迦陵禅师 [M]. 北京：北京燕山出版社，2015.

a   b

图 6-16　法海寺过街塔

金刚座塔

除了覆钵塔外，明早期的北京出现了另一种带有明显藏传佛教特征的佛塔，即金刚座塔。有关金刚座塔来源的一个流传较广的版本是《明宪宗御制真觉寺金刚宝座记略》的记述：

> 永乐初年，有西域梵僧曰班迪达大国师，贡金身诸佛之像、金刚宝座之式。由是择地西关外建立真觉寺，创治金身宝座，弗克易就，于兹有年。朕念善果未完，必欲新之，命工督修殿宇。创金刚宝座，以石为之，基高数丈，上有五佛，方为五塔，其丈尺规矩与中印土之宝座无以异也。成化癸巳（1473 年）十一月告成立。

以此我们可知金刚宝座塔的原型即是尼泊尔僧人室利沙进献的菩提伽耶大塔的图纸[①]。关于真觉寺塔的形制，国内外诸多学者，包括沙怡然、廖旸、陈捷等几位老师均有研究。真觉寺塔所在的真觉寺是明初建造的一座大寺，明《燕都游览志》载真觉寺"乃蒙古人所建"，加之金刚座塔基上有八思巴于中统四年（1263 年）致忽必烈的新年祝辞"吉祥海"等推测此处很

---

① 室利沙是尼泊尔僧人，获得五明板的达称号。明代明河撰《补续高僧传》称其为拶葛麻国王的次子，舍位出家。于永乐年间到达北京见明成祖，并献菩提伽耶大塔图纸，明成祖下旨建造，但是因故到成化年间才完工，可能用以存放室利沙的舍利。《清凉山志》记载室利沙圆寂后曾建塔两座，"御祭火化，敕分舍利为二，一塔于都西，建寺于真觉，一塔于台山普宁基，建寺曰圆照。"五台山圆照寺亦为室利沙舍利塔，是以覆钵塔为单元建造的金刚座塔样式，与真觉寺建筑原型很像。

图6-17　真觉寺塔
（a 为外观；b 为剖面）

可能是原元代的大仁王寺遗址，金刚座塔也建在仁王寺的覆钵塔遗址之上。现在的真觉寺建于永乐初年，而佛塔则到成化九年（1473年）才完工。真觉寺在清代乾隆朝曾重修，其为清代蒙古王公贵族的祝釐之所，完颜麟庆曾记录了五塔寺的佛事活动。可惜的是木构佛殿在民国被毁 [①]，除大殿的台基和佛塔尚存外，其余无存。

真觉寺塔可依结构特征分为金刚座和五塔两大部分：金刚座外观近似长方体，内部砖砌，外部包有汉白玉（图6-17）。下部须弥座为仰莲和覆莲组成的台座，在莲花瓣间为砖雕图案，南侧为狮子、法轮、大象以及十字金刚杵，每组构图均有金刚杵作为构图的分隔。东西两侧前部为四天王像，后侧则为八宝以及迦陵频伽等图案。台座上部塔身横向分为5层，每层出檐并设仿木斗栱，如收分较缓的密檐式塔。金刚座各层檐下龛内排布系列五方佛造像，以柱分隔。南北两侧开门券，门券上有六挐具。南侧上方设匾，题有"敕建金刚宝座，大明成化九年十一月初二日造"的字样。塔身内部有回廊环绕的方形塔心柱。塔心柱上四侧开龛，分别安放释迦佛、燃灯佛、药师佛、阿弥陀佛石像。南侧入口处左右两侧有上塔通道，其上安有清代修建的罩亭一座，圆形屋顶。五塔分置于金刚座顶部中央及四方位，形式接近，各塔下设须弥座，上为密檐式塔身。中部的佛塔最高为13层塔檐，其余四座塔略小，为11层。

陈捷将五塔寺塔与菩提伽耶塔进行了比较分析，可知明初在建造北京真觉寺塔时，并没有照搬印度的佛塔形式，而是在中国佛塔的基础上进行的再创作。其一，菩提伽耶大塔的内部为三重佛殿，即前廊、胎藏殿和后侧的菩提树神殿。而真觉寺塔则将三殿合一，但是在建筑形式上，前侧保留前廊（用作上塔通道），并且也有收分。后侧的甬道高于前侧以表达菩提树神殿

---

① 关于真觉寺寺院被毁有很多种说法，一种说法是于1860年被英法联军烧毁，还有认为1900年受到义和团事件的波及寺院被毁坏。另一种说法是真觉寺在20世纪20年代仍保留着原来的建筑，1927年北洋政府的蒙藏院以2500元将寺院卖给了一个黄姓商人，这人将所有殿堂拆毁当木材卖掉，只留金刚宝座塔。

的位置。其二,真觉寺塔并未采用佛殿空间,而是使用了塔心柱的形式,与历城四门塔等相近。其三,5座佛塔采用密檐式塔形为典型的中国式建筑,且5座佛塔体量相近,虽有主次之分,但是远无菩提伽耶大塔主次相差之悬殊。综上,真觉寺塔是难得的佛教中国化的优秀实例,例如在金刚座上的佛龛内,每尊佛像上部佛龛均采用仿木的屋檐以及斗栱,塔身的基座的莲花也均为官式做法。真觉寺塔无疑是一件成功的艺术品,并且影响到了清代以后金刚座佛塔的建造,例如呼和浩特的慈灯寺、碧云寺、西黄寺塔均为仿照真觉寺而建,但是稍有不同的是,慈灯寺塔左侧的楼梯为向下,说明塔下原有地宫。碧云寺塔则在前廊处还有二覆钵塔,而西黄寺塔则是覆钵塔与经幢的组合。

金刚座塔中,碧云寺的金刚塔为其中最为精美者,宗教和建造逻辑也更为完备(图6-18)。与真觉寺塔相同的是其塔身也有佛像,但是塔身只有3层,其中一和三层雕刻无量寿佛,佛龛上部并无仿木构龛檐,二层沿塔基一周雕刻龙首。金刚座南部开门上书"灯在菩提"。上部的佛塔上除了5座密檐塔外,前侧还有两座覆钵塔,分别雕刻四尊佛母,中间为罩亭,罩亭四壁雕刻西番莲牡丹纹,匾额上书"现舍利光"。罩亭上还有5座佛塔。罩亭后部是5座密檐塔,与真觉寺塔相似的是碧云寺塔也是四大四小,但是4座塔均为13级密檐塔。在佛像排布上,碧云寺塔4座小塔每面各雕刻4尊罗汉,共计16尊。与金刚座入口处的法尚及达摩多罗合为十八罗汉。中间大塔四侧为四方佛,与中央塔刹的覆钵上的佛像合为五方佛,碧云寺塔整体的形式借用了金刚座塔,但是在塔身佛教含义的表达则增加了罗汉以及度母,其宗教排布与同在香山的昭庙布局相近,是难得的佳作。此外,在佛塔形式和数量上,碧云寺除了保留了5座塔外,在罩亭上又加建了5座塔,再加上2座覆钵塔,其实在金刚座上共有12座佛塔。在金刚座上,碧云寺塔取消了金刚座内部的塔心柱及佛像,其金刚座变为更纯粹的台基,而完全丧失印度菩提伽耶塔的佛殿功能,可以看到相较于真觉寺塔更为中国化。整体而

a   b

图6-18 碧云寺塔
（a为平面图；b为外观）

言，碧云寺塔无论是在设计还是在比例上都要比真觉寺塔更为精细，使金刚座塔的中国化更进了一步。

另一座以金刚座为母题的佛塔则是西黄寺的清净化成塔。1780 年罗桑华丹益因天花而病逝于北京，乾隆帝赐赤金七千两造金塔一座，以供佛身，亲临致祭。次年，又在西黄寺建衣钵塔院，名清净化成。

清净化成塔严格意义上讲不是金刚座塔，其是在 3 米高的台基上立 1 座佛塔及 4 座经幢。前后（即南、北两侧）各有一座汉白玉牌坊，为仿木结构，四柱三楼庑殿顶，檐下施斗栱。穿过塔前牌坊的中门，有石阶直达金刚宝座之上。主塔为覆钵式塔，由基座（须弥座）、塔阶、宝瓶、塔刹、塔顶宝莲组成（图 6-19a）。最底下的塔座为正八边形，上有世尊本生故事，其上为亚字形的基座。再上为塔身，正面眼光门为一佛龛，雕刻三世佛。覆钵周身雕刻八菩萨立像。覆钵上相轮造型为圆形十三相轮，两侧有云纹垂带，形似双耳。清净化成塔主塔的形制和镇海寺三世章嘉呼图克图塔基本一致（图 6-19b）。主塔边上为 4 座经幢，造型和形制均相同，为八角密檐，分为 5 层，上部为每面开龛，塑佛像，下部雕刻阴刻汉文经咒。[1] 经幢的形制，尤其是《金刚经》和《药师经》的经幢与万佛楼和西天梵境的经幢完全一样（图 6-19c）。

清漪园万寿山后山的多宝佛琉璃塔形式也取材于经幢，只是塔身以琉璃装饰，遍布佛龛，并且增加了更多仿木构的元素。此外，玉泉山的妙高塔则是融合了覆钵塔、金刚座塔、缅甸佛塔和传统楼阁式塔的特点而形成的组合塔。乾隆三十二年（1767 年），在清缅战争结束后，乾

a   b   c

图 6-19 清代官造覆钵塔及经幢
（a 为西黄寺塔；b 为镇海寺塔；c 为万佛楼经幢）

---

[1] 西南小塔刻《千手千眼无碍大悲心大哈达喇呢神章妙名》；西北小塔刻《佛说药师如来本愿经》；东北小塔刻《金刚般若波罗蜜经》；东南小塔刻《楞严大哈达喇呢咒》。

隆帝特别按照缅甸木邦（今掸邦）大塔形式，在玉泉山下妙高寺中建塔，即妙高塔，形成了前寺后塔的格局。乾隆在《该妙斋戏题》诗中自述："兹北峰上为木邦塔，乃乾隆三十四年（1769年）征缅甸时，我军曾驻彼，图其塔形以来。因建塔于此，取兆平缅甸之意。"佛塔由中央大塔和4个小塔组成。塔刹和相轮部分被拉长，外形似为尖塔，当为缅甸佛塔的影响。但是妙高塔小塔基座为圆形的殿宇，前有方殿，内部应有楼梯，带有明显的汉式建筑元素。清净化成塔和妙高塔与回廊式和曼陀罗式建筑相似，均是利用现有建筑形式（覆钵塔、经幢）以宗教或者异域建筑为原型（金刚座塔、缅甸塔）进行的再创作。以上例子都展现了我国各民族融合的悠久历史，同时也是佛教中国化进程中的重要实例。

第 **7** 章　北京寺院布局形制演化特征

北京的寺院建筑基本在明代形成了较为稳定的布局形式并且逐渐影响到了全国各地，时至今日，新建的佛教寺院也依然深受明清以来寺院布局的影响，那么北京地区的寺院又是如何演化而来的？本节以寺院排布、轴线、佛塔、佛殿像设等几个特点为线索，梳理寺院建筑的变化与佛教功能使用之间的关系。

1．明清寺院主要殿堂

在明清北京的寺院形成了比较稳定的寺院布局体系，在没有佛塔的寺院中，大雄宝殿是一寺等级最高、规模最大，也是举行主要宗教活动的建筑，其余建筑大多分布在大雄宝殿的四周。大雄宝殿前通常为两重殿宇，即山门（明代通常兼做金刚殿），两侧为钟鼓楼；天王殿两侧为配殿，以伽蓝和祖师殿最为常见。明代所建的卧佛寺、戒台寺、柏林寺，比之稍晚的摩诃庵、万寿寺、碧云寺再到清代的潭柘寺、法源寺、觉生寺（大钟寺）甚至是格鲁派寺院的妙应寺、嵩祝寺均沿用了相似的建筑布局。大雄宝殿之后的殿宇设置则较为多样。明早期通常为毗卢殿（阁），明后期则逐渐取消，改为观音殿、三圣殿等多种形式。明早期的寺院在最后一般仿照四合院形制将僧众区与佛殿区分隔，晚期及清代寺院则无明显的分区，而在寺最后建 2 层藏经阁。整体而言，明清北京地区寺院的布局相差不多。明清寺院没有极为明显的差距，很多明代的寺院在清代也被改建和重建，例如柏林寺建于元代，明代正统十二年（1447 年）重建，康熙和乾隆两朝又重修扩建，使得柏林寺殿堂设置上兼有明清两代寺院特点。明代时大雄宝殿后是毗卢殿，后被法堂取代。垂花门后原为僧众活动区，但在清代改为了藏经阁（图 7-1）。东西两路还设有斋堂、讲堂、方丈、僧寮等寺僧生活使用建筑。下文将以柏林寺的模式为例，对寺院殿宇分别作介绍。

山门为一寺的外门，其形制可以追溯至南北朝的寺院。明代寺院中通常将山门兼设为金刚殿（图 7-2），供奉密迹金刚和那罗延王，晚期将其附会为哼哈二将。在明代一些顶级规模的寺院中，如灵谷寺、北京的卧佛寺、碧云寺、护国寺在金刚殿外还再建山门（寺院第一重大门），而大部分寺院则将金刚殿与山门共用。山门的形制应该自佛教初传就进入了寺院中，但是改塑二神王则可能始自隋代，就现存建筑而言，日本飞鸟时代法隆寺的中门为山门建筑最早

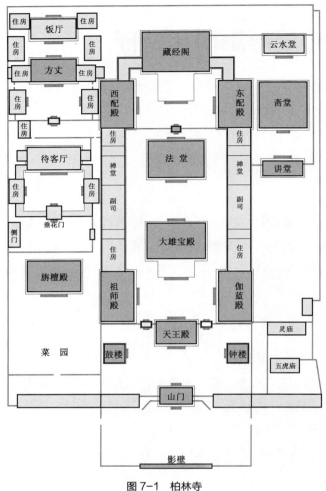

图 7-1　柏林寺

的实例。可能是由于法隆寺是塔殿并列的格局,法隆寺的山门则是唯一一例偶数开间的寺院山门实例,其面阔为四间,中间为二门,边侧的两间供奉二神王。此外的山门大多为奇数三开间,如我国独乐寺的山门,中间开门,边侧供金刚塑像。早期的山门面阔可为3间或者5间,但进深多为2间,中间设柱,中柱置门。如独乐寺山门、善化寺天王殿(原为山门)均为分心斗底槽之制,前间供奉金刚塑像,后间多空置。明清时期的金刚殿已非门的形制,而更多为殿宇(即金刚塑像在殿内),故取消了中柱,进深多为3间。此外,山门在早期多为重楼,如法隆寺的中门东大寺南大门、正定开元寺的三门楼,山西高平开化寺山门都是重楼山门。北方的寺院中,即使到元代山门依然有重楼之制,但是到明代以后均为单

图 7-2　广化寺山门

层建筑了。元大都寺院常将护世天王和护法神王供奉于寺院中部，未见对山门的描述。而明代寺院受到南方影响，则普遍为密迹金刚和那罗延王。但金刚殿的做法在清代寺院中基本取消（除了承德诸寺），这可能是源于金刚与天王在塑造宗教神圣空间时的作用相似，即均为寺院的序列引导空间，兼具护法神功能。故建于清代的大型寺院如广济寺、潭柘寺、法源寺等即使建造山门，也无金刚殿之制度。

山门殿后主轴线上第二座殿宇为天王殿，明清寺院通常有围绕大雄宝殿的廊庑，而天王殿通常是廊入口，也称为"佛之前茅"（图7-3）。四天王的形象至迟在唐代已经同时出现，如山西佛光寺大殿、薄伽教藏殿佛坛四角均有天王供奉。唐辽时期天王通常供奉在佛坛的四角，以"卫护"佛像。而到了元明之后，天王才逐渐单独建殿供奉。例如建于元代的山西平遥镇国寺的四大天王殿即为较早的天王殿实例。从现存元大都寺院来看，供奉二金刚或者四天王的寺院均有，如护国寺即四天王殿，但是却未看到既有金刚殿又有天王殿的情况。明代开始，北方地区天王殿开始普及，如大同善化寺的山门在万历重修时从金代供奉二神王而改为了四天王。但也有如山西广胜寺则保留了山门内二金刚的寺院。而北京地区明代寺院大部分既设金刚殿，又在其后置天王殿。天王殿则在四天王的基础上还会增设大肚弥勒（即布袋和尚），布袋和尚身后为韦驮。[1] 大肚弥勒的造像虽然在宋代已经出现，但是韦驮和大肚弥勒的形式在明代及以前的北方寺院中并不常见。故明代北京官制寺院中天王殿布局很可能是

图7-3　妙应寺天王殿

---

[1] 按照佛教的空间宇宙理论，二者为佛教的地居天的最下两层：四天王天和兜率天。相当于跨过天王殿即进入了天居天的境界。

受到南京寺院的影响①。以大肚弥勒和韦驮搭配四天王的布局很可能是明代早期天王殿和韦驮殿两种前殿叠加的效果。根据何孝荣统计，在明代早期的南京寺院中，小型寺院以及庵堂通常以韦驮殿为前殿，而大型伽蓝则以四天王殿（无弥勒和韦驮）为前殿。例如浙江天台山国清寺的弥勒殿和雨花殿（天王殿）即是分开的两座殿宇。在北京诸寺中，大部分汉传寺院中四天王均与弥勒、韦驮共处一室，这也奠定了之后清代天王殿的格局。藏传佛教寺院本无供奉弥勒和韦驮的传统，但是在北京地区受到汉式寺院影响，藏传佛教寺院基本也遵守了这样的布局，隆福寺和弘仁寺却没有弥勒而韦驮单独设殿，可能是受到了内蒙古和青海等地的影响。②明代的寺院天王殿通常作为前殿但很少用作山门，而清代寺院中绝大部分的寺院取消了金刚殿的形制，大部分中小型寺院直接将天王殿作为寺院的第一进主殿，这样的形制进一步影响到了清代五台山和承德的藏式佛教寺院。

但是在清代以来的中小型寺院当中，大部分寺院前殿并不是天王殿，而是宗教功能更为直接的关帝殿，内供关帝及关平和周仓胁侍。关帝背后通常还会供奉韦驮。同时还常有真武大帝、文昌帝君、财神等带有道教和民间信仰色彩的神祇。这很可能是北方寺院之传统，应该是小型寺院韦驮殿的另一种变化。

大雄宝殿为一寺的主殿，也是寺院当中最为重要、规模最大的建筑。关于大雄宝殿室内布置的演化在第5节中会有详述。在明清的寺院中，大雄宝殿主要供奉三世佛，既有横三世佛也有纵三世佛，还有三身佛组合。两侧胁侍在明代有诸天和罗汉两种，少数寺院有十地菩萨。而清代通常只有罗汉，藏传佛教还有八大菩萨。佛像背后通常会有倒座，最常见的为倒座观音，也有供奉观音与文殊、普贤一起组成的三大士，如大觉寺和法海寺。此外还有地藏王，如花市卧佛寺等。明代的倒座大多会在主殿的明间后建一开间的抱厦，而清代大多无此例，甚至在主佛坛后侧不再设置佛像。

钟鼓二楼的形制是这些殿堂中最晚出现的制度，到明代中期的北京才定型。从敦煌壁画中可知，唐代以来的寺院布局为倒U字形的廊庑布局，U字形的两端多为经藏和钟楼（图7-4）。经藏即为藏经之所，而钟楼则为晨晚课诵召集寺僧之用，例如法隆寺伽蓝中讲堂两侧即为会经和钟楼。在《禅林象器笺》的伽蓝七堂中常被比喻为双耳。辽金时期的北方寺院则保留了更多的唐制，如《薄伽教藏碑》记载，大同华严寺在重建时的大殿可能就是一个U字形建筑：

> 乃仍其旧址，而时建九间七间之殿，又构成慈氏观音降魔之阁，及会经、钟楼、三门、朵殿。

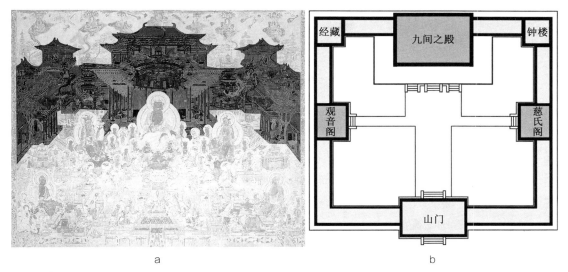

图 7-4　U 字形的寺院布局形式
（a 为莫高窟 172 窟唐代寺院壁画；b 为金初华严寺布局推测图）

　　根据复原我们可知金初的华严寺还与唐辽一致，大雄宝殿两侧设置会经和钟楼。但是就北京地区而言，会经和钟楼的形制在元代的寺院中已经基本解体，明初的大型寺院仍保留了经藏作为西侧配殿，将其与观音阁搭配，放置在大雄宝殿的两侧。这样的变化可能是自唐以后的北宋即开始了，如隆兴寺大悲阁两侧的配殿为转轮藏和慈氏阁[①]。关于钟楼的变化线索则较为模糊，早期寺院中钟楼作为经藏的重要配殿，甚至在正定开元寺中钟楼还与塔对峙。但是至迟到元代，钟楼已经不是单独设立的建筑。现存数座描述元大都寺院布局的碑文，无一提到寺院中有钟楼。这说明元代寺院应无单独建钟楼的习惯，而很可能是悬挂于配阁的二层或者直接放置于大雄宝殿内，这样的布局一直延续到明初，明早期洪武年间的灵谷寺和正统时的戒台寺初建时均无单独钟鼓楼。

　　大概在元晚期，钟楼开始逐渐复出单独建楼，并且设置在寺院的前侧。故明早期的南京寺院有一段短暂的有钟楼而无鼓楼的寺院布局，在《金陵梵刹志》中记载的南京大寺 5 所，只有两所有独立钟楼，但是均无鼓楼的建制。平武报恩寺是现存唯一明代早期只建钟楼而无鼓楼的实例。北京的历代帝王庙虽然不是佛教建筑，但是其无鼓楼的形制很可能是延续了明代以来佛寺的制度而非陵寝制度（因为明代帝陵既无钟楼亦无鼓楼）。从时间和形制看，钟鼓二楼制度是在正统朝的北京地区形成的，如法海寺、智化寺则均置有钟鼓楼的形制[②]。而那些钟鼓楼制度不全的寺院，则在明清的重修中补全了钟鼓二楼的制度，例如护国寺的鼓楼、戒台寺的钟鼓楼、卧佛寺的钟鼓楼[③]。到了清代，几乎所有较大型寺院均建有钟鼓楼。其中一个较为有趣的

---

① 可能是由于大悲阁已经供奉观音，故此处供奉弥勒。

② 日本唐招提寺，东寺等寺院设有钟楼和太鼓楼，但使用方式与我国鼓楼有异。

③ 卧佛寺的钟鼓楼很可能是清代添建的，因为其位于金刚殿外侧。

统筹布局则是八大处的寺院。由于从二处灵光寺到七处宝珠洞都在同一条香道上，所以几座寺院均相距不远。在钟鼓楼的设计上，二处灵光寺、四处大悲寺及六处香界寺都有钟鼓楼，而三处三山庵和五处龙泉庵因为规模较小而无此配置。

钟鼓楼的出现可能有两个原因，一个是受到明代中期朝暮课诵仪轨的指导。虽然僧人诵经自佛教传入即存在，但是晨起敲钟鸣鼓和养息鸣鼓敲钟的制度是在明代中期形成的，所以此时寺院必须具备钟鼓二楼。另一个原因是明代寺院整体上模仿官廷建筑更甚，钟鼓二楼的对称搭配也更合礼制。将钟鼓二楼放置在寺院前侧可能是与金元以来，在寺院前方喜好建双阁或者双塔有关，加之明代寺院降低了塔的重要程度，钟鼓楼是明清寺院中不多的可以对称排布的多层建筑，这可能是双阁或者双塔制度的一种演变，例如今天的少林寺就是这种布局的一个典型过渡。现在的少林寺的建筑布局基本上是明代嘉靖重修后的格局[①]。寺前东西两侧的西来堂和慈云堂推测原为塔院旧址。而大雄宝殿两侧的钟鼓楼为4层的楼阁，形似佛殿前的双塔，很可能是明代重建时弃塔建楼所致（图7-5）。但是由于缺乏文字性质的史料记载，这也只能是依据明代寺院布局的合理推测。

但是实际上钟鼓楼并非不可或缺，大多数寺院大雄宝殿内会再放置一组钟鼓，作为日常佛事使用。所以钟鼓楼更多地为礼制完备的象征，只是在一年中如新年弥勒诞、佛诞等重要节日使用，所以根据《北平庙宇调查》的记录，大部分的中小型寺院并无钟鼓楼。

明清大型寺院中，配殿一般有两种用途：一为佛像陈设，二为僧众活动。

在用作佛像陈设的配殿中，通常有三种常见组合，恰巧在隆福寺的6座配殿中全部出现，

图7-5　少林寺

---

① 少林寺前部建筑毁于民国，但是20世纪80年代重建并未改变原有建筑形制。

即经藏和大悲殿、观音和地藏殿、伽蓝和祖师殿。

经藏顾名思义为藏经之所，大悲殿则是供奉观音。这种配殿组合不见于元大都寺院，是南京寺院配殿最常见的配置，例如正统年间南京的弘觉寺，甚至同时由番僧宝玉峰建造的西安荐福寺配殿亦为经藏和大悲殿①。平武报恩寺在大雄宝殿两侧也建有观音阁与转轮藏殿，可知这应该是明初通行的官造寺院的配殿。但北京的寺院只有智化寺和隆福寺保留了此形制。上述三例在配殿中的经藏均是以轮藏的形式藏经。通过智化寺一节的分析，可知在功能上智化寺的藏殿中的经藏更多是礼制性的而非实用功能。隆福寺的经藏则更接近于藏式的转经筒，而非借阅经书的书橱，说明明初作为配殿存在的经藏功能已经基本上丧失。另一方面，配殿经藏的消失，很可能也与正统朝广赐《永乐北藏》建设藏经阁有关，由于经藏本来就是大寺院才有的形制，藏经阁和原有配殿经藏功能冲突。而御赐经书又不宜放置在配殿，所以寺院逐渐在大雄宝殿之后建藏经阁。而同时大殿之前的经藏也就逐渐淡出寺院的布局之中了。从现有实例来看，可能是由于《永乐北藏》卷目增多，故各藏经阁的经橱均放弃了原有的轮藏藏经，而改为了壁藏，其中又以曲尺经橱为多。轮藏藏经的形式在北京除了乾隆朝兴建了数座仿古轮藏（如普度寺、雍和宫、须弥福寿之庙等），在一般功能主导的寺院中则完全的消失。而与经藏搭配的观音殿，则换到了佛殿背后的倒座处。明代寺院如大觉寺、智化寺、碧云寺、万寿寺等均在大殿后建有一间倒座，供奉观音。配殿这种变化的转折点则很可能是由智化寺开始，其不但保留了经藏和观音殿（大智殿）的对峙布局，也建有如来殿（藏经阁）和倒座的抱厦。

伽蓝殿和祖师殿是明清北京大寺院中最为常见的配殿。伽蓝祖师二殿的形制在辽金寺院中还极少见到。元大都的寺院则只供奉护法神王和护世天。而从元末护国寺可以看出伽蓝祖师殿已经形成，但是还未普及。明早期南京大寺中已经较为常见，但是大多布置在经藏和观音殿后、法堂的两侧。北京的隆福寺和护国寺还可见此形制。而二殿到了明代中期以后几乎成为寺院配殿的标配。伽蓝殿供奉伽蓝菩萨关羽或者波斯匿王、给孤独长者和祇陀太子，后三者为佛陀在世时重要的布施者，即护法伽蓝；右为祖师殿，大多供奉本寺或者本宗祖师，禅宗寺院多为禅宗六祖，两侧也有加入道宣律师、蕅益大师等律、净宗派的祖师。清代以来的藏传佛教寺院多延续了伽蓝殿供奉关羽的形制。祖师殿较少，只有隆福寺祖师殿改为了供奉宗喀巴大师殿。

中国北方寺院最常见的配殿还要数观音殿（观音及罗汉）和地藏殿（地藏和阎王）。由于明代以后常把观音殿移至中轴线上，有时也会以药师殿和地藏殿相配（如潭柘寺）。这样的配殿布置其实是出自实用功能，无论伽蓝还是祖师殿其作用更多地是彰显寺院的规模和传承，而经藏则需要经书的支持。民间寺院中则更多出自宗教的实用主义色彩。

---

① "有宝玉峰师者，顾瞻嗟叹，以为兹寺乃长安古刹……以原浮图为主，前作正殿……又前作山门及天王殿、钟鼓之楼……慈氏殿……后殿……又后作方丈，左右列大悲殿、藏殿、伽蓝祖师之堂，翼以廊庑百十余间……外则缘以崇垣，辟地五顷有奇，以赡其众。"详见荐福寺内《敕赐荐福禅寺重建记》。

僧众活动上配殿的设置较为灵活，又可分为不同的几种功能，一种是处理日常寺院事务的，例如司宾（客堂）、司房、香灯等处理外部事务的，还有例如纠察寮、戒堂等处理内部事务的；另一种是满足寺僧日常或修行生活的设置，例如法喜寮（禅堂）、味根寮（食堂），很多大型寺院将大悲坛、法华坛等建筑也设置在配殿；最后一种则是重要的僧人办公和住宿的僧寮，例如方丈、羯磨寮、如意寮等。这些建筑布局较为灵活，有些放置在廊庑内，有些则在配殿中。由于自清中期以来汉传佛教在北京已经开始衰落，所以在民国时期的调查中，仅有几座规模较大的寺院如城内的拈花寺、广济寺、弥勒院、广化寺等保留了比较完整的僧众活动区设置，而其他寺院无论大小，大多把两庑及配殿出租以增加收入。可惜的是自 20 世纪 80 年代以来，北京地区恢复宗教活动的寺院或是由于僧众人数较少，或是由于产权问题，并没有完全恢复传统僧众活动所需要的所有配殿。①

　　在北京的藏传佛教寺院中，明代寺院基本遵循汉传佛教的制度配置伽蓝、祖师殿或者观音、地藏殿，与汉地无异，但是在清代藏传佛教寺院则是根据需要灵活布置，例如雍和宫布置的是"四学殿"，是将佛殿与寺僧修行生活的结合。嵩祝寺的配殿为旃檀佛殿和玛哈嘎拉殿。东黄寺配殿则和蒙古地区佛殿相似，为药师佛殿和密宗护法殿。整体上并无统一的规律可循。

　　大雄宝殿之后的寺院布局则较为多样，并未有统一形式。小型寺院中，一般大雄宝殿即寺院的最后一进建筑。中型寺院后部通常还有后殿，而大型寺院则会有 2~3 重甚至更多的殿宇以延长轴线。大雄宝殿后部的功能主要是寺僧日常宗教诵经或者集会之所，是寺院生活的中心。唐宋以来多为法堂和僧房，但是随着元代以来法堂的作用逐渐下降，宗教活动并入大雄宝殿。元大都的寺院则会在佛殿后建塔，明初之后佛塔被二层毗卢阁取代。明中期后，毗卢阁基本消失，大雄宝殿后的建筑则变得更为灵活。从现存北京的寺院来看，方丈、斋堂等僧众活动设施已经很少放置在寺院的主轴线上，后殿比较常见的是供奉观音（或者三大士、西方三圣）的观音殿（或大悲坛），也有供奉西方三圣或者药师佛的殿宇，但都是作为佛事活动的场所，即大雄宝殿功能的补充。寺院的最后一进通常会设置二层高阁作为罩楼，这很可能是源于毗卢阁，大多上层用作藏经。下层为寺僧的功能用房，如讲堂或者法堂，部分寺院的方丈也设置在罩楼两侧的院落中。在北京地区的明清寺院中，佛塔则成了可有可无的建筑。除了明早期，在绝大部分寺院中，寺内部分皆无佛塔。纵观明清北京寺院，仅有明万历和清乾隆两朝寺院出现了数座寺内建造佛塔的实例。但佛塔的位置灵活多变，没有统一规律可循，在下一节中还有详述。

---

① 例如法源寺仅恢复了客堂、禅堂、五观堂（斋堂）等几座功能设施，其余皆划为佛学院僧人宿舍。潭柘寺的僧人则在寺外驻锡，仅使用中路殿堂。

2. 伽蓝七堂

　　虽然大型寺院在大雄宝殿后还会有法堂、经阁等诸多建筑，但是大雄宝殿前的 7 座建筑，山门、钟鼓楼、两配殿及大雄宝殿则是明清北京佛寺中最常见的佛殿，通常被当代学者统称为"伽蓝七堂"。甚至将其范围广义化，所有以院落轴线对称布局的寺院皆称为伽蓝七堂式布局寺院，这样的称呼始自何时，又是否准确呢？

　　伽蓝七堂，现在被认为是唐宋佛教寺院的规范，后被明代寺院沿用，如白话文先生的《汉化佛教与佛寺》中称"唐宋时代，按常规，佛寺须有'七堂伽蓝'，即七种不同用途的建筑物"。伽蓝为梵语，意为寺院，伽蓝七堂即寺院中固定搭配的 7 座殿堂，据说此法兴起于唐，完善于宋。宋代各个宗派的伽蓝七堂略有不同，以对明清影响最大的禅宗为例，其包括佛殿、法堂、方丈（僧堂）、禅堂、厨库、西净、浴室。前三者分别代表佛、法、僧，佛教的三宝，后四者为僧众活动区。可以看到此时的寺院中心区已经没有佛塔，表明了唐以后佛塔的作用完全被佛殿所取代。日本《禅林象器笺》将伽蓝七堂描绘为人体布局的样式，其形容也颇为生动（图 7-6），佛殿为一寺的核心，如同"腹"；法堂则是寺院僧众修行的所在，如同"心"；方丈是一寺的首脑，如同"头"；钟楼和经藏皆是提醒寺僧听经闻法，如同"耳"；而僧堂、西净、厨库等均为保障寺僧的服务设施，如同人的"四肢"。

　　但是中国的寺院是否按照日本的《禅林象器笺》建造呢？单从现存寺院及文献叙述而言，南方寺院或有之，但未见辽金元等时期北方大型寺院（如大同华严寺、朔州崇福寺等）普及此布局模式，甚至同为宋代的隆兴寺、青莲寺等也不见此类布局。所以，对于伽蓝七堂在宋代佛寺的应用是存在争议的。张十庆先生指出，伽蓝七堂最早的称号出自日本一条兼良（1402—1481 年）的《尺素往来》。伽蓝七堂虽用来形容宋代禅寺，但宋代文献中却没有出现过伽蓝七

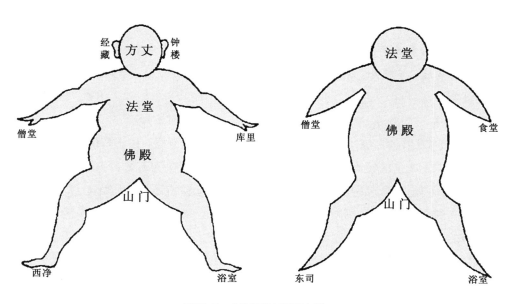

图 7-6　人体部位与伽蓝七堂

堂的称呼。一条兼良生卒年为我国的明代，所以宋代时期是否存在伽蓝七堂是存疑的。戴俭老师甚至认为伽蓝七堂制度从未存在过。另外，七堂也未必特指7座殿堂，由于印度和伊朗文明皆以数字"7"为多，伽蓝七堂甚至不必正好为7，而可能仅是泛指多座殿堂。无论是宋或者明寺院的建筑也从来没有仅局限于7座。

但是现代学者是如何将宋代的伽蓝七堂应用到明清寺院的？学者袁牧作了有趣的梳理，将伽蓝七堂这一概念最早代入中国学术界的学者很可能是日本建筑学者伊东忠太，朱启钤邀请其于1930年在中国营造学社讲演《中国建筑之研究》并发表在《营造学社汇刊》里，对中国建筑学界产生了影响。袁牧认为最早认同伽蓝七堂的学术性文章是刘敦桢的《北平智化寺调查记》：

> （智化寺）其堂殿配列之法，唐宋以来有伽蓝七堂之称。唯各宗略有异同，而同在一宗，复因地域环境，互有增省，其简陋者以食堂、寝堂、库房、浴室，列入七堂之内，而大寺除塔、佛殿、讲堂外，尚具钟楼、鼓楼、戒堂，数者，似其设备依教义与需要而异，无一定不变之局。今智化寺之前部，自山门、钟楼、鼓楼历智化门、大智殿、藏殿讫于智化殿，为数适七，而智化殿内供奉万岁牌，当时以此为寺之主体，略可度知。故此寺全部出自新建，则明中叶尚存七堂之法，若仅有旧宅改缮而成，有只能谓为意中之巧合，不能以奉宗派规律之美名属之，关于此点，尚待搜罗文献证物，阐其究竟，非今日所能决定。

刘先生的论述得到了梁思成和林徽因的认可和引述，梁先生的《平郊建筑杂录》中有如下记述：

> 在这点上，本刊上期刘士能先生在智化寺调查记中说：'唐宋以来有伽蓝七堂之称。唯各宗略有异同，而同在一宗，复因地域环境，互有增省……'现在卧佛寺中院，除去最后的后殿外，前面各堂为数适七，虽不敢说这就是七堂之例，但可籍此略窥制度耳。

结合上文的叙述，可以看出刘敦桢的叙述似乎并不完全准确。由于智化寺是在同一时期建造完成的，所以轴线上的建筑为同一时期规划。智化寺可分为三部分：山门和智化门为前序；智化殿和万佛阁则是整个寺院的主要殿堂也是高潮；大悲堂和万法堂为僧众活动区即结尾。但是如果以上文刘敦桢的分法，则把山门到智化殿分为一组，而万佛阁及以后分为一组，这显然不符合寺院的整体设计。故在智化寺中要把前半部分凑出七座殿堂可能颇为勉强。同样地，梁思成所指之卧佛寺七堂即金刚殿、天王殿、大雄宝殿、钟楼、鼓楼及伽蓝、祖师殿，与智化寺略有不同。但是其还是将廊庑环绕中的卧佛殿与大雄宝殿分开也并不合适。

且不论宋代寺院与伽蓝七堂的关系，单从明清的寺院来看，并不存在着一种固定的伽蓝七堂的称号或者搭配。两位先生提到的七堂，更像是大雄宝殿及其前方的引导空间，而不是寺院的固定搭配。诚然有大量的中型寺院其建筑仅到大雄宝殿为止（如龙泉寺、灵岳寺等），但是我们可以看到这仅是寺院布局的一种搭配形式而非固定模式。

需要注意的是，如袁牧所论，两位先生于 20 世纪 30 年代的研究均在中国建筑史研究开端之时，可能是由于当时资料匮乏，有这样的误读也无可厚非，他们的探索精神值得我们学习。然而刘敦桢先生在《中国建筑史》一书中已经更正了其早年的文章，书中并没有提到伽蓝七堂制度，而是提到了《关中创立戒坛图经》以及廊院制度对于中国寺院的影响。梁思成在《中国的佛教建筑》中更是强调中国晚期寺院的布局是按中轴线布置殿堂的方式，而非伽蓝七堂中日本人所绘的人体布局。可见两位先生此时都已经否定了伽蓝七堂制度，并正确地指出了中国古代佛寺的建造制度应该在晚期受到宫殿及住宅的影响。但可惜的是近年部分学者没有仔细分辨，而武断地把两位先生早年的一些片段当作理论大幅引用，并俨然把院落轴线布局的寺院与伽蓝七堂画上等号，这样的学术论述显然曲解了两位先生对于寺院建筑布局的判断。

3．轴线序列的延长和景观序列的营建

伽蓝七堂的提法虽有不妥，但是不可否认地是它们在明清寺院中有极高的"出镜率"。虽然大雄宝殿后的佛殿布置并不相同，但是大殿前的序列却基本不变，所以七堂其实更准确地讲是明清两代寺院将大雄宝殿前的前导建筑序列固定了下来了。

相较于元代而言，明寺院在佛殿前方的轴线序列明显有意延长。元代寺院主殿前通常仅有山门，明代开始寺院越来越重视序列和引导，故将大雄宝殿前的礼制建筑完善而形成定制，形成了从山门到金刚殿再到天王殿的前导空间，通过逐渐递进的序列感使人逐渐接近宗教的神圣空间。一座大型寺院最前常有影壁或牌坊，后为山门，通过山门经过钟鼓楼的引领，至天王殿而进入高潮，或者有的寺院设置接引佛殿（如香山永安寺、八大处香界寺），在接引佛殿后则为"佛国净土"。这一切的布置都为寺院的高潮大雄宝殿的出现作铺垫。这种变化的深层次原因推测是寺院摹本的变化，明以来的寺院越来越重视佛殿前方的空间序列，如梁思成先生所述，明代寺院的布局开始逐渐模仿宫殿和官署，即增加寺院的轴线序列，并将其确定为一种固定制式。清代则在确定了明代序列的基础上，在山门外再设立牌坊，例如隆福寺和卧佛寺的牌坊都是在明代寺院的基础上在清代加建的。

为了延长轴线营造序列感，在大雄宝殿的前后都会建造固定的殿宇。明代寺院依轴线延长的方式彻底地摒弃了唐辽以来的寺院模式，故在明代一寺之规模已经与有多少属院无直接关系。取而代之地是更为关注寺院轴线的长度，有的寺院轴线甚至可以达到数里，影响到日常的使用功能。如灵谷寺的山门就在寺外 1 公里之外，有僧人"骑马关山门"之说。在明人王世贞对于南京的弘觉寺的记载中也可以对寺前景观的营建略窥一二，例如《金陵梵刹志》中记载了弘觉寺的景观布置序列：

抵山门，日已下春矣。缘坡而上，至金刚殿，殿后有石阶，数之正得百级，曰白云梯。梯尽则为四天王殿，殿后级如前，而杀其半，梯尽为大雄殿，殿后复为毗卢殿。毗卢者，释迦千丈报身也。大雄之左方室曰观音，右曰轮藏，中为平除，下俯天王殿。

从王世贞的叙述中可知弘觉寺的布局上有意将山势平整为四个台地（图7-7），并在每个台地上分布殿堂以延长景观轴线：山门为第一进，后有坡，坡上第二重金刚殿，金刚殿后为台阶，台阶上为第三层平台四天王殿，四天王殿再上台阶，到达第四级也就是大雄宝殿，大雄殿两侧为观音殿和轮藏（经藏）二殿，最后为毗卢殿。在大雄宝殿的平台上应当可以俯瞰天王殿。形成了错落有致的景观序列，在北京的很多寺院中，例如法海寺、大报恩寺、香山永安寺也有相似地利用高差而营造寺院景观的例子。

图7-7 弘觉寺剖面示意图

此外，大雄宝殿之后也可增建多重殿宇，例如隆善寺和隆福寺在清代的扩建后殿宇的数量均达到了9重殿宇。城外的碧云寺更是北京寺院轴线之最，在清代乾隆朝的加建后，从最前的过街塔楼算起，到最后的僧人塔林，竟达到14重之多。由于碧云寺是建在香山北麓，除寺院传统的建筑外，还有松林、石桥、功德池等诸多景观节点，利用自然地形和寺旁的天然溪流和泉水营造空间，将建筑序列与景观合二为一，巧妙地将自然景观和寺院相融合，使得参观者有了不同的体验回味，轴线之旅也不再乏味，堪称西郊寺院园林当中最佳之作。明人陶允嘉赞云：

金凤咧咧吹远松，青霞朵朵生残风。西山一径三百寺，唯有碧云称纤秾。

碧云寺14进建筑，可以分为7处景观序列（图7-8）。除金刚座塔位于寺院后部外，其余的都是在营造佛殿及其开始前的景观序列。碧云寺三面环水，寺内有一眼卓锡泉。在乾隆朝的扩建后，碧云寺共有两个景观高潮，第一个高潮是从大雄宝殿到毗卢殿的寺院区高潮，第二个高潮则是寺院的金刚宝座塔。寺院最前面是大雄宝殿的前导序列，可以分为寺外和寺前两

图7-8 碧云寺景观节点

（ a 为山门； b 为金刚殿； c 为天王殿； d 为能仁寂照殿； e 为静演三车殿； f 为圆证妙果殿；

g 为含碧斋； h 为含青斋； i 为平面图 ）

个部分。寺外的起点始于一座过街塔楼，在今香山公园以东，现在只剩城台①。过了城台之后，则进入一条 500 米长的参道，路两旁遍植松林，在寺前建松林是仿照南宋的禅林。"S"形的松林虽然不长，但是却对寺院进行了有效的遮挡，以园林中"先抑后扬"的手法将寺院隐藏在林中，只有转过松林才可以见到碧云寺的全貌。松林的尽头是一座石桥，跨过石桥就来到了碧云寺。第二部分则是进入寺院后大殿前的序列，包括山门、金刚殿、天王殿三重殿宇，随着深入寺院，台地也逐级升高。山门和天王殿院落是在原有山势上的人工抬高，这样既突出了寺院

---

① 由于碧云寺紧邻煤厂街，是西山煤炭入城的必经之路。故城台在清代被改作了收税用的卡点，其上改
建为班房。城台下的楹联"日临祇树传经地""香散天花绕法台"说明这座建筑为佛教建筑而非仅为
收税的城关。门券上匾额为绀翠凌虚，摹写了香山红叶和绿叶相揉之美景，匾额两侧还各有一尊持金
刚杵的力士。疑为明代遗物。

的气势，也平整了寺内的高差。

进入天王殿后则为廊庑包裹着的三进院落。第一进院落有功德池，跨过功德池则为大雄宝殿（能仁寂照殿），之后为菩萨殿（静演三车殿），最后为毗卢殿（圆证妙果殿，现孙中山先生纪念堂），这里是碧云寺的核心，碧云寺核心部分的殿堂与其余寺院相差不多，也是环绕在廊庑中。在建筑的样式设计上也多有变化，通过重要性而设置不同等级的殿宇形式，例如大雄宝殿为庑殿顶、菩萨殿为歇山而毗卢殿为硬山。乾隆时在菩萨殿前还加建了攒尖顶的碑亭。

毗卢殿后高度陡然升高，让人转换时空进入塔院范围。此处原为魏忠贤的墓葬，后在乾隆朝改为塔院，也是清代乾隆时期扩建后形成的第二个景观序列高潮。塔院有3座不同材质的牌坊，分别为木质、石质（疑为魏忠贤遗物），以及砖木混合，通过不同材质的牌楼逐渐引入金刚塔的序列当中，当跨过一座小溪和两旁的碑亭以及刚才所述的砖木混合的牌楼后，最后才到达金刚宝座塔，在清代时金刚宝座塔后还有僧人的塔院，近年已毁。

此外，许多寺院的序列还融入很多园林景观的考虑。如潭柘寺、戒台寺、红螺寺等也是利用香道来营造景观序列。潭柘寺的香道在寺院东南，利用香道30度的斜坡以及高大的红墙营造"先抑后扬"的手法，在香道的尽头，九峰环绕的潭柘寺突然进入眼帘。香道的视线阻挡也起到了"障景"的手法。红螺寺的竹林与潭柘寺的造景手法相近，也为先抑后扬，以竹林遮挡寺院。而戒台寺则正好相反，戒台寺的香道在戒台寺东北方向，戒台寺内的钟亭成为重要的景观指引，香客沿着之字形的台阶向上时，总能看到大钟，直至走到大钟脚下，才能步入寺门。

寺院建筑开始重视礼制的秩序应当是中国建筑自12世纪以来宋明理学发展下在建筑上的重要影响，即建筑的布局更加注重世俗礼制下的序列和次第。这样的影响不仅体现在城市、宫殿等帝王建筑中，也逐渐开始体现在寺院等宗教建筑上。[①]

4. 佛塔与廊庑

自从佛教传入以来，佛塔就扮演着举足轻重的角色。佛塔在印度的形制主要为窣堵波（stupa），即半球形的坟墓，下面台基常垫高，是用以安放舍利及遗物的墓塔。在传入中国后，佛塔与中国的楼阁相结合，形成了可以登高的楼阁式塔。至此，佛塔成为寺院不可或缺的核心组成部分。东汉笮融建造的中国最早有记载的佛寺形制（时称浮屠祠），就提到有环绕楼阁（佛塔）的周廊：

[①] 有趣的是相似的空间转变其实与中国帝王陵墓的地下部分发展有着惊人的相似。在两汉时期，帝王陵墓是方上制度，而皇陵之外则在方上封土堆的四周设立陪葬形制的外藏坑。至迟从唐代开始，在帝陵前设置神道变为定式。陵墓有了极为明确的方向性，而这种形制则在晚期愈发成熟，例如在明代将功德碑设置在神道前，神道后为祭祀区亦称方城，设棱恩门及棱恩殿；通过棂星门则进入陵墓区，前有五供，后为明楼和宝顶（清代设有哑巴院）。将所有的部分（神道、祭祀、陵墓）全部设置在一条轴线上。如果将陵作为最后点位，那么从功德碑以来的景观序列则是有意地营造序列和秩序。

笮融聚众数百往依于谦，谦使其管彭城、下邳、广陵运粮，逐断三部委输，大起浮屠寺，上累金槃，下为重楼，又堂阁周围，可容三千许人，作黄金涂像，衣以锦彩，每浴佛辄多设饮食，布席于路，其有就食及观者且万余人。

笮融建造的寺院早已无存，但是从只言片语中，大概可以猜测这是一个以多层高阁（或者说是一个楼阁式塔）为核心，带有廊庑的寺院（图 7-9a）。这样的寺院广泛应用于早期的佛

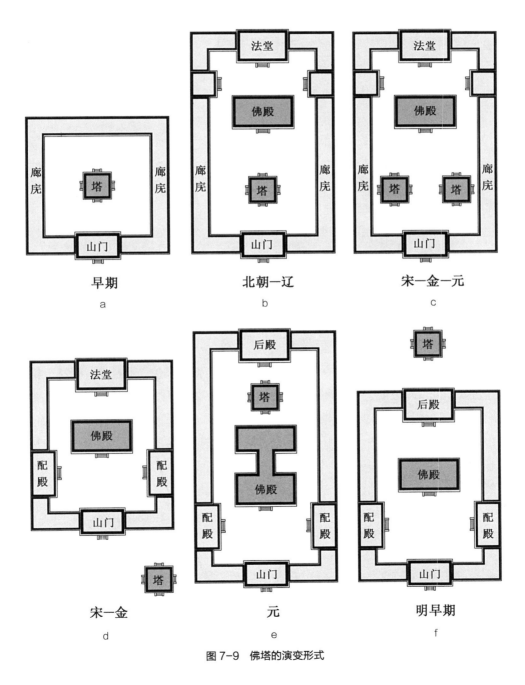

图 7-9　佛塔的演变形式

教建筑和寺院当中。由于早期的原始佛教禁止偶像崇拜，所以以塔来代表佛。而佛教徒的修行主要是绕塔。例如建于公元前 3 世纪的北印度普赫图赫瓦（Chakdara）遗址区的寺院，以及 1 世纪前后的桑奇大塔（The Great Stupa at Sanchi）的佛教遗址。稍晚的新疆米兰遗址、喀什的摩尔佛塔等遗址都说明了佛塔在其中的重要作用。除了早期的北凉佛塔尚能看到中亚及北印度窣堵波的影响，中国本土建造的佛塔形制可能已经与窣堵波不同了，除了绕塔的功能外，中国的塔被赋予了建筑登高远望的功能。永宁寺塔就是当时北朝第一高的建筑，《洛阳伽蓝记》载："举高九十丈。上有金刹，复高十丈，合去地一千尺。去京师百里，已遥见之。"《洛阳伽蓝记》中记载了孝明帝和冯太后登永宁寺浮屠的场景：

> 装饰毕功，明帝与太后共登浮图；视宫内如掌中，临京师若家庭，以其目见宫中，禁人不听升。街之尝与河南尹胡孝世共登之，下临云雨，信哉不虚！

可惜永宁寺塔只在历史上存在了短短的 18 年，便在孝武帝永熙三年（公元 534 年）毁于雷火。但是不难看出早期的佛塔均为可登临的建筑，或者更准确地说是多层的高阁，而非传统意义上的窣堵波。所以早期中国佛塔是否仅是简单的早期楼阁和窣堵波的结合还存在争议，笔者更倾向于中国的佛塔是佛教功能化了的中国楼阁。

但是自北魏以来，佛塔独尊的布局形式逐渐演变为"塔前殿后"的形式（图 7-9b）。这是由于中国气候相较于印度并不适宜冬季长期的室外活动，尽管在南北朝时期，佛塔作为寺院最为重要的建筑一直保留在寺院的中部，但是在塔后通常另建佛殿来供奉整堂佛像，建法堂来举办室内的宗教活动，所以逐渐出现了"塔前殿后"的布局形式，北魏的几座重要寺院，如永宁寺、思远浮屠等均采用了这样的布置，西营村 2022 年发现的南朝佛寺遗址也验证了南朝也曾采用"塔前殿后"的布局模式。此类寺院布局也同样反映在了石窟寺的洞窟中，如莫高窟、金塔寺、云冈在北朝时期均有大量的模仿"塔前殿后"寺院布局的塔心柱窟。但是近年来基于考古以及文献研究发现北朝也存在没有佛塔的大型寺院，例如王贵祥教授提到《法苑珠林》中唐人对北朝寺院的描述，有相当比例的寺院是以佛殿为中心的。[1]

自隋唐以来，塔的作用在寺院中开始下降，从原来寺院的中心部位，逐渐被放置到寺院前端的入口两侧，形成双塔格局（图 7-9c）。在这两者之间也出现了一些过渡布局，例如法隆寺、百济寺（Kudara Moanstery）中均是讲堂在后佛殿与塔并列的布局。离北京城不远的正定的开元寺塔和钟楼可能也是相似布局形式。当然上述演变是一个漫长过程，各地的寺院均存在着上述多种布局形式共存的特征。在北方地区，几乎到金之后，佛塔才逐渐"远离"寺院中轴线。

双塔的制度可能与佛教当中世尊双林入灭有关，比较早的实例有邺城的寺院。同一时期新

---

[1] 详见王贵祥《中国汉代佛教建筑史》。

罗的感恩寺（Kamunsa Monastery），奈良药师寺（Yakushi-ji Monastery）也是双塔在寺院前部的布局。这种布局还延续到了宋辽时期，如开封大相国寺、泉州开元寺、苏州罗汉院均有双塔。从现存的辽代寺院和考古来看，在寺院布局上辽代寺院基本延续了唐代寺院的布局形式。以塔为中心的寺院占据很大比例。此外，唐晚期盛行的双塔院布局也在辽代进一步发展，例如辽末的崇兴寺双塔。第1章提及的银山塔林的法华寺、戒台寺戒坛大殿入口处的双经幢和双塔可能也有相似的布局考虑。北京地区很多寺院还可见双树，如潭柘寺方丈前的两棵柏树，树龄已有千年，为辽金时期种植。其最早的目的应当也是寺院主殿前的双树，与双塔的形制相似。但是也如第1章所述，辽代的佛塔完全改变了塔的用途，尤其是在砖塔的设计上，在佛塔外表面加入大量佛造像，将其营造为曼陀罗形象。辽代的砖制密檐塔皆不可登临，故辽塔从登高和礼佛的双功能变为了仅是塔下礼佛的单一功能[1]，由于曼陀罗的营造使得塔成为寺院神圣空间的中心，这时的寺院则出现了一个短暂的复古期，佛塔在中央，而佛殿在后，北京的天宁寺即是难得的见证实例。

从华北地区现存的金代寺院建筑可以看出，金代基本延续了唐辽对于塔的形式和布置，但是塔的作用进一步降低，金代开始更加突出法堂作用与佛殿功能合一，例如金初建造的善化寺、崇福寺等均无佛塔。虽然金代还有如浑源圆觉寺将塔设置在寺院中的布局做法，但是更多的金代寺院已经开始把塔移出主要的建筑轴线（图7-9d）。例如白马寺的齐云塔则是建在寺院的东南侧，以及第1章的万松老人塔也位于广济寺东南侧。

塔在元大都的寺院是多样的，但此时的塔是在主要佛殿之后，变成了"殿前塔后"的制度（图7-9e），如万安寺塔和普庆寺的塔均在工字殿后。可以看到塔作为寺院的核心作用进一步下降，元代以来阿尼哥设计的覆钵式塔兴起，在北京地区，除了僧人的墓塔外，似乎辽金以来的仿木构佛塔开始逐渐消失。同时元大都也有大量没有佛塔的寺院，如承天护圣寺等，但是也出现了在佛寺前建过街塔门的制度，如居庸关云台、卧佛寺皆是此制。

明初北京在宣宗朝延续了南京的做法，即在寺院后建立佛塔（图7-9f），如真觉寺、大觉寺、潭柘寺等均在寺院的最后建造。明中期正统所建的寺院大部分是没有佛塔的，例如法海寺、智化寺、戒台寺。明代北京的例外则是在万历朝，如慈寿寺、延寿寺、双林寺等，寺院的佛塔均为万历一朝建造，传承自北京地区辽金以来的密檐或者楼阁塔样式，几乎没有覆钵塔。但是大多不可登临，法藏寺塔是北京少数可以登临的佛塔，为八面七级的楼阁式塔，明戒台寺知幻大师[2]重建。塔身一层略高，其上每层均开有拱券门及两个小型窗，窗前原供有佛像，塔身有收分。推测内部应有塔心筒，并在筒内设置楼梯。清末震钧《天咫偶闻》记载：

> 天坛之东有法藏寺，浮屠十三级，登之所见甚远，都人以重九登高于此。寺已毁

---

[1] 虽然少数楼阁式塔保留了储藏经书的功能，但是辽代的楼阁式塔大多不是设计给游人登高的。

[2] 知幻道孚为明代戒台寺重建后的第一代传戒大师，亦是戒台寺方丈，其生平记录在《敕建马鞍山万寿寺大戒坛第一代开山大坛主僧录司左讲经孚公大师实行碑》中，详见第3章戒台寺一节。

尽，惟浮屠仅存，而往者如故。其中容人之地无多，登者蚁附近至绝顶，则才容二客挨肩而过。斗室之中，喘息不得出，竟不知其何乐。

可见法藏寺塔是北京城内少有的可以攀登的楼阁式佛塔（图7-10），其内部很可能是"之"字形上升的陡峭楼梯，攀登者不得不"蚁附"，与山西广胜寺塔相近。从造型上看，法藏寺塔更接近于明代南京佛塔，如报恩寺塔和六和塔。但是类似的佛塔在辽金元的华北寺院中极少出现，所以推测是明代以来再次引入了南方佛塔融合后的产物。法藏寺塔为清末北京百姓重阳节登高的重要去处，可惜该塔在20世纪70年代拆除。

佛塔的布局在清代寺院中则更加灵活。在清代重建得比较彻底的寺院，寺内均不再建造佛塔。但是在乾隆朝的一些寺院，布局并非需求主导，而是皇家工程，所以出现了突破传统的布局：例如清高宗乾隆帝颇为喜爱江南琉璃塔，模仿南方大报恩寺塔和六和塔在北京和承德的清漪园大报恩寺、北海西天梵境和避暑山

图 7-10　法藏寺塔

庄永佑寺的寺后部建琉璃塔①，之后又在罗桑华丹益进京时修建了香山昭庙后的琉璃塔，塔下还有环廊，为依据南方琉璃塔形式的改建。北京弘仁寺塔被布局在寺院正中，其佛塔则是一座完全藏式的覆钵塔（图7-11、图7-12），再如在碧云寺后魏忠贤墓上改建金刚座舍利塔。总而言之，在清代乾隆一朝，寺院和塔的关系再次丰富起来。

如果不考虑清代中期的变异，从北朝到清的1500年时间，中国的寺院建筑中佛塔的重要性逐步下降。而北京地区从辽到清的建筑实例也可印证这一结论。那么佛塔地位弱化的原因又是什么？

在唐及以前的佛塔，虽然兼有密檐和楼阁，但是此时佛塔大多可以登临，佛塔用作存放舍利或经书等佛教圣物，也有绕塔观礼的作用。自辽代以来，佛塔回归其印度时期的本身功能，即瞻礼功能，辽金将佛塔完全按照木构形式模仿，并且在塔身雕刻佛像，用以形成曼陀罗等宗

---

① 但是由于天灾（火灾和雷火）仅有永佑寺建成。大报恩寺塔改为3层楼阁即佛香阁。西天梵境塔改为2层琉璃阁。

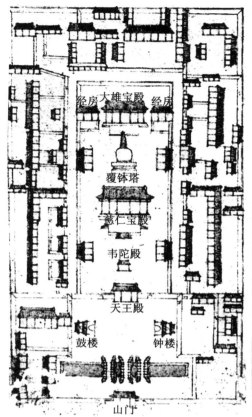

图 7-11　弘仁寺平面图

图 7-12　弘仁寺覆钵塔

教含义。但这样的佛塔由于融入了宗教神圣含义，所以皆不可登临。而元代虽然引入了覆钵塔这一新型样式，但是在佛塔的使用上与辽金没有本质不同，即佛塔是对于佛教宇宙观或者对于宗教神圣性的再现。但是在表现方式上则完全舍弃了辽金以来的仿木做法，而是将塔身当作"背景"，在塔身上调满佛像及经咒、器物，用以迎合宗教的神圣（如万安寺以身、语、意开光），这样的塔自然是会占据寺院中的重要位置。但是自元末以来，佛塔已经开始出现了素面覆钵塔，例如护国寺的元塔，塔的重要性再次下降。明以来，北京地区的覆钵塔大多塔身覆钵部分没有佛像雕刻。部分佛塔如大觉寺塔带有雕花的门券来装饰眼光门部分，不具宗教功能。而少数的仿木构塔则都为密檐不可登临。佛塔被用作过街塔等在寺院外部，且已不具备登临功能，也放弃了宗教神圣性的营建，所以地位自然进一步下降。虽然在万历朝曾有短暂恢复，但是最终在汉传佛教寺院中完全消失。清代的佛塔形式虽然变得多元，但是这些佛塔大多是皇家工程，很多因乾隆个人喜好而设计，较少出于宗教原因建塔。覆钵塔仍然保持了塔面素白，更加简洁。虽然普通信众仍然保留了绕塔的宗教活动。但是对于僧众，无论汉传还是藏传的朝暮功课和诵经来看，并没有与绕塔有直接关系，说明佛塔在寺僧日常宗教生活中已经可有可无，因此反映在寺院的布局上塔也仅保留僧人坟墓的功能（表7-1）。

时间	北朝—唐	辽金	元	明—清
形式	可登临	不可登临	不可登临	不可登临为主
功能	绕塔、登高	绕塔、曼陀罗象征	绕塔、曼陀罗象征	绕塔
装饰	叠涩，少量仿木构	仿木构、塔身有佛像	塔身有佛像	抹灰为主，琉璃塔身有佛像
造型	多层密檐为主	密檐为主，兼有楼阁	覆钵为主、过街塔	覆钵为主、过街塔、兼有密檐、楼阁塔

除了佛塔可以作为寺院发展的线索外，寺院布局的另一个改变则是原先的廊庑变为配殿，诚如刘敦桢先生在《北平护国寺残迹》中的判断：

> 北平诸寺，于大殿左右，配列廊房与东西配殿，互相衔接，实袭元代旧法。而元
> 寺又胎息于唐宋廊院之制度，无可疑也。

自唐以来，寺院围绕佛殿的廊庑，逐渐在元明时期的北京产生了一个根本性的变化，过渡到了只有配殿而无廊庑，如德寿寺。究其原因，廊庑的变化与佛塔作用下降的深层原因是相似的，即宗教活动仪轨方式的改变。

无论是从北朝到唐代的遗址，还是日本现存的飞鸟和奈良时期的寺院建筑，组成寺院最根本的单位是一个组合院，而合院均有廊庑环绕，最早期的廊庑取自于毗诃罗院（即 vhara）的形制。由于印度地区炎热的气候，早期佛教寺院是以毗诃罗院为单位形成的，一个毗诃罗院由若干个小型房间组成，其中心为室外，或为空地或为佛塔（图 7-13）。如印度的那烂陀寺遗址、犍陀罗的居里安（Julian）遗址，巴米扬的石窟中也存在着大量的毗诃罗院。关于毗诃罗院的来源有很多种说法，但是可以肯定的是毗诃罗院这一回廊式的建筑形式在北印度和中亚的佛教、袄教、印度教以及日后的伊斯兰教中均有应用。这样的寺院以塔为中心，周匝伴有僧房和环廊，在公元 2 世纪左右的北印度犍陀罗遗址以及新疆尼雅遗址都可以找到相似的遗迹。此外，如敦煌莫高窟西魏的第 285 窟应为毗诃罗院的摹写，再如云冈石窟上端的北魏寺院也能看到小型僧舍围绕的院落，中央为佛塔，都是受到早期毗诃罗院影响而形成的寺院。

最迟在北朝的寺院中，佛教已经形成了僧人在廊庑内通过绕佛殿的方式礼佛。那么廊庑的形制具体如何呢？例如日本法隆寺的西伽蓝保存了较好的唐风布局。西伽蓝整个院落外围呈"凸"字形回廊 [②]，回廊正南面开中门、中门左右延伸出的回廊与北侧大讲堂左右相接。回

---

① 现在学术界对于南朝佛塔的应用方式是存在争议的，南朝佛塔是否如北朝佛塔一样均可登临，还是如法隆寺一般，大多内部有中心柱而多层的佛塔仅供瞻仰。可惜南朝的建筑考古实物太少，所以难以定论。
② 法隆寺回廊在飞鸟时代时为长方形。奈良时代改建法堂时为扩大院落改为了"凸"字形。

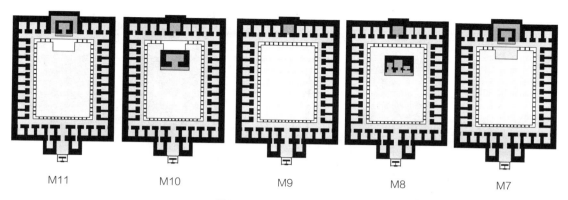

图 7-13　那烂陀寺毗诃罗院

廊"凸"字形的肩部东有钟楼、西有经藏，院落中间为金堂和五重塔。对于廊庑字面意思而言，廊无壁，仅作通道；庑则有封闭的屋子，可以住人。所以廊庑既可以是开敞的也可以是前侧有廊但是可以封闭住人的庑屋。至于早期寺院的廊庑是否封闭是存在争议的。现存日本的诸多寺院如法隆寺、药师寺的环廊廊庑大多开敞，仅供绕行之用。法隆寺西伽蓝的回廊进深两椽空间，靠院落外围一边设单层栏栿，上有整开间的直棂窗。而其余部分则完全开敞，面向庭院而在主庭院外侧再建东西庑用作僧人起居之所（图 7-14）。而在莫高窟诸多唐代寺院的壁画中可以看到许多廊庑似乎是封闭的，其功能很可能是僧舍，这也符合早期毗诃罗院僧人围绕在佛塔周边修行及住宿的形制（图 7-15）。但是即使是封闭的廊庑也留有最外一间供人绕行佛塔。此时的寺院大多是围绕佛塔和佛殿而布置的院落式寺院，并不追求轴线的长度，而自辽金以后，寺院则逐渐变为了长轴线、多院落的布局，这种变化很可能发生在辽末金初时期。佛教僧人逐步放弃了唐辽以来绕佛为主的修行方式，而转为在佛殿像设前方进行宗教活动，这在善化寺等金初的寺院中可以明显看到。佛殿内的布置也发生了相应的变化。而与佛殿同时改变的则是寺内的廊庑，由于绕佛需求的减弱，则寺内的廊庑如果仅提供绕佛功能则显得"浪费"，所以在辽末金初的寺院中开始在环廊中设佛像，其中最为普遍的即罗汉像，现存唐代以来有据可考的寺院中，罗汉像的设立并不常见。而十六罗汉（晚期的十八罗汉）设立的缘起，可能就是出于丰富廊庑空间的目的。例如辽末奉国寺《宜州大奉国寺续装两洞贤圣题名记》：

　　当亡辽时。寺有僧曰特进守太傅通敏清慧大师捷公。以佛殿前两庑为洞。塑
一百二十贤圣于其中。……自辽乾统七年距今三十余岁矣。

　　可知辽晚期的大雄宝殿两廊已经开始用作塑像，只是还不是十八罗汉形制。此外，金代《四禅寺新修罗汉洞碑》则有更为明确的关于大殿两旁罗汉洞的记载：

a   b

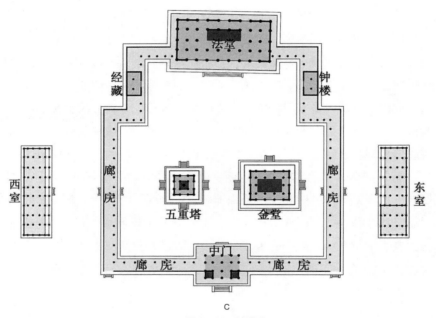

c

图 7-14　法隆寺

［a 为法隆寺东庑（东室）；b 为廊；c 为平面图］

　　"三门之左。旧有五百罗汉洞二十余间，岁久不葺，上雨旁风，圣象损缺。且不
与寺之殿堂相向，僻在一隅，甚失崇奉之礼。……于是自左右偏殿而南，起建洞房
六十间，接于三门，于中安置半千尊者之象。外作行廊，廊下之柱，洞房之扉，皆以
漆涂之。"

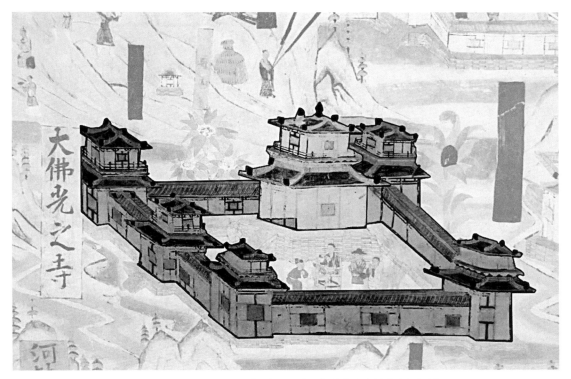

图7-15　莫高窟61窟《五台山佛会图》中佛光寺的廊庑和角楼

另外一个重要的例子就是大同的善化寺。善化寺始建于唐代，但是在辽末的兵火中建筑"十不存三四"，在金初由圆满大师重建。在寺内南宋使臣朱弁的《西京大普恩寺重修大殿之记》中就曾提到善化寺在金代重修的情况：

> 大金西都普恩寺，自古号为大兰若。辽末以来，再根锋烬，楼阁飞为埃纷，堂殿聚为瓦砾，前日栋宇所仅存者，十不三四。……寺之上首、通玄文慧大师圆满者……经始于天会之戊申，落成于皇统之癸亥。凡为大殿暨东西朵殿、罗汉洞，文殊、普贤阁，及前殿、大门、左右抖廊，合八十余楹。

善化寺是我国罕见的保留有完整金代格局的寺院，现存的建筑与朱弁碑文所提及的建筑基本吻合（图7-16）。寺院前端为山门，山门后为三圣殿（即碑文中的前殿），三圣殿后为大雄宝殿。大雄宝殿两侧有文殊、普贤二阁。整座寺院被廊庑环绕。唯一碑文提及而不见实物的部分即罗汉洞，此处的罗汉洞应该就是廊庑半开敞而在大殿两侧形成的"配殿"。北京明代寺院尚有一例仿古之制，即北京的万寿寺廊庑中设九楹的罗汉殿，想必与罗汉廊的形制相近。辽金罗汉洞的形制催生了寺院配殿的形成。即环廊空间从原先"匀质"的罗汉廊集中于一座配殿，变为"不匀质"，之后逐渐演化出固定的配殿。

更重要的原因，是寺院建筑的布局形式从辽以后完全放弃了两汉以来印度的影响，其在寺院建筑内完全摆脱了塔的"束缚"，同时寺院建筑的布局开始逐渐模仿宫殿官署，尤其是面积较小的寺院，廊庑的设置确显多余，所以寺院的布局也从原先的廊庑围合变为了轴线纵深的四合院。

在这两种情况的共同作用下，形成了金元时期的寺院布局，主殿两侧具有配殿，但是同时又有廊庑环绕。例如原址重建的卧佛寺，其 4 座主要殿宇均被完整地环绕在廊庑之内。元大都寺院多做廊庑，大多数寺院均有类似"自门徂堂庑以周之"的描述。在大圣寿万安寺建寺时，《佛祖历代通载》记载：

> 帝建大圣寿万安寺成，两廊拟塑佛
> 像，监修官闻奏，帝云：不需塑泥佛，
> 只教活佛住。

说明元初在建寺时本打算在廊庑放置佛像，很可能是类似于罗汉洞的形制。但是根据元世祖之诏，不再放置佛像，而仅供高级僧人居住。从这点可以看出，廊庑的绕佛修

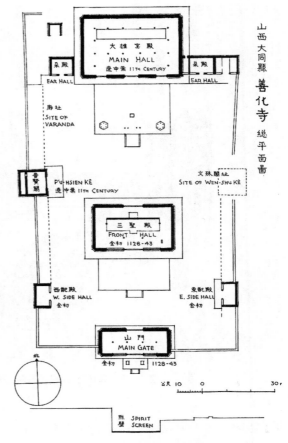

图 7-16　善化寺平面图

行作用在元代很可能已经开始丧失，变成了寺僧居住用房。明初的寺院，如卧佛寺、妙应寺在重建时虽然保持了廊庑的布局，但是其大多为封闭式房屋。明正统以来新建的寺院中回廊形制更加弱化，例如法海寺前后回廊完全断开，智化寺似乎从未曾建造封闭的回廊，戒台寺仅有两侧非环形闭合的廊庑，且廊庑已封闭为室内空间，不具备绕佛功能，只供居住。以此可证明明代佛殿的廊庑形制尚存，但是礼佛功能完全丧失。在明中后期廊庑的作用进一步下降，到清代几乎只在东、西两侧存在，如清代重建的潭柘寺，天宁寺。取而代之的是配殿的作用进一步上升，与主殿形成呼应。可以说廊庑制度在清代以后完全解体。

5．佛殿的像设与空间

佛殿的像设和佛坛位置的变化与佛教僧人的修习方式紧密关联，与佛塔和廊庑的变化也是一致的。从唐代的佛殿来看，像设与佛殿结构是紧密关联的，以五台山佛光寺的大殿为例，佛光寺大殿是我国少有的唐代大型佛殿遗存（图 7-17a）。其大殿建筑面阔七间，进深八椽。佛光寺大殿的柱网采用了金厢斗底槽，即内外两层的柱网。内槽占据佛殿中心四椽位置，面阔五

间。坛上正中为三尊佛像，即释迦、阿弥陀和弥勒三佛，主佛像两侧各有 2 组胁侍菩萨，前方则有一组单膝跪地的供养菩萨，每尊佛像和其相对应的 3 组六位菩萨共占据一间。稍间内主供为文殊、普贤二菩萨，二菩萨两侧各有一组胁侍菩萨，前方还有狮奴、驯象人等供养人。佛坛的前侧为两天王。现在的佛坛两侧和后部均有墙，将内外槽分割开来。但是通过弥勒佛像后部2022 年发现的"唐大中十二年"题记可知，这里原先应是游人可达之处，所以说明唐代初建时佛坛四周应当是通透无隔墙的，现有的 U 字形隔墙很可能是金元以后改建，故原始佛坛上原为四天王的布局形制，与唐招提寺金堂相近。之后的改造将后侧天王拆毁。此外，根据近年张荣老师的研究确定佛光寺大殿原来如唐招提寺有前廊，在元代前后将门板从内槽前侧柱网上前移至檐柱上。现在佛坛的外槽部分供奉的是五百罗汉像，均为明代添建。如果恢复佛光寺唐代的平面布局我们不难看出建筑与佛坛之间的关系。佛光寺的内外槽将建筑分为了两个空间，内槽部分为佛坛的宗教神圣空间，以及前侧的礼拜空间。外槽分为两部分，前侧为室外廊，左、右、后三侧则是环廊，用以绕佛及瞻仰佛像。佛光寺大殿的柱子虽然等高，但是内槽的高度要明显高于外槽，并用室内的斗栱划分了内外槽两个不同功能的空间，形成了不"匀质"的宗教空间。佛光寺的平面代表了唐中期最流行的佛殿样式，唐招提寺金堂、渤海国土台子寺院遗址均是相似的佛殿布局。

在佛殿的布局上，辽代早期依然继承了唐代以来的佛殿布局，即佛坛在中，佛坛前后左右的面积基本一致。但是从辽代晚期开始，佛坛的布置也从唐以来的绕佛而变更为在佛前礼拜（图 7-17b）。佛坛空间从佛殿的正中开始往殿后部移动。徐嵩老师曾经以善化寺为例，探讨了辽金以来灌顶仪式对于寺院的影响，辽金时期佛教密宗化的影响，出现了灌顶及金刚坛城的布置，故大雄宝殿实为灌顶堂，在佛像前会设置灌顶之所（图 7-18），从大同善化寺和华严寺的大雄宝殿可以看出，佛前空间、佛坛空间、佛后空间的比例从唐代时的 1∶2∶1 逐渐演化为 2∶2∶1。从结构角度而言，佛殿柱网依然保留了内外两层柱网的结构。虽然辽金以来室内斗栱开始简化，但是从不等高的内外柱依然可以划分出内柱所包含的空间为佛坛及礼拜空间和外柱的绕佛空间。但是在佛前需要增加灌顶的空间，所以原先内槽前侧的柱网被后移，形成了佛前 4 椽深的灌顶空间，这里就是辽代以来减柱法和移柱法使用的开端。尽管没有证据证明减柱法和移柱法的出现是为了解决佛殿佛前空间不足而产生的，但是可以肯定的是，唐辽之际佛像礼拜功能的转变影响到了建筑结构的变化。梁思成先生当年即已经发现了佛殿建筑空间的变化：

"殿内中央一区，其内槽因安置佛座，而外槽为瞻拜顶之所，皆须取较大空间，故力图减少其中央部之柱数，期合于实用。"

佛殿的布局以及结构在金初之后发生了较大的变化，逐渐向明清过渡，这是由于两方面原因，即宗教功能需求以及建筑结构的变化。建筑结构的变化主要是金代攻陷北宋的首都开封，使得客观上中国文化自唐以来形成了一次南北的融合，这种融合在建筑形式上尤为明显，

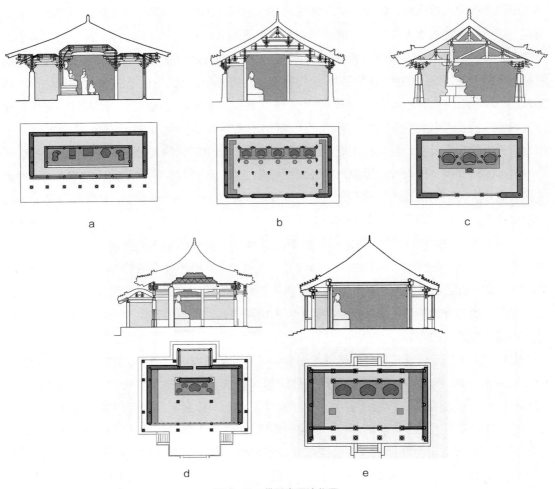

图7-17 佛殿布局演化图

［a为佛光寺大殿（唐）；b为华严寺大殿（辽）；c为崇福寺观音殿（金）；d为碧云寺大殿（明）；e为嵩祝寺大殿（清）］

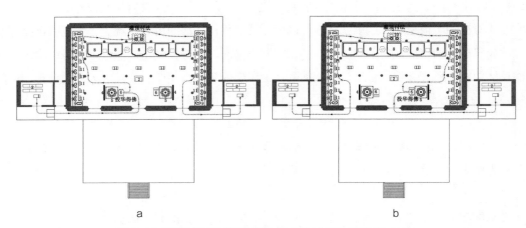

图7-18 善化寺初夜金刚界灌顶（a）和后夜金刚界灌顶（b）

（1.受者座；2.阿阇梨座；3.赞众座；4.金刚界曼陀罗一铺；5.供养界坛；6.供养位；7.胎藏界曼陀罗一铺；
8.金刚界五佛；9.诸天像；10.屏风围合的灌顶坛；11.供桌）

其中最大的变化是建筑的体量大为缩小，并开始注重小尺度空间的营造，尤其是殿内装修开始变得华丽（如崇福寺的门窗、净土寺的藻井、二仙庙的天宫楼阁）。这很可能是受到了南宋程朱理学和世俗化生活的影响，寺院建筑很少再出现如金初崇福寺弥陀殿和善化寺华严寺那样体量极大的巨构，而变为如延庆寺和净土寺大殿般与人相近的尺度。在结构上，追求柱网灵活布置，并广泛施用大内额等。如在佛光寺文殊殿中减柱法的使用达到了极限：一座面阔七间进深五间的建筑本应有 18 根金柱，但是通过超大内额的使用，室内仅保持了 4 根立柱。再如崇福寺观音殿减少的前檐的一排金柱。在梁架设计上，金代匠人巧妙地利用人字形的斜栱来减低屋顶金柱消失对于荷载的影响。也正是由于金代减用到极限的减柱法，使得唐辽以来的内外槽形式完全解体（内槽柱子已经通过减柱所剩无几），建筑的柱网从回字形变为在纵向（即进深方向上）上联系。另一方面，佛教的修行方式以及诵经的仪轨也发生了相应的变化。例如，大同善化寺二十四诸天的供奉，可以看出南方天台宗对于北方佛教的影响，如斋天、拜忏等佛教形式进入到北方佛教的修行中，佛殿左右两侧开始布置佛像。虽然崇福寺观音殿的使用方式我们不甚明了，但是其与金初的善化寺大雄殿中佛坛与礼拜空间的关系发生了变化，佛坛前的空间被完全解放出来，以供宗教活动的使用，这很可能与金元以来流行的拜忏与诵经有关（图 7-17c）。[①] 佛教斋天仪轨《金光明忏》，以及早晚课诵中的诸多唱赞，如《炉香赞》《界定真香》都是在金元之际写成的，想必是为了适应宗教活动的需要。反之，我们也能解释金代为什么会采用减柱法减到极致的方式去设计佛殿。与唐密灌顶仅限高级僧侣和少数檀越功德主不同，拜忏等仪轨需要的是佛殿能够容纳更多人，故殿内除了在佛坛后侧保留两金柱外，只在前部设置二金柱。

元代的佛殿基本保留了金代的形制，元大都主要使用的佛殿为工字殿。承天护圣寺的前殿供奉的为释迦、燃灯、弥勒纵三世佛，及文殊、金刚手（普贤）二菩萨，后殿则为五智如来（五方佛）。卧佛寺前殿为三世佛后殿为世尊涅槃像（即卧佛），但是具体的排布形制就不甚明了了。从现存的东岳庙等建筑来看，元代应该较为广泛地使用了减柱法。此外，从碑刻中看来，佛像应该融入了不少藏式佛教佛像的风格，其很多名称也使用了藏式的称呼，例如五方佛称为五智如来，普贤菩萨称为金刚手，但是没有证据显示藏式的佛殿布局形式进入到了北京地区。在明初重建寺院时，明朝完全废弃了元代的工字殿形制，而改为前后两殿，例如功德寺（大承天护圣寺）和妙应寺（大圣寿万安寺）在明代的改建。

自明代以来，佛殿的建筑结构以及佛像的布置方式均产生了较大的变化，最突出的变化是佛殿布置变化即佛坛的设置简化（图 7-17d）。自辽金以来的佛坛基本保留了唐代的制式即在佛坛内将佛、菩萨、力士、供养人汇聚一堂，而在明代则将中心佛坛部分简化，如《敕赐灵谷寺碑》所载：

---

① 拜忏是佛教中较为常见的一种宗教活动形式。本意为通过礼拜的方式忏悔。拜忏时僧众在佛前分为东西两组，即东单和西单：东单拜佛、西单唱赞、西单唱毕拜佛、东单起立接唱、双方交替。

其为制以佛之当独尊也，故于正殿则奉去现未来三世之像，其他侍卫天神不与焉。

在这样的指导思想下，其中最为主要的是主佛坛的简化，明清时期的大小寺院主佛坛只供奉单一佛或菩萨，如妙应寺后殿为过去七佛，大觉寺为三世佛，隆福寺有三大士。此前主佛两侧的胁侍除阿难陀和摩诃迦叶两尊者保留外，其他均不供奉。当然，也存在个别例外，如法海寺除了二罗汉外还有二胁侍菩萨，而法源寺大雄宝殿原陈设为三尊坐佛及两尊立佛，佛坛下还有二护法，很可能是受早期遗存的影响。

此外，将辽金以来佛坛的众多组合拆分成单一组合，并在多个佛殿内布置。例如辽代的薄伽教藏殿佛坛可分为三世佛组合、华严三圣组合、四天王组合等多个系列，而明清寺院则会将其分为三个不同的殿宇供奉，使得明清出现多重佛殿。比如大雄宝殿之外出现天王殿、三圣殿等。

另外在大雄宝殿内，除了主佛坛，两侧也会有分佛坛，且四壁壁画也参与其中，共同作用构建佛教的神圣空间，在明代早期两侧的胁侍有两种选择，或为诸天或为罗汉。以法海寺的大雄宝殿为例，其正面佛坛供奉过去、未来、现在的纵三世佛以及两尊胁侍菩萨。三尊主佛像上正上部皆有藻井，分别为代表东方净琉璃世界、中方娑婆世界、西方极乐世界的三座曼陀罗坛城。佛像北部为观世音、文殊、普贤三大士。大殿左右则为十六罗汉像，南侧为李童及大黑天造像，大殿的北壁绘制二十诸天壁画。此外左右两壁壁画还有十方佛及十地菩萨及山水构成的诸佛附会图。由此可见，法海寺的大雄宝殿试图构造一个完整的宗教空间。

明代佛殿大多绘制有壁画，例如法海寺大殿、大慧寺、花市卧佛寺壁画均为精品。自明代开始罗汉（十六或十八罗汉）和二十诸天（后增加到二十四和二十八诸天）成为大雄宝殿内东西墙下的胁侍。例如万历朝的拈花寺和隆长寺大殿内既有罗汉也有诸天的塑像。清代以来则固定为十八罗汉像。在佛像后侧还出现了倒座，倒座通常为观音或者以观音为主的三大士像。

明代早期，一个大型寺院完善的佛像布置包括了三世佛（及其对应的藻井）、三大士、罗汉及诸天这至少4层的神佛体系。而布局方式则一改前朝集中于佛坛的做法而将其分布在中心及佛殿的两侧及后壁，从唐辽以来"人绕佛"的布局逐渐发展为"佛绕人"的布局（图7-19）。

明代的佛殿建筑虽然在柱网上已经完全放弃了内外槽的回字形柱网，但是依然保留了内外槽，即内层室内空间略高的部分通常为主佛坛所在的位置，通过室内斗栱托起藻井。这部分是主佛坛所营造的内层神圣空间，而其余空间则为外槽空间，大部分为井口天花，极少做砌上露明造。大觉寺作为明早期的佛殿建筑，内外槽的区分还尤其明显。

在明代中晚期，由于适应佛坛的变化，内槽的位置仅局限于明间正中部分，即主佛下部的空间，例如碧云寺的大殿面阔和进深皆为三间，但明间要宽于稍间。其中主佛坛正好占据了明间的中后部（图7-20）。对应佛坛的上部则是室内斗栱承托的一个高起的空间，在此空间的正中则为一正方形倒八边再倒圆形的藻井。藻井分为5层，为明代较为常见的九龙十二凤藻井，最正中为一盘龙。虽然明代的斗栱作用较元代进一步简化，甚至完全失去了承重作用，但是在

图 7-19 法海寺大雄宝殿

（a 为东壁罗汉及大黑天；b 为室内佛坛和藻井；c 为东壁菩萨壁画；d 为东北壁诸天壁画；e 为西北部无著菩萨像；
f 为平面图；g 为外观）

明代的重要佛殿中，其室内保留了斗栱，并特意作营造神圣空间之用。现存的明代重要寺院的
主殿均有藻井之制度，如大觉寺、智化寺、隆福寺等，其中智化寺和隆福寺的藻井尤为精美。
与辽代独乐寺观音阁或者应县木塔一层藻井位于藻井正上方不同的是，明代藻井的位置并不是
正好在佛像上，而是在后部，即礼佛者的视线正好可以将佛像和藻井共同框入。再比如法海寺
大雄宝殿、妙应寺七佛宝殿为三处藻井，均正好在三尊佛前。这样的做法延续到清代，这部分
的空间为明清佛教中的"佛道空间"，即佛之道路。在明清佛教仪轨中，非主法和尚不得踏入

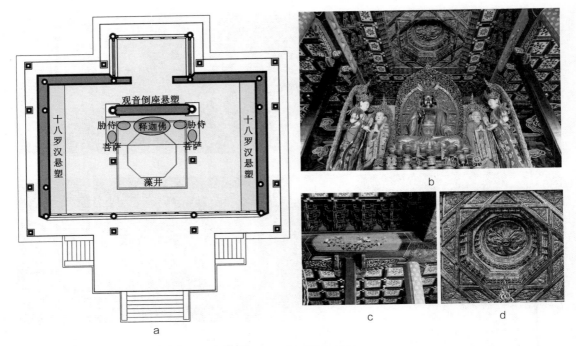

图 7-20　碧云寺大雄宝殿
（a 为平面图；b 为室内佛像藻井关系；c 为减柱及新加方柱；d 为藻井）

此空间，普通信众拜佛之处也在佛道的南侧。即藻井下的空间营造的是一个神圣空间。此外，妙应寺的后殿七佛宝殿和碧云寺大雄宝殿还使用了"加柱"，即在明间的正中增加一对柱子（图 7-21）。碧云寺的大雄宝殿为了增加佛前空间将明间的两根金柱减去，但是却在明间进深正中加了两根方柱，这两根方柱与五架梁上图案并不对齐，显非建造时所有，应当是后期加建的。原因可能是需要在此处搭佛帐，来增加中央空间的神圣性。

佛道以外的其他空间称为"外槽空间"。这部分空间的功能则较为复杂，既包括了东西两壁罗汉使用的佛坛，也包括了僧众日常诵经的空间。整体而言，明代以来僧众的宗教活动主要为在佛前两侧诵经或者拜忏，所以可以看到明代寺院基本继承了辽金的制度，将佛前两侧的空间留为僧众的礼拜区。明代以来绕佛在佛事活动中基本无存，只在早晚课诵时会出现绕佛三匝，而其中前两圈均在佛前，所以佛坛后部空间的比例被进一步弱化。甚至部分小型寺院，直接将佛坛设置在紧靠后墙的部分，在佛前环绕佛道空间即可。

在佛坛的布置上，清代基本继承了明代像设布局的思想，例如对于佛坛的设置和两侧罗汉的设置。但是我们可以看到佛殿所供奉的体系相对单一，在像设上，诸天基本淡出主殿，且墙壁上也少有壁画佳作。例如万寿寺大雄宝殿内正中仅有三世佛像，上无藻井。两侧为十八罗汉，后部为海岛观音壁塑，藏传佛教的嵩祝寺、普度寺大殿也是如此。此外，清代建筑对神圣空间的营建简化，从现有北京重建的清代佛殿来看，除了少数皇家格鲁派寺院（如雍和宫），鲜有藻井以及室内斗栱之制度（图 7-17e）。从八大处和法源寺的佛殿来看，多数清代重修寺院没有天花，为彻上露明造，就如万寿寺大雄宝殿也只是天花通铺，没有使用室内斗栱或在建

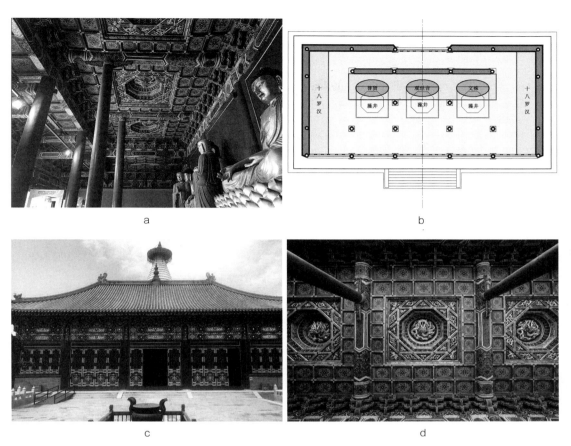

图 7-21　妙应寺七佛宝殿

（a 为室内佛像藻井关系；b 为平面图；c 为外观；d 为殿内"九龙十二凤"藻井）

筑层面上营建神圣空间。此外，大雄宝殿柱网规整，明代的减柱法和移柱法基本取消，取而代之的是通过在殿前建造抱厦以扩大寺内空间。清代北京藏传佛教的佛殿也使用汉式的佛殿布局，其佛像排布与汉传佛教的佛殿并无太大区别。如嵩祝寺正中佛坛供奉三世佛像，两侧为罗汉像。雍和宫殿亦为此布置。即完全使用了汉式佛殿的布局方式，只是在具体佛像设置上略有调整。

　　总体而言，佛教在传入中国的 2000 余年历史中，不断地与中国传统建筑进行融合最终形成了有别于印度和中亚地区独特的寺院建筑形式，并影响到了东亚的朝鲜半岛、越南、日本等地区。金以前的北京作为地方重镇，其寺院建筑形制可以反映当时通行的建筑特征。自金代以来，作为首都的北京逐渐成为寺院发展的中心，尤其在元、明、清三朝，北京形成了独特且稳定的佛教寺院建筑，并影响到了北方大部分地区。就佛造像和佛殿建筑关系而言，从金厢斗底槽到减柱移柱法的使用，均可看出宗教活动的发展对佛殿需求的变化，进而影响到建筑结构的布置。虽然没有证据显示建筑结构的发展受到了佛教的推动，但是从现存建筑可以看出佛教建筑的结构则是完全为了满足当时的宗教需求。自明清以来，虽然建筑结构简化，但是佛殿空间的宗教需求依然与建筑结构和柱网布置有着紧密的联系。

参考文献

专著

[1] 刘敦桢. 刘敦桢全集第一卷 [M]. 北京：中国建筑工业出版社，2007.

[2] 王世仁. 王世仁建筑历史理论文集 [M]. 北京：中国建筑工业出版社，2001.

[3] 傅熹年. 中国古代城市规划、建筑群布局及建筑设计方法研究 [M]. 北京：中国建筑工业出版社，2001.

[4] 郭黛姮. 中国古代建筑史第三卷（宋辽金西夏建筑）[M]. 北京：中国建筑工业出版社，2009.

[5] 郭华瑜. 明代官式建筑大木作 [M]. 南京：东南大学出版社，2005.

[6] 祁英涛. 祁英涛古建论文集 [M]. 北京：华夏出版社，1992.

[7] 马炳坚. 中国古代建筑木作营造技术 [M]. 北京：科学出版社，2003.

[8] 潘谷西. 中国古代建筑史（第四卷）[M]. 北京：中国建筑工业出版社，1999.

[9] 孙大章. 彩画艺术 [M]. 北京：中国建筑工业出版社，2012.

[10] 马瑞田. 中国古建彩画艺术 [M]. 北京：中国大百科全书出版社，2002.

[11] 传印. 北京佛教寺院 [M]. 北京：宗教文化出版社，2008.

[12] 何孝荣. 明代北京佛教寺院修建研究 [M]. 天津：南开大学出版社，2007.

[13] 陈庆英，李德成. 北京藏传佛教寺院 [M]. 兰州：甘肃民族出版社，2014.

[14] 徐威. 北京汉传佛教史 [M]. 北京：宗教文化出版社，2010.

[15] 释永芸，岳红. 北京伽蓝记 [M]. 北京：商务印书馆，2015.

[16] 郝慎钧，孙雅乐. 碧云寺建筑艺术 [M]. 天津：天津科学技术出版社，1997.

[17] 高云昆，傅凡，李博. 碧云寺历史文化研究 [M]. 北京：中央民族大学出版社，2017.

[18] 张树伟. 万寿寺史料汇编 [M]. 北京：北京联合天畅文化传播有限公司，2020.

[19] 张云涛. 潭柘寺碑记 [M]. 北京：中国文史出版社，2010.

[20] 张云涛. 北京戒台寺石刻 [M]. 北京：北京燕山出版社，2007.

[21] 宿白. 藏传佛教考古 [M]. 北京：文物出版社，1996.

[22] 孙荣芬，张蕴芬，宣立品. 大觉禅寺 [M]. 北京：北京出版社，2006.

[23] 薛志国. 智化寺古建保护与研究 [M]. 北京：北京燕山出版社，2014.

［24］黄春和. 白塔寺［M］. 北京：华文出版社，2002.

［25］余俊生. 银山塔林［M］. 北京：北京出版社，2015.

［26］吕铁钢，黄春和. 法源寺［M］. 北京：华文出版社，2006.

［27］马兰，李立祥. 雍和宫［M］. 北京：华文出版社，2005.

［28］姜怀英. 西藏布达拉宫修缮工程报告［M］. 北京：文物出版社，1994.

［29］张鹏举. 内蒙古藏传佛教建筑［M］. 北京：中国建筑工业出版社，2012.

［30］伊东忠太. 手绘天朝：遗失在日本的中国建筑史［M］. 北京：现代出版社，2020.

［31］天津大学建筑系，承德市文物局. 承德古建筑［M］. 北京：中国建筑工业出版社，1982.

［32］唐纳德·曼尼. 西洋镜一个英国风光摄影大师镜头下的中国［M］. 赵省伟，编；彭金枝，栾
晓敏，译. 广州：广东人民出版社，2018.

［33］西里尔·珀尔. 北京的莫理循［M］. 檀东鍟，窦坤，译. 福州：福建教育出版社，2003.

［34］ALDRICH M A. The Search for a Vanishing Beijing: A Guide to China's Capital Through
the Ages [M]. Hong Kong: Hong Kong University Press, 2006.

［35］STEINHARDT, N S. Chinese Architecture: A History [M]. Princeton: Princeton University
Press, 2019.

［36］FU X, HARRER A. Traditional Chinese Architecture: Twelve Essays [M]. Edited by
STEINHARDT NS. Princeton: Princeton University Press, 2017.

［37］FORET P. Mapping Chengde: the Qing Landscape Enterprise [M]. Honolulu: University
of Hawaii Press, 2000.

［38］ALEXANDER A. The Temples of Lhasa: Tibetan Buddhist Architecture from the 7th to
the 21st Centuries [M]. Chicago: Serindia Publications, 2005.

［39］CAMPBELL A. What the Emperor Built: Architecture and Empire in the Early Ming [M].
Seattle: University of Washington Press, 2020.

［40］CHAYET A. Les Temples De Jehol Et Leurs Modèles Tibétains [M]. Paris: Recherche
sur les civilisations, 1985.

［41］CHARLEUX I. Temples et monastères de Mongolia-Intérieure [M]. Paris: Comité des
travaux historiques et scientifiques, 2006.

［42］Зундуйн Оюунбилэг. Амар баясгалантын Архитэктур [M]. Ulaanbaatar khot: Admon, 2010.

［43］逸見梅榮. 滿蒙の喇嘛教美術 Man Mō no ramakyō bijutsu [M]. 東京都：法藏館，1943.

期刊

［1］袁牧. "伽蓝七堂"之疑［J］. 中国建筑装饰装修，2012，114（6）：200-203.

［2］姜东成. 元大都大承华普庆寺复原研究［J］. 建筑师，2007，126（2）：160-164.

［3］沈阳. 房山云居寺毗卢殿复原设计［J］. 古建园林技术，1987（2）：27-35.

［4］刘梦璇，田林. 福佑寺建筑彩画形制与断代研究［J］. 自然与文化遗产研究，2019，4（12）：

129-133.

［5］陈捷，张昕. 外域形制的本土表达——真觉寺金刚宝座塔的图像秩序与意义塑造［J］. 建筑遗产，2020（4）：65-77.

［6］张帆. 嵩祝寺测绘及始建年代研究［J］. 古建园林技术，2008，101（4）：17-24+2.

［7］何孝荣. 印僧实哩沙哩卜得啰与真觉寺修建考［J］. 北京社会科学，2008（4）：93-96.

［8］杨志国. 智化寺明代建筑彩画特点分析［J］. 古建园林技术，2020（4）：76-78.

［9］李路珂，蒋雨彤，杨志国. 北京智化寺藏殿：一种空间营造思想的研究［J］. 建筑史学刊，2022，3（02）：42-62.

［10］张昕，陈捷. 智化寺曼荼罗的内容设置与布局重组［C］. 2019年中国建筑学会建筑史学分会年会暨学术研讨会论文集，2019：370-378.

［11］吴元真. 云居寺山门复原设计［J］. 古建园林技术，1987（2）：36-38.

［12］阎学仁. 承德外八庙与西藏寺庙建筑［J］. 西藏研究，1985（1）：113-115+159.

［13］郭梦喜，李宇彤. 2002年法源寺修缮纪实［J］. 古建园林技术，2004（2）：54-55.

［14］沈阳. 房山云居寺毗卢殿复原设计［J］. 古建园林技术，1987（02）：27-35.

［15］刘敦桢. 北平智化寺如来殿调查记［J］. 中国营造学社汇刊，1932（3）：1-69.

［16］梁思成. 蓟县独乐寺观音阁山门考［J］. 中国营造学社汇刊，1932（2）：1-92.

［17］姜东成. 元大都大承华普庆寺复原研究［J］. 建筑师，2007，126（2）：160-164.

［18］佟洵. 佛教在元大都传布的历史考察［J］. 北京联合大学学报（人文社会科学版），2008，20（2）：103-108.

［19］王艳. 雍和宫班禅楼和戒台楼改扩建历史考略［J］. 中国藏学，2015，118（2）：136-141.

［20］陈未. 嵩祝寺的历史价值及其保护思考［C］. 2016年中国建筑史学会年会论文集，2016：8-15.

［21］郭祉坚，李春青. 从雍亲王府到雍和宫建筑形制演变初探［J］. 艺术科技，2014，27（4）：10-11.

［22］王曦晨. 北京西郊戒台寺历史建筑及园林景观探析［J］. 古建园林技术，2022，160（3）：93-96.

［23］李源，李险峰. 北京园林寺庙景观的公众认知与体验评价研究——以潭柘寺、八大处、大觉寺和红螺寺为例［J］. 中国园林，2020，36（12）：95-100.

［24］李卫伟. 香山碧云寺古建筑探析［J］. 建筑学报，2011：50-54.

［25］陈未. 藏传佛教建筑研究评述及研究方法再思考［J］. 建筑师，2022，218（4）：95-105.

［26］张司晗，刘晓明. 北海公园琼华岛亭的造景艺术［J］. 装饰，2018（1）：74-77.

［27］杨菁，许乐和. 清代达赖班禅来京历史事件中的北京皇家园林［J］. 中国园林，2010，26（8）：68-73.

［28］沈安杨. 潭柘寺格局历史发展及影响因素［J］. 古建园林技术，2019，144（3）：60-65.

［29］刘畅，杨小鹏. 西黄寺塔院布局与历史建筑调查解疑［J］. 建筑史，2003（3）：114-125+286.

［30］师向东. 北海"小西天"建筑风格与修缮［J］. 中国园林，1987（4）：39-44.

［31］周维权. 普宁寺与须弥灵境姊妹建筑群［J］. 紫禁城，1990（1）：31+33-34.

[32] YANG X. Reconstructing the Potala Palace: The Qing Emperor and The Dalai Lama in The Temple of Potaraka Doctrine [J]. Traditional Dwellings and Settlements Review, 2014, 26 (1): 91.

[33] MONTELL G. The Plan of the Monastery-Ground [J]. Geografiska Annaler, 1935 (17): 175-184.

[34] CHARLEUX I. Qing Imperial Mandalic Architecture for Gelugpa Pontiffs Between Beijing, Inner Mongolia, and Amdo [J]. Along the Great Wall. Vienna: IVA-ICA, 2010: 56-59.

[35] WEIDNER, M. Beyond Yongle: Tibeto-Chinese Thangkas for The Mid-Ming Court [J]. Artibus Asiae，2009 (1): 7-37.

[36] TEISER S F. The Wheel of Rebirth in Buddhist Temples [J]. Arts Asiatiques，2008 (8): 139-153.

[37] STEINHARDT, N S. Toward the Definition of A Yuan Dynasty Hall [J]. Journal of the Society of Architectural Historians, 1988, 47 (1): 57-73.

硕博士学位论文

[1] 徐玫. 《金陵梵刹志》与明代南京寺院 [D]. 南京：东南大学，2006.

[2] 丁莹. 北京银山塔林研究 [D]. 北京：北京建筑大学，2018.

[3] 方子琪. 北京潭柘寺塔林初探 [D]. 北京：北京建筑大学，2016.

[4] 祁盈. 北京潭柘寺历史沿革及其建筑、景观研究 [D]. 北京：清华大学，2019.

[5] 郝杰. 北京戒台寺建筑研究 [D]. 北京：北京建筑大学，2015.

[6] 陈扬. 北京地区山地汉传佛寺建筑空间研究 [D]. 北京：中央美术学院，2019.

[7] 袁牧. 中国当代汉地佛教建筑研究 [D]. 北京：清华大学，2008.

[8] 杨小琳. 元大都大圣寿万安寺与白塔建筑布局形制初探 [D]. 北京：中央民族大学，2012.

[9] 姜东成. 元大都城市形态与建筑群基址规模研究 [D]. 北京：清华大学，2007.

[10] 李卓. 雍和宫法轮殿天然光环境研究 [D]. 天津：天津大学，2007.

[11] 冀凯. 北海万佛楼复原研究 [D]. 天津：天津大学，2014.

[12] 冯婷婷. 北海阐福寺大佛殿复原研究 [D]. 天津：天津大学，2016.

[13] 张鹏举. 内蒙古地域藏传佛教建筑形态研究 [D]. 天津：天津大学，2011.

[14] 伊琳娜. 香山静宜园香山寺、宗镜大昭之庙相地选址及布局理法浅析 [D]. 北京：北京林业大学，2017.

[15] XU Z. Shanhua Monastery: Temple Architecture and Esoteric Buddhist Rituals in Medieval China [D]. Hong Kong: University of Hong Kong, 2016.

[16] Campbell A. The impact of imperial and local patronage on early Ming temples at the Sino-Tibetan Frontier [D]. Philadelphia: University of Pennsylvania, 2011.

图表资料来源

特别说明： 正文各章之图片与表格，凡未列入以下专门注明资料来源者，均为作者本人自行拍摄提供、绘制和获取。

第1章

图 1-1： a：范欣提供。c：邓之诚藏本，国家图书馆藏。

图 1-2： 生笑提供。

图 1-3： 参考陈明达先生独乐寺观音阁改绘。陈明达. 蓟县独乐寺 [M]. 天津：天津大学出版社，2007.

图 1-5： （美）怀特兄弟著；赵省伟编；赵阳，于洋洋译. 西洋镜 燕京胜迹 [M]. 广州：广东人民出版社，2018.

图 1-7： 黎芳摄，"Album of photographs of Peking and its environs," No.844.

图 1-8： 生笑提供。

图 1.10： a：善意雅藏本，国家图书馆藏。b：荣开远提供。c：吴元真. 北京云居寺与石经山旧影 [M]. 北京：北京图书馆出版社，2004.

图 1-11：荣开远提供，笔者编辑。

图 1-12：c 和 d：荣开远提供。

图 1-14：方子琪. 北京潭柘寺塔林初探 [D]. 北京：北京建筑大学，2016.

图 1-15：生笑提供。

表 1-2： 数据参考：王卓男. 数字辽塔 [M]. 北京：中国建筑工业出版社，2021.

表 1-3： 数据参考：方子琪. 北京潭柘寺塔林初探 [D]. 北京：北京建筑大学，2016.

第2章

图 2-1： b：生笑提供。

图 2-3： e：作者重绘，刘敦桢. 北平护国寺残迹 [J]. 中国营造学社刊，1935，6（2）：2-31.

图 2-4： a：阿尔贝. 肯恩（Albert Kahn）摄，阿尔贝肯恩博物馆（Archive de la planete）藏。

b、c、d：刘敦桢. 北平护国寺残迹 [J]. 中国营造学社刊，1935，6（2）：2-31.

e：参考"北平护国寺残迹"绘。

图2-5：a和b：笔者重绘，阿旺罗丹. 西藏藏式建筑总览.［M］. 成都：四川美术出版社，2007.

图2-7—图2-9：黑敢提供。

图2-11：平面图笔者重绘：宿白. 藏传佛教考古［M］. 北京：文物出版社，1996.

图2-12：b生笑提供。

图2-13：《乾隆京城全图》，Digital Archive of Toyo Bunko Rare Books，原网址：http://dsr.nii.
ac.jp/toyobunko/II-11-D-802/。笔者编辑。

图2-14：生笑提供。

图2-16：a原作者不详，原网址：https://tourtraveltibet.com/sakya-monastery.

第3章

图3-3：c、d：希尔德布兰（Adolf von Hildebrand）绘。e：原网址 http://wwj.beijing.gov.cn/
bjww/wwjzzcslm/1731063/1731072/1731490/index.html.

图3-5：荣开远提供，笔者编辑。

图3-6：参考刘敦桢平面图重绘：刘敦桢. 北平智化寺如来殿调查记刘敦全集第一卷［M］. 北京：
中国建筑工业出版社，2007.

图3-7：a、b、c：生笑提供。d：杨志国摄，智化寺博物馆藏殿展品，笔者翻拍。

图3-8：a、b：颐和吴老提供。c：生笑提供。d：堪萨斯艺术馆藏。原网址：https://art.nelson-
atkins.org/objects/12120/coffered-vault-with-carved-dragons-china-beijing-
zhihua-t.

图3-10：a、c、d、e：朱岩提供。

图3-11：c：黑敢提供。d：朱岩提供。

图3-12：b：赫达·莫里逊（Hedda Morrison）摄，哈佛数字博物馆藏。

图3-13：融通提供。

图3-14：a：笔者重绘。中国文化遗产研究院. 北平研究院北平庙宇调查资料汇编——内一区卷.
北京：文物出版社，2015.

图3-15：同上。

图3-16：笔者重绘：中国文化遗产研究院. 北平研究院北平庙宇调查资料汇编——内四区卷. 北
京：文物出版社，2018.

表3-2：杨志国. 智化寺明代大木结构特点分析［J］. 古建园林技术，2016，No.132（03）：34-39.

第4章

图4-1：生笑提供。

图4-5：b：黑敢提供。

图4-7：a：笔者重绘：中国文化遗产研究院. 北平研究院北平庙宇调查资料汇编——内四区卷.

北京：文物出版社，2018．b、c、d 来源同 a。

图 4-10：黑敩提供。

图 4-12：a、b：国立北平研究院摄，中国文化遗产研究院档案室藏。

图 4-14：赫达·莫里逊（Hedda Morrison）摄，哈佛数字博物馆藏。

图 4-17：a 笔者重绘：中国文化遗产研究院．北平研究院北平庙宇调查资料汇编——内六区卷．北京：文物出版社，2021．b、c 来源同 a。

图 4-18：同上。

图 4-19：a：笔者重绘：中国文化遗产研究院．北平研究院北平庙宇调查资料汇编——内三区卷．北京：文物出版社，2016．

图 4-20：a：笔者重绘：中国文化遗产研究院．北平研究院北平庙宇调查资料汇编——内五区卷．北京：文物出版社，2019．b 来源同 a。

图 4-21：b：中国文化遗产研究院．北平研究院北平庙宇调查资料汇编——内一区卷．北京：文物出版社，2015．d：费城艺术馆．原网址：https://philamuseum.org/collection/object/44151.

图 4-22：b：中国文化遗产研究院．北平研究院北平庙宇调查资料汇编——内四区卷．北京：文物出版社，2018．

图 4-23：c：赫达·莫里逊（Hedda Morrison）摄，哈佛数字博物馆藏。d：原作者不详，原网址：http://travel.people.com.cn/n1/2016/0705/c41570-28524478.html.

第 5 章

图 5-1：刘敦桢．北平智化寺如来殿调查记刘敦全集第一卷［M］．北京：中国建筑工业出版社，2007．

图 5-2：《乾隆京城全图》．Digital Archive of Toyo Bunko Rare Books，原网址：http://dsr.nii.ac.jp/toyobunko/II-11-D-802/.

图 5-3：a 和 c：黑敩提供。b：中国文化遗产研究院．北平研究院北平庙宇调查资料汇编——内三区卷．北京：文物出版社，2016。d：李小涛．北京隆福寺正觉殿明间藻井修复设计与浅析［J］．古建园林技术，1996（04）：47-50.

图 5-5：b：http://www.beijing.gov.cn/renwen/lsfm/202011/t20201109_2130940.html.

图 5-6：b：格雷戈里摄于 1900。c：小川一真摄于 1901.

图 5-7：笔者重绘：中国文化遗产研究院．北平研究院北平庙宇调查资料汇编——内五区卷．北京：文物出版社，2019.

图 5-8：同上。

图 5-9：张帆提供。

图 5-11：《圆明园四十景图咏》，清乾隆唐岱等绘．月地云居［C］//中国圆明园学会．《圆明园》学刊第十八期，2015：2.

图 5-12：a：生笑提供。d：中国文化遗产研究院．北平研究院北平庙宇调查资料汇编——内五区卷．

北京：文物出版社，2019。e、f：西德尼·甘博摄于 20 世纪初。

图 5-13：a：《雍和宫导观所刊物》。b 和 c：黑夔提供。

图 5-15：c：范林林. 由书变佛的轶事 —— 雍和宫中三世佛溯源 [J]. 收藏家，2021，No.296
（06）：81-84.

图 5-17：a：伊万诺维奇摄。b：西德尼·甘博摄。冀凯. 北海万佛楼复原研究 [D]. 天津：天津
大学，2014.

第 6 章

图 6-3：d：王文元. 鲁土司衙门：明代汉藏佛教文化大发现 [J]. 西部论丛，2009（04）：85-91.

图 6-5：西黄寺：小川一真摄于 1901 年。善因寺：张沛鑫. 内蒙古多伦善因寺大殿数字化探原设
计研究 [D]. 呼和浩特：内蒙古工业大学，2021.

图 6-6：a：（日）关野贞著；胡穄，于姗姗译. 中国古代建筑与艺术 [M]. 北京：中国画报出版
社，2017。b：赫达·莫里逊（Hedda Morrison）提供于 20 世纪 30 年代，哈佛数字博
物馆藏。

图 6-7：a：赵帅豪等参照重绘，笔者辅导，原图出自纪伟. 浅析雍和宫法轮殿建筑艺术及构造
[J]. 古建园林技术，2000（02）：12-14.

图 6-8：生笑提供。

图 6-9：a：荣开远提供。b：万法归一图屏图，原网址：https://www.dpm.org.cn/collection/
paint/233340.html.

图 6-10：照片：生笑提供。

图 6-11：荣开远提供。

图 6-12、图 6-13：原网址 https://www.sohu.com/a/311347945_120146503.

图 6-14：b：朱岩提供。

图 6-16：梁思成，林徽因. 平郊建筑杂录 [J]. 中学生百科，2021，No.675（32）：16-20.

图 6-17：a：（美）怀特兄弟著；赵省伟编；赵阳，于洋洋译. 西洋镜 燕京胜迹 [M]. 广州：广东
人民出版社，2018。b：陈捷，张昕. 外域形制的本土表达——真觉寺金刚宝座塔的图像
秩序与意义塑造 [J]. 建筑遗产，2020（04）：65-77.

表 6-2：图片：生笑提供。

第 7 章

图 7-1：笔者重绘：中国文化遗产研究院. 北平研究院北平庙宇调查资料汇编——内三区卷. 北
京：文物出版社，2016.

图 7-4：a：笔者翻拍自临摹壁画。

图 7-5：摄图网，编号：501774035，商业授权。https://699pic.com/tupian-501774035.html.

图 7-8：i：样式雷绘制，笔者翻拍。其余生笑提供。

图 7–10：原作者不详，原网址：https://pastvu.com/p/850663.

图 7–11：平面图：《乾隆京城全图》Digital Archive of Toyo Bunko Rare Books，原网址：http://dsr.nii.ac.jp/toyobunko/II–11–D–802/.

图 7–12：黎芳摄，"Album of photographs of Peking and its environs," No.844. 原网址：https://en.wikisource.org/wiki/Album of photographs of Peking and its environs.

图 7–15：笔者翻拍自临摹壁画。

图 7–16：梁思成. 中国古建筑调查报告 [M]. 北京：生活读书新知三联书店，2012.

图 7–17：参照以下资料重绘：

梁思成. 中国古建筑调查报告 [M]. 北京：生活读书新知三联书店，2012.

柴泽俊. 朔州崇福寺弥陀殿修缮工程报告 [M]. 北京：文物出版社，1993.

郝慎钧，孙雅乐. 碧云寺建筑艺术 [M]. 天津：天津科学技术出版社，1997.

张帆. 嵩祝寺测绘及始建年代研究 [J]. 古建园林技术，2008，No.101（04）：17–24+2.

图 7–18：Xu, Zhu. Shanhua Monastery: Temple Architecture and Esoteric Buddhist Rituals in Medieval China [D]. Hong Kong: University of Hong Kong, 2016.

图 7–19：a~e：赫达. 莫里逊（Hedda Morrison）摄于 20 世纪 30 年代。杨博贤主编. 法海寺壁画 [M]. 北京：中国民族摄影艺术出版社，2001.

图 7–21：c~d：黑敀提供。

后记

　　"门多寺众"是北京的一个突出特征，这是许多来北京玩儿的外地朋友常讲给我的。坐地铁、乘公交不经意就会路过一个"门"、经过一个"寺"，但是除了白塔寺和雍和宫等几座"网红大寺"外，其余大部分的寺院其实并不为众人熟知。

　　对北京各处寺院的最初接触，是在活力无限的中学时代。那时课余时间会约三五好友，骑着自行车，在北京满大街的转悠，寻古探幽，感叹于雍和宫建筑的雄伟壮丽、法海寺壁画的精美绝伦、智化寺佛乐的典雅幽深、法源寺丁香的别样风采……每每在日薄西山、匆匆回程之时，有一种将一天的感受写下来的冲动，但始终仅是一个念想。

　　大学时学了建筑，中国古典建筑的博大精深，让我对北京寺庙建筑的认识有了质的升华，我开始努力从建筑学专业的角度去考察和分析它们，并徜徉于众多的书海中，寻觅它们辉煌的过往。后来忙于学业，无暇再作深入系统的思考，但即便远在异国他乡，北京寺庙建筑的片段也会常常出现在我的作业中、汇报、讲演的案例中。

　　2020 年 12 月回国后，恰遇疫情肆虐，反倒有了大量的时间去再次了解北京地区的寺庙建筑，在此期间也认识了很多同对建筑历史感兴趣的好友，大家共访古迹、共话历史，让我坚定了将这本书写出来的决心。

　　本书成稿于 2022 年底，因为疫情憋在家里，也给予我宝贵的2 个月时间可以心无旁骛、一气呵成完成终稿。在写作过程中，深切地感受到北京寺庙建筑内容丰富、脉络庞杂，虽尽全力，尚有不逮之处，如有错误还请各位读者不吝赐教。

　　在此感谢众多师友的帮助和指导。首先感谢恩师夏南悉教授在百忙之中抽时间为本书作序，感恩您为我所做的一切！感谢黑敄、生笑、朱岩三位好友给予的图片支持，感谢融通法师、荣开远、颐和吴老等几位云好友提供的图片，虽至今未曾谋面。

感谢责任编辑易娜老师，她以丰富的经验和精准的判断为本书的选题立项、内容排版提供了大量的建议和帮助，并以非常敬业的精神在疫情期间快速推进书稿的审阅。

最后要感谢我的家人对我的理解与付出。

这些支持和帮助是我完成此书的动力和保障，再次衷心感谢大家！

陈未

2023 年 5 月于北京